| 건축물 유지관리점검 실무 가이드 |

"건축물 유지관리점검 요거 공부해야 하나?"
"건축물 유지관리점검 대관절 뭐냐?"

저자소개

지은이 **양성희**

나는 건축문화가 올바르게 진화해 나가도록 건축정책의 업무를 도맡아 하고 있는 대한건축사협회에서 일하고 있다. 운 좋게 건축물 유지관리점검제도가 탄생을 하기 위한 태동과정에서부터 중심에서 역할을 수행하고 있다.

지은이 **유철종**

건강하고 안전한 삶을 가꾸는 건축물 유지관리전문가이다.

적정시점에 보수보강공사를 실시하여 입주자가 만족해 할 때 보람을 느끼며, 에너지저감 및 친환경 건물이 될 수 있는 컨설팅과 건축물 유지·관리업무를 수행한다고 한다.

프롤로그

'건축물 유지관리 점검'이 뭔가요? '안전진단'인가요?
이 질문은 힘겹게 계약을 체결한 후 점검 현장에서 건축주하고의 첫 대면 내용이다.

건축법이 2011년 12월 국회를 통과하고 3년이 지난 금년부터 점검이 실시되고 있음에도 불구하고 점검을 받는 건축주는 이 점검을 왜 받고 있으며 점검자는 어떤 관점에서 컨설팅을 해야 하는지를 헷갈려하고 있다.
정부 또한 이 제도를 살리기(올바르게 조기정착) 위해 지원책을 마련하는 노력을 하고는 있는지 의문이 가는 대목이 아닐 수 없다.

이런 시점에서 이 제도가 탄생을 위한 태동과정에서부터 핵심에서 업무를 진행해온 장본인으로써 점검제도가 살아날 수 있기를 희망하며 작으나마 역할을 하고자 이 도서를 집필하게 되었다.

이 도서는 건축물의 유지관리 점검이 무엇이며, 왜 해야 하는지와 어떤 관점에서 해야 하는지, 어떻게 보고서를 작성해야 건축주에게 감동을 줄 수 있는지에 대한 팁을 제시하고 있다.

특히, 건축물 유지·관리 점검시 경제적인 관점에서 컨설팅을 할 수 있는 스킬을 제시하고 있으며, 보수공사를 효과적으로 할 수 있는 방안과 보수공사비용을 안내하므로써 시공과 연계될 수 있도록 유도하고 있다.

마지막으로 미흡한 부분은 지속적으로 보완 및 발전시켜 점검자 및 건축주와 관리주체 그리고 유지·관리점검업무에 관심을 갖고 있는 학생 등이 유용하게 활용될 수 있도록 최선을 다하고자 한다.

| 목 차 |

제 1 장

유지관리점검 기본개념

▶ 건축물 **유지관리점검이 뭐야**?

• 건축전문가의 점검을 통한 **컨설팅**으로 보수·보강 및 리모델링을 유도하므로서 건축자산의 가치를 향상시키기 위함이다. 더하여 관리자가 보수공사를 할 때 **의사결정도구**로 사용할 수 있는 장비를 제공해 주는 것이다.

＊국토해양부에서 고시한 건축물유지관리점검 세부기준에서는 건축물의 유지관리를 '건축물의 소유자나 관리자가 건축물 사용자의 안전 및 편의 확보등을 위하여 사용승인 된 건축물의 대지, 구조, 설비 및 용도 등을 지속적으로 유지하고 개선하는 행위를 말한다'라고 규정하고 있다.

▶ 국가는 건축물 **유지관리점검을 왜 의무화**했는가?

• 건축물 700만동 시대를 앞두고 있는 **현 시점에 어울리는 관리수단**이 필요한 것으로 보이며 이와 더불어 국가자산의 하나인 건축물의 보전과 관리 효율성 제고를 위해서는 체계적인 유지관리체계를 마련하고 지원할 수 있는 제도정보를 제공하기 위함일 것이다.

1.1 점검대상

1.1.1 다중이용건축물

가. 문화 및 집회시설(전시장 및 동물원·식물원 제외), 종교시설, 판매시설, 여객자동 차터미널, 종합병원, 관광숙박시설의 용도로 쓰는 바닥 면적의 합계가 5천제곱미터 이상인 건축물 (건축법 시행령 제5조의5 제4호)

나. 16층 이상 건축물(주택법에 따라 관리주체 등이 관리하는 공동주택 제외)

1.1.2 연면적 3천제곱미터 이상인 집합건축

가. 다만 주택법에 따라 관리주체 등이 관리하는 공동주택은 제외 (건축법 시행령 제23조의2 제2호)

나. 집합건축물 : 1동의 건물 중 구조상 구분된 여러 개의 부분에 대해 각각 소유권 이 있는 건축물 (공동주택, 오피스텔, 상가건물 등)

1.1.3 다중이용업소 등 조례로 정하는건축물

1.2 점검시기

▷사용승인일을 기준으로 10년 이상 경과한 건축물은 2년마다 유지·관리점검을 받아야 하며

- 이때 20년 이상 경과한 건축물의 경우는 2014년 7월 19일까지 받도록 하였으나 정부는 6개월을 유해기간을 두고 2015년 1월 19일까지 연장 할 것으로 예상된다.
- 아울러 10년~20년 미만 경과한 건축물의 경우는 2015년 1월 19일까지 점검을 받아야 하고 점검보고서 결과를 2015년 2월 18일까지 허가권자에게 제출하여야 한다. 이때 허가권자는 2014년 10월 19일까지 점검대상관리자(건추주)에게 점검대상이라는 사실, 점검절차, 점검기한 등을 통보하여야 한다.

1.2.1 정기점검

건축물의 기능 및 안전 확보 등을 위하여 사용 승인일을 기준으로 10년이 지난날로부터 2년마다 한 번씩 건축물이 설계도서 등에 적합하게 유지·관리되고 있는지를 확인하는 점검을 말한다.

1.2.2 수시점검

건축물의 기능 및 안전 확보 등을 위하여 사용 승인일을 기준으로 10년이 지난 건축물 중에 화재, 침수 등 재해나 재난으로부터 건축물의 안전을 확보하기 위하여 필요한 경우로서 건축조례로 정하는 바에 따라 수행하는 점검을 말한다.

1.2.3 기준일

영 제23조의2에 따른 해당건축물의 사용승인일을 기준으로 10년이 지난날(사용승인일 기준으로 10년이 지난 날 이후 정기점검과 같은 항목과 기준으로 수시점검을 실시한 경우에는 그 수시점검을 완료한 날을 말한다.

1.3 점검절차

[허가권자]

점검대상건축물 확정, 점검자 등록 승인 → 건축주에게 점검사항 통지 → 점검보고서 검토·승인 → 점검보고서에 대한 조치계획 수립 등 지속적인 유지관리계획 시행

[건축주(관리자)]

점검대상여부 확인 → 점검자 선정 → 점검계약 체결 → 도면 등 자료 제공 → 점검자로부터 컨설팅 요구 → 점검보고서결과 검토 → 보고서 제출·완료

[점검자]

교육 이수 → 세움터에 등록 → 점점계약 체결 → 도면 등 자료 준비 → 점검실시 → 점검보고서 작성 → 건축주에게 제출(세움터를 통한 제출) → 점검보고서 보완 또는 완료

건축물 유지·관리점검 절차

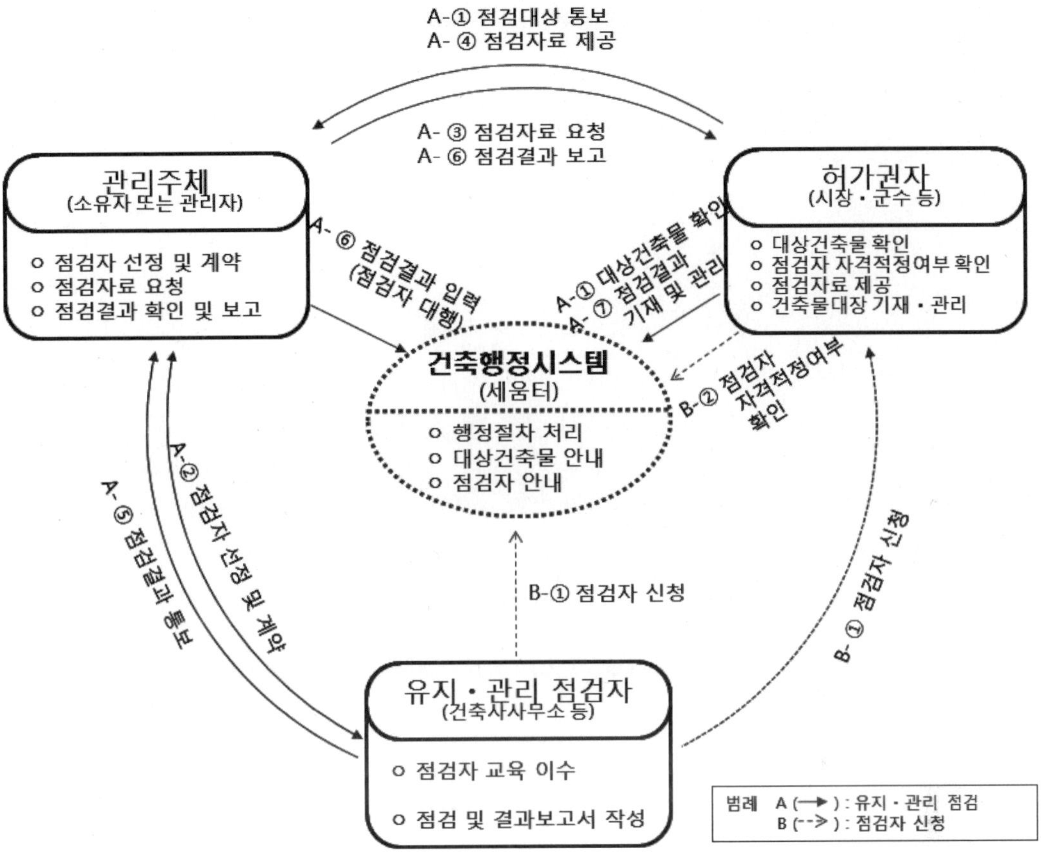

1.3.1 건축물 유지·관리 점검 절차

A-① (대상건축물 확인·통보) 대상건축물 확인 및 통보

A-② (점검계약) 점검자 선정 및 계약

A-③,④ (점검자료요청·제공) 건축도면 등 점검에 관한 자료요청 및 제공

A-⑤ (결과통보) 매뉴얼에 따라 점검실시 및 관리주체에게 제출

A-⑥ (결과보고) 점검결과를 허가권자에게 보고

A-⑦ (건축물대장 기재·관리) 점검결과 건축물대장 기재

1.3.2 유지·관리 점검자 등록 절차

B-① (점검자 신청) 점검자는 교육이수 후 허가권자에게 신청

B-② (확인) 점검자 신청정보 확인

1.4 점검 주요방법

• 설계도서를 허가권자는 건축주에게 제공할 의무가 있다.

• 그러나 대부분의 노후건축물의 경우 사용승인 도면이 없는 경우가 발생하고 있다. 이때 건축주는 배치도 및 평면도의 최소도면을 전문가를 통해 작성토록 하여 도면을 구비해야 한다.

▷설계도서 부재시 처리방법

• 설계도면의 의무작성 여부 : 설계도서의 작성은 강제사항이 아니며, 관리주체의 판단(유지관리의 효율성 및 체계성 등)에 따라 작성 여부와 범위를 결정할 수 있다.

• 도면부재시 점검 수행
 · 건축허가 당시 건축관련 설계기준과 현황을 비교.검토
 · 건축물의 현황과 점검에 따른 후속조치 등을 고려하여 점검수행

1.4.1 관련자료의 수집

1) 유지·관리 점검자는 유지·관리점검에 사용하기 위하여 관리주체에게 설계도서 등 아래의 관련 자료를 제공받을 수 있다.
   가. 사용승인 설계도서(「시설물의 안전관리에 관한 특별법」상 점검대상 건축물인 경우 준공도면), 사용승인 이후 변경(허가 또는 신고)된 사항에 대한 자료(설계도서) 포함
   나. 건축물 관련 각종 인증(친환경 건축물 인증, 지능형 건축물 인증. 에너지 효율등급 인증 자료, 건축물 에너지효율등급 인증) 관련자료
   다. 건축물관리대장
   라. 과거 유지·관리점검 결과 보고서 등

2) 시장·군수 등은 점검에 필요한 설계도서 등이 존재하지 않을 경우에는 관리주체에게 점검기간 내에 현황도면(건축 기본설계도면 : 배치도, 평면도 등)을 준비하도록 권고할 수 있으며, 이 경우 관리주체에게 상세한 안내 및 준비에 필요한 충분한 기간을 두도록 하여야 한다.

1.4.2 점검계획의 수립

유지·관리 점검자는 관리주체가 제공한 설계도서 및 관련 자료를 이용하여 점검범위를 정하고, 다음의 사항을 포함한 점검계획을 수립하여야 한다.

1) 책임점검자 및 점검원 인적사항
2) 건축물 개요 및 소유 형태 파악(구분소유자 등)
3) 건물유형(용도/규모/형태 등)별 조사범위 선정
4) 점검항목별 조사대상 개소 선정
5) 점검개소별 조사방법 결정 등

1.4.3 점검원칙 및 특별고려사항

▷(점검원칙) 육안점검을 원칙으로 하되, 필요한 경우 장비도 사용이 가능하다.

- '설계도서와의 적합 여부'는 '세부항목별'로 등급표에 따라 등급(점수)를 체크하고, 산술평균하여 도출한 '점검소항목'의 평균 등급(점수)이 3점 이상인 경우 '적합'에 체크, 3점 미만인 경우 '개선필요'에 체크한다.
  이때 2점 이하인 항목이 하나라도 있는 경우 '개선필요'에 체크한다.

- '현행기준과의 비교.검토'는 컨설팅을 위한 참고사항으로 점검항목이 현행 기준에 비해 안전성.성능이 보통이하이면 '개선필요', 그러하지 않으면 '해당없음'에 체크한다.

▷(중복점검 배재) 타 법령 * 점검한 사항은 참고로 활용할 수 있다.

▷(공적공간 관리) 공개공지·건축선 후퇴 면적 등에 대한 현황을 사용승인 도면 등에 영역표시 등을 작성하여 제공한다.

▷(환기설비 점검) 실내공기질의 적정수준 유지를 위해 환기설비의 설치 및 성능유지를 점검한다.

1.4.4 점검항목별 점검방법 등

▷점검자는 관리주체와 면담을 한 후 점검을 통해 건축물의 성능이 개선 및 관리될 수 있도록 컨설팅 한다.

▷점검자는 점검항목별 상세 점검을 먼저 하여야 하며 이것을 근거로 점검 보고서와 점검표를 작성하여야 한다.

▷점검자는 사용승인 도서에 따라 육안점검으로 수행하는 것을 원칙으로 하며, 관리주체의 요청이 있으면 간단한 장비(슈미트 해머, 균열폭 측정기 등)을 사용한 구조적 안전점검도 할 수 있다. 이때 관리주체의 요청이 있을시 별도비용으로 정밀점검을 할 수 있다.

▷점검기준이 되는 도서는 사용승인도면, 건축물 대장, 건축 관련 각종 인증자료, 이전 건축물 유지.관리 점검보고서, 관리주체 의견청취 결과 순으로 적용한다.

유지·관리 점검자는 다음 사항을 참고하여 대상 건축물에 대한 점검을 수행하여야 한다. 다만, 1.5.1.'나'와 같이 설계도서가 없는 건축물의 경우에는 현장 실측을 통하여 점검을 수행하여야 한다.

1) 대지

대지가 빗물 배출 및 배수 등으로 인한 문제가 있는지 여부 및 붕괴 우려 등 안전에 위험한 요소가 있는지 여부 등를 확인하며, 대지 내 조경 및 건축물 출입구 등이 설계도서에 부합한 상태로 유지되고 있는지 여부 등을 점검한다.

2) 높이·형태

건축물의 높이와 형태가 준공당시의 기준에 적합하게 유지되고 있는지와「국토의 계획 및 이용에 관한 법률」에 따른 건폐율 및 용적률 등에 적합한지 여부 등을 확인하며, 일조확보 등을 위한 건축물의 이격거리가 설계기준에 적합하게 유지되고 있는지를 점검한다.

3) 구조안전

건축물의 수선 및 용도변경 등에 따른 건축물 하중의 변화여부와 구조의 변경에 따른 주요구조부의 심각한 균열발생 여부 등 안전성 적합여부를 점검한다.

4) 화재(피난 및 방화)안전

화재 등 재난 및 재해로부터 재실자의 안전한 피난과 인명피해를 감소시킬 수 있는 적합한 피난설비의 설치여부와 계단、복도、출구, 옥상광장 등의 피난통로상의 적재물 등 통행을 방해하는 요소가 존재하는지를 점검한다.

또한 방화구획, 경계벽、칸막이벽, 내화구조, 내부마감재료, 지하층 등이 당초 설계기준대로 유지되어 화재확산을 방지하고, 인명의 피해를 최소화 할 수 있는 구조와 재료로 유지되고 있는 지를 점검한다.

5) 건축설비

냉난방, 급수, 배수, 배연, 환기, 피뢰, 방송수신, 전기, 승강기 등 각종 설비가 준공당시 설계기준에 적합하게 건축물의 규모(연면적과 높이 등) 및 방화 등 안전에 적법한 구조 및 재료로 유지되고 있는지를 점검한다.

6) 에너지 및 친환경 관리

건축물의 노후화, 균열 및 창호의 재료열화 등에 따른 열손실로 에너지가 새어나가거나, 에너지 사용효율이 현저히 떨어질 것으로 우려되는 부위가 존재하는지 점검하고, 친환경 건축물 인증 등 점검대상 건축물의 인증유지여부 및 에너지 효율 개선필요성을 제시하여야 한다.

[녹색건축물 관련 용어 설명]

▷'에너지이용 효율화'란 ?

건물단열(창호포함), 조명(고효율 및 LED), 건물자동화제어장치(BEMS), 폐열회수설비, 에너지절약형 공조시스템, 냉·난방 효율향상공사, 수변전설비(고효율변압기), 대기전력저감 우수제품 설치, 고효율에너지기자재 설치공사, 건물의 에너지 사용량 절약 및 자립을 위해 설치하는 신재생에너지(태양광, 태양열, 지열), 새로 개발된 에너지절약기술을 이용한 설비 중 공인시험관에서 에너지절약효과 10%이상 인증 설비, 기타 에너지 절약과 이용효율화를 위한 시설(단열필름, 스마트계량기, 절수장치로 건물의 80%이상 설치)

▷'신·재생에너지'란 ?

기존의 화석연료를 변환시켜 이용하거나 햇빛, 물, 지열, 생물유기체 등을 포함하는 재생 가능한 에너지를 변환시켜 이용하는 에너지로서 우리나라지정에너지는 다음과 같음

• 신에너지(3개분야) : 연료전지, 석탄액화가스화, 수소에너지

• 재생에너지(8개분야) : 태양열, 태양광발전, 바이오매스, 풍력, 소수력, 지열, 해양에너지, 폐기물에너지

▷'온실가스'란 ?

온실가스는 자연적일 수도 인위적일 수도 있는 대기 중의 기체상 구성요소들로서 지구표면, 대기 및 구름에 의해 방출되는 적외복사 스펙트럼 내에서 특정 파장에 대해 복사를 흡수하고 방출. 이러한 특성으로 온실효과를 일으켜 지구온난화를 유발(이산화탄소, 메탄, 이산화질소, 수화불화탄소, 과불화탄소, 6불화유황)

• 이산화탄소 - 인위적으로 배출되는 전체 온실가스 양의 약 60%를 차지하는데 산업 활동 곳곳에 사용되는 석탄, 석유 및 천연가스 등의 화석연료 연소 및 추출, 처리. 수송과정에서 주로 발생되지만, 산림의 벌채 및 가공과정에서 산림에 흡수 저장된 것이 대기 중으로 방출. 인위적 이산화탄소 배출량의 80~85%는 화석연료의 사용, 15~20%는 산림훼손 등 토지이용의 변화가 차지

• 메탄 - 인위적으로 배출되는 전체 온실가스 양의 약 15~20%를 차지하며, 주로 농업, 축산, 생체(biomass)의 분해, 폐기물 매립 및 처리, 석탄채굴 및 석유 시추, 가스파이프의 누출 등이 부 배출원

• 아산화질소 - 농업의 비료사용 및 산업활동에서 배출되며 전체 배출량 중 인간활동에 의한 것은 약 15%

• 수화불화탄소(하이드로 플로로 카본) - 자동차 에어컨, 가정용 냉장고, 업무용 냉동기기 등에 광범위하게 쓰이는 냉매

• 과불화탄소(파플로로 카본) - 반도체 제조용 엣칭, 초저온 냉동기용 냉매

• 6불화유황 - 전기·전자 기기의 절연체로 사용

7) 개선의견 제시

유지·관리 점검자는 항목별 점검결과에 기초하여 에너지절감 방안, 건축물 수명연장방안, 재해 및 재난 예방 및 안전강화 방안 등에 대한 개선의견을 제시하여 지속적인 건축물의 유지·관리 및 점검이 수행 가능하도록 하여야 한다.

8) 종합의견

유지·관리점검자는 조사대상 건축물의 사용승인 당시 설계도서와의 적합여부를 파악하고, 현행 건축물 유지관리 기준에 대한 비교검토 등을 통해 개선 필요사항을 도출하는 등 점검항목별 점검결과를 전문가적인 식견을 반영한 종합의견을 제시하여야 한다.

〈표〉 타 법령에 따른 건축물 관련 점검사항 등

구분	시설물 안전관리에 관한 특별법	소방시설 설치유지 및 안전관리에 관한 법률	다중이용업소의 안전관리에 관한 특별법	승강기시설 안전관리법	주택법	에너지이용 합리화법
점검의 종류 및 점검 주기	① 정기점검 : 반기에 1회 ② 정밀점검 : 안전등급에 따라 2~4년에 1회) ③ 긴급점검 ④ 정밀안전진단 : 안전등급에 따라 4~6년에 1회	자체점검 ① 작동기능점검 : 1년에 1회 ② 종합정밀점검 : 1년에 1회, 일부는 반기에 1회	정기점검(분기별 1회 ,소방법에 따른 자체점검을 한 경우 그 분기에는 제외)	① 자체점검 : 월1회 ② 완성검사 : 완성한 경우 ③ 정기검사 : 2년 유효 ④ 수시검사 ⑤정밀안전검사 : 15년 도래 승강기, 사고 발생 승강기 등	안전점검 (반기에 1회)	- 검사의 종류 ① 제조검사 ② 설치검사 ③ 개조검사 ④ 설치장소 변경검사 ⑤ 재사용검사 ⑥ 계속사용검사 (안전검사, 운전성능검사) - 주기:검사유효기간(1년)이 끝나는 시기 마다
점검 대상	① 1종시설물 : 21층, 5만㎡ 대형이상 건축물 등 ② 2종시설물 : 16층 이상 공동주택 등	① 작동기능점검 : 특정소방대상물 (일부제외) ② 종합정밀점검 : 연면적 5천㎡ 이상인 특정소방대상물 (공동주택은 16층 이상인 것만 해당)	다중이용업소	모든 승강기	150세대 이상 공동주택 등 (16층 이상 공동주택은 안전진단전문기관, 유지관리업체 등 일정자격 이상을 갖춘자 또는 기관이 실시)	보일러 압력용기 철금속가열로 (일정규모 이하 제외)
점검 사항	- 구조내력 및 안전에 관한 사항	- 소화설비 - 경보설비 - 피난설비 - 소화용수설비 - 소화활동설비	- 소화설비 - 경보설비 - 피난설비 - 방화시설 (방화문과 비상구) - 영업장 내부 통로와 창문 - 기타 안전시설	승강기 시설	- 구조내력 및 안전에 관한 사항	- 한국산업표준 (KS)에 따라 검사

제 2 장

점검, 클라스가 남다른 보고서 쓰기

▶ 계약서 체결_성공률 높이는 방법

• 건축주(관리자)와 어떻게 접근하고 상담하여 계약까지 체결할 수 있는 효과적인 시스템을 제시하고자 한다. 치과병원의 프로세스를 들여다보면 치과의사는 직접 고객에서 치료비에 대하여 상담을 하지 않고 코디네이터가 대신하도록 하여 합리적으로 금액이 결정되도록 하는 체계를 갖고 있다. 이와 같은 시스템을 건축물의 유지관리 점검 계약에 접목시켜보자.

1. 점검자가 아닌 점검원이 건축주에게 연락하고 하고 방문일정과 점검내용, 방법, 절차 등에 대하여 간략히 설명하도록 한다.

2. 이 때 점검원은 형식적인 내용을 안내해 주고 건축주에게 점검비용 보다 더 큰 가치(정부의 지원정책과 연계한 보수공사비용 절감 등)를 선사할 것이라 인지시키도록 한다.

3. 아울러 점검원이 상담과정에서 부족한 것은 점검자를 통해 차후에 구체적으로 안내할 수 있도록 한다. 권위는 누가 지켜주는 것이 아니라 스스로 지키는 것이라고 했던가? 점검자 스스로 권위를 세울 수 있도록 전략을 세워야 할 것이다.

4. 계약체결 또한 점검자는 점검원에게 위임하여 건축주와 계약을 체결하도록 하자. 이때 계약금액은 고시금액으로 제시하여야하며 할인을 요구할 경우에는 정부가 덤핑으로 계약하여 점검보고서에 대해서는 실태점검을 통해 피해를 볼 수 있다고 으름장을 놓게 되면 어느 정도는 고시금액 대로 계약을 할 수 있을 것이다.

5. 이 과정을 거친 후 점검자는 점점일자에 맞춰 점검 및 컨설팅을 실시하여 이익을 극대화 할 수 있을 것이다.

▶ 점검 시 보고서의 클라스를 한 단계 업그레이드 시키는 방법

1. 점검시 도면을 사전에 건축주로부터 제공받아야 하며, 도면이 없는 경우에는 점검이 이루어질 수 없는바, 도면작성을 위한 작업이 이루어질 수 있도록 협의해 나아가야 할 것이다.

2. 점검항목별로 사진은 2장 이상 삽입하여 보고서가 꽉 찬 느낌이 들도록 하는 것이 중요하다.

3. 점검을 중에 전기사용량, 가스사용량 및 에너지사용량을 검측하여 점검건축물에 대한 에너지사용금액을 산정하여 에너지절감 할 수 있는 방안은 제시한다. 이때 관리자가 전기 및 가스사용금액을 연도별로 관리하고 있는 경우에는 따로 계산의 번거로움을 덜 수 있을 것이다.

   예) 에너지 분석자료

   ▷ 건물개요
   · 2010년 준공 연면적 55,694m2(16.850py), 지하6층 지상28층, 대온도차 변풍량 시스템적용, 43,2kgoe/m2,y

   ▷ 2012.1~2012.12(1년간) 에너지 사용금액
   · 전기 : 9,179,786kwh(164kwh/m2.yr), 1,053,207,000원(114원/kwh, 79.2%)
   · 도시가스 : 284,738Nm3(5.1Nm3/m2.yr), 276,563,000원(971원/Nm3;20.8%)

   ▷ TOE 환산
   · 전기 : 9,180MWh *10.23(환산계수) = 2,111 TOE(87.7%)
   · 도시가스 : 284,738 Nm3 * 1.043/1000(환산계수)=297TOE(12.3%)
   · 총 TOE = 2,111 + 297 = 2,408 TOE
   · TOE당 단가 : (1,053,207,000 + 276,563,000)/2,408 = 552,230(원)

   ※위와 같은 계산방식을 참조하여 에너지를 절감할 수 있는 방안을 컨설팅하여 그에 따른 수익을 창출할 수 있다.

4. 실내에 이산화탄소를 검측하여 이산화탄소의 유해한 사례 등을 컨설팅하고 쾌적한 삶을 영위할 수 있는 방안으로 제안하여 시공과 연계시킬 수 있을 것이다.

5. 임의로 설치한 건축물에 대하여 안전 및 피난의 위험에 노출되어 있음을 인식시켜주고 관계법령에 따라 적합한 건축물로 재탄생시킬 수 있는 합리적인 방안을 제시하여 용도변경 작업과 연계시킬 수 있을 것이다.

컨설팅 곧잘 하기 위한 팁

- 건축물에서의 에너지 손실은 창문이 30%, 환기가 21%, 설비가 18%, 지붕이 16%, 벽체가 15%로 나타나고 있는바, 이를 기준으로 경제적인 관점에서 컨설팅을 하는 것이 효과적이다.

창문(호) - 복층유리(Low-e/아르곤)/삼중유리(Low-e/아르곤) 사용, 유리 사이에 아르곤 등 기체 충진, 유리 표면에 열전달을 조절하는 코팅을 통한 보수를 할 경우 열이 전달되는 것을 줄여줌으로써 열이 빠져나가는 것을 막아주게 되어 난방비를 절약하게 된다. 이를 공사비 대비 경제적인 측면으로 환산하여 건축주에게 컨설팅 할 수 있다.

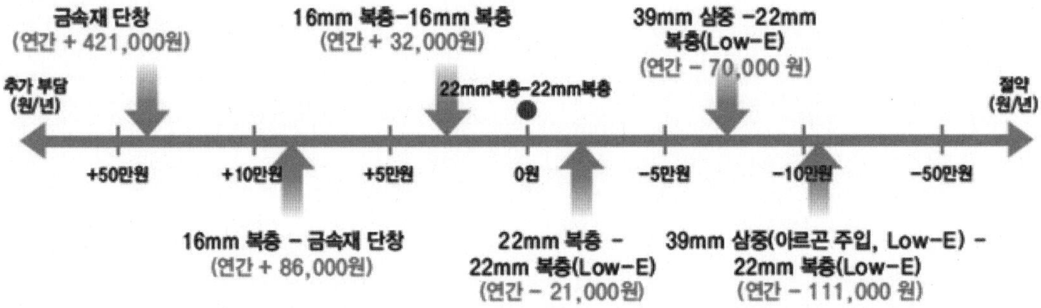

환기 - 학생의 학업성적이 떨어지는 경우와 직장인이 숙면을 취하지 못하는 경우에는 오염된 공기 속에서 생활하고 있음을 의심해 봐야 할 것이다. 오염의 정도를 장비를 통해 정량화로 보여주는 것이 효과적이다. 오염이 발생된 환경이라면 주기적으로 창을 열어 환기를 하는 것이 좋으며, 주기적인 환기가 어려운 공간에서는 기계환기설비를 이용하는 것도 하나의 방법이 있음을 컨설팅 한다.

조명 - 조명기기 교체에 따라 에너지 절약효과가 있음을 금액으로 환산하여 컨설팅 할 수 있다.

· 고효율 형광등기구의 사용 - 기존 40w 형광등을 28w 형광으로 교체

사례1, 6(개:1가구당 필요한 형광등) × 365(일/년) × 40w × 9h = 788kwh

전기료 환산 788kwh × 175원/kwh = 137,900원

사례2, 6(개:1가구당 필요한 형광등) × 365(일/년) × 28w × 9h = 552kwh

전기료 환산 552kwh × 175원/kwh = 96,600원

사례1 - 사례2 = 41,300원/년 -> 3,442원/월 절약가능

기밀도 - 건축물이 기밀한 정도에 따른 냉난방 비용의 차이를 설명하고 기밀성능을 높일 경우 이 정도의 금액의 냉난방에너지를 줄일 수 있음을 컨설팅 할 수 있다. 실제 열화상 기기 등을 활용하여 기밀도와 침기를 진단한다면 내부 단열재가 쳐져 제대로 기능을 못하고 있는 것과, 창틀과 유리, 창호와 구조체 사이의 열교현상을 발견하게 될 것이며, 에너지가 새어나가는 것을 정확히 찾게 되어 보수가 이루어 질 것이다.

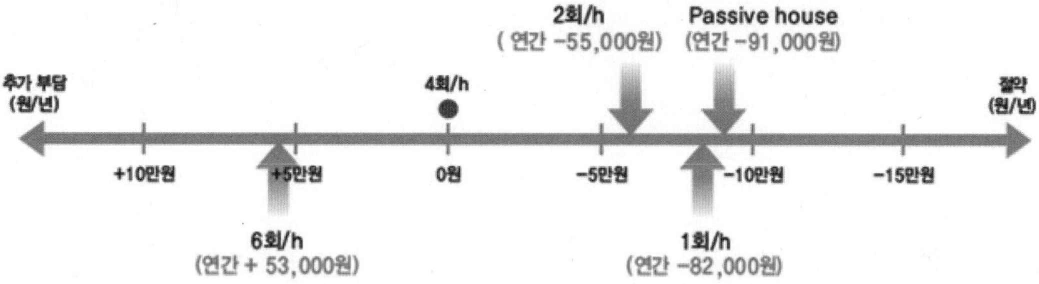

난방 - 고효율 보일러의 열교환기에 스케일 및 연소 이물질이 끼게 되면 열교환 능력이 떨어지지 않도록 주기적으로 이물질을 제거토록 유도한다.

2.1 건축주의 유지관리점검 비용투자 가치

2.1.1 건축주의 점검비용 투자가치 (점검을 받아야 하는 이유)

가. 건물 유지관리를 개선할 수 있다.
나. 건물의 상태를 확인할 수 있다.
다. 유지관리에 대한 관심 환기 및 건축물에 대한 컨설팅을 받을 수 있다.
라. 건축물 대장에 위법건축물 표시가 되지 않는다.
마. 과태료가 부과되지 않는다.

※ 장기적 관점에서는 다음 그림과 같이 효과가 높다는 것을 알 수 있다.

[그림] 과태료 (2년 마다 부과) 및 추후 보 • 수비용 ≥ 초기의 보수, 유지관리 비용

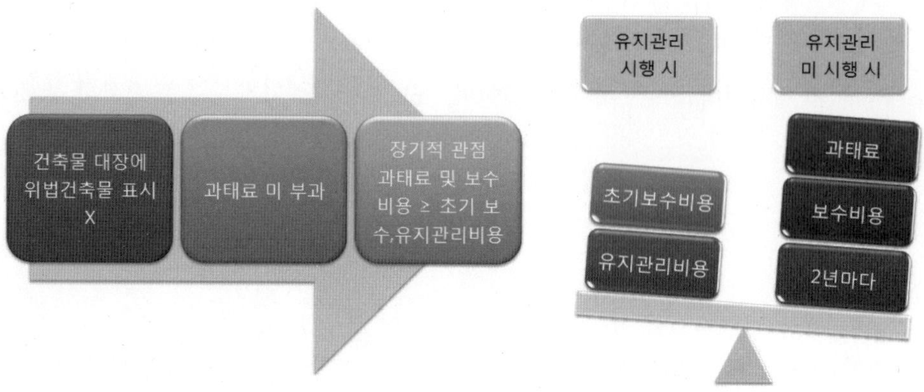

2.1.2 가치비용 환산 패턴

유지관리 점검 비용을 지출하여 전문가에게 점검을 받는다면 건축물 보수비용이 감소되며, 건축물 유지관리의 관심을 환기시킬 수 있고, 건축물 대장에서의 위법건축물 문구를 제외시킬 수 있으며, 과태료 미 부과 및 장기적인 시설 보수비용이 감소하게 된다.

이를 비용으로 환산한다면 100~500만원(투입비용/2년)을 투자하여 상당한 추가적(a) 비용 효과를 얻을 수 있다. 그 추가적인 비용 효과로는 유지관리를 시행하지 않았을 때의 건축물 보수비용과 과태료 절감, 그리고 건축물 사용자들의 심리적 안정감, 건축물 자체에 대한 신뢰감, 부동산 거래시 건축물 유지관리 점검을 시행하였다는 것만으로도 매입자에게 심리적 안정감과 신뢰감을 주는 효과를 얻을 수 있으며, 부동산 가치도 상승할 수 있을 것으로 사료된다. 또한 이 a라는 비용은 중장기적인 관점으로 보았을 때 유지관리 점검비용(투자비용)을 넘어 건축물 생애 관리비용이 상당히 감소 될 것이다.

아래 그림에서는 “a ≥ 유지관리점검 비용” 을 나타낸 것으로서 눈에 보이는 비용지출보다 보이지 않는 효과를 거둘 수 있다는 내용을 담고 있다.

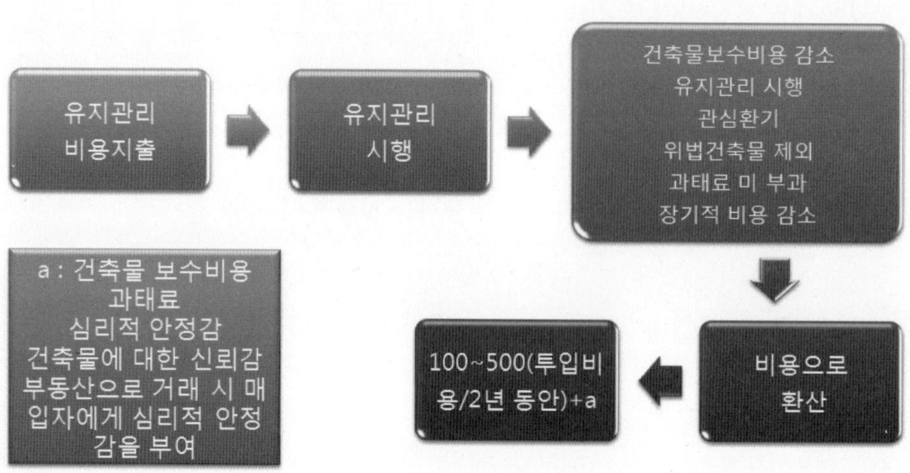

2.1.3 건축물 유지관리 점검 후의 가치비용

가. 점검을 통해 보수가 필요한 곳(불법사항, 구조안전, 에너지 향상 방안 등)을 확인할 수 있으며, 신속한 개선이 가능하다.

나. 초기 보수 교체 공사비용을 적절하게 투자할 경우 건물의 생애 주기 관리비용은 낮아진다.

다. 건축물의 유지관리점검 이후 금전적 가치 상승 항목이 존재한다. 예를들어서 관리비 절감, 에너지 사용 감소등의 경제적 가치가 상승할 수 있다.

라. 관리비 절감, 에너지 사용 절감 등 건축물 내부의 금전적 가치와 건축물 매매가격, 임대수익 등 건축물 외부의 금전적 가치가 높아질 수 있다.

마. 점검을 받지 않고 보수 공사를 시행할 시 공사규모와 비용이 점검을 받고 보수 공사를 시행할 때 보다 증가할 수 있다.

구분	점검 시	미 점검 시
보수 공사 비용	⇩	⇧ (추가비용 존재)
추가적 보수 여부 확인	⇩ (거의 없음)	⇧ (보수 항목 증가)

바. 심리적(사회적) 가치 상승 항목이 존재한다. 예를들어 주거의 안전성, 거주자의 쾌적성과 편리성이 증가한다.

2.2 점검대가의 산출

2.2.1 실비정액가산방식

점검대가는 실비정액가산식에 따라 산출함을 원칙으로 하며, 현황도면의 작성은 별도 실비로 계상한다. [실비정액가산식] 점검대가=직접비(직접인건비+직접경비)+제경비+기술료

가. 직접인건비는 당해업무에 직접 종사하는 점검수행자의 인건비로서 투입된 인원수에 노임단가를 곱하여 계산하되, 직접인건비의 기준인원수는 아래와 같이 적용하여 산출한다. 단, 노임단가는 「엔지니어링기술진흥법」 제12조의 규정에 따라서 조사·공표한 가격으로 한다.

〈 단위 : 인 · 일 〉

건축물의 연면적	정기점검(수시점검)	
	책임점검자	점검원
5,000㎡ 미만	1	0
5,000㎡ 이상 10,000㎡ 미만	1	1
10,000㎡ 이상 30,000㎡ 미만	1	2
30,000㎡ 이상 100,000㎡ 미만	2	3
100,000㎡ 이상	2	4

나. 직접경비는 당해업무 수행에 필요한 여비 및 차량운행비, 현장소요경비, 위험수당 등을 포함한 비용으로 일괄적으로 10만원으로 설정한다.

다. 제경비는 당해업무의 직접비에 포함되지 아니하는 간접비용을 말하며, 직접인건비의 110%로 계산한다.

라. 기술료는 당해업무에 점검수행자가 개발, 보유한 기술의 사용 및 이윤 등을 말하며, 직접인건비와 제경비를 합한 금액의 20%로 계산한다.

2.2.2 점검대가 조정비

점검대가의 산출시 점검대상 건축물의 용도 및 사용승인 후 경과년수등을 고려하여 "가"항에서 산출한 점검대가에 아래의 조정비를 적용할 수 있다.

<table>
<tr><th colspan="2">경과년수에 따른 조정</th><th colspan="2">건축물 용도별 조정</th></tr>
<tr><th>경과년수</th><th>조정비</th><th>용 도</th><th>조정비</th></tr>
<tr><td rowspan="2">15년 이내
15년 초과 25년 이내
25년 초과 35년 이내
35년 초과 55년 이내
55년 초과</td><td rowspan="2">1.00
1.05
1.10
1.15
1.20</td><td>공동주택(오피스텔)
근린생활시설
판매 및 영업시설</td><td>1.00</td></tr>
<tr><td>관광숙박시설
종합병원
문화 및 집회시설</td><td>1.20</td></tr>
</table>

2.2.3 규모·년수·용도별 대가산정표

연면적	경과년수	공동주택(오피스텔) 근린생활시설 판매 및 영업시설	관광숙박시설 종합병원 문화 및 집회시설
5,000㎡ 미만	15년 이내	932,000	1,118,000
	15년 초과 25년 이내	979,000	1,175,000
	25년 초과 35년 내	1,025,000	1,230,000
	35년 초과 55년 이내	1,072,000	1,286,000
	55년 초과	1,118,000	1,342,000
5,000㎡ 이상 10,000㎡ 미만	15년 이내	1,389,000	1,667,000
	15년 초과 25년 이내	1,458,000	1,750,000
	25년 초과 35년 내	1,528,000	1,834,000
	35년 초과 55년 이내	1,597,000	1,916,400
	55년 초과	1,667,000	2,000,000

10,000㎡ 이상 30,000㎡ 미만	15년 이내	1,846,000	2,215,000
	15년 초과 25년 이내	1,938,000	2,326,000
	25년 초과 35년 내	2,031,000	2,437,000
	35년 초과 55년 이내	2,123,000	2,548,000
	55년 초과	2,215,000	2,658,000
30,000㎡ 이상 100,000㎡ 미만	15년 이내	3,136,000	3,763,000
	15년 초과 25년 이내	3,293,000	3,952,000
	25년 초과 35년 내	3,450,000	4,140,000
	35년 초과 55년 이내	3,606,000	4,327,000
	55년 초과	3,763,000	4,516,000
100,000㎡ 이상	15년 이내	3,593,000	4,312,000
	15년 초과 25년 이내	3,773,000	4,528,000
	25년 초과 35년 내	3,952,000	4,742,000
	35년 초과 55년 이내	4,162,000	4,994,000
	55년 초과	4,312,000	5,174,000

※ 1. 실비정액가산식 적용
　가. 직접인건비 : 본 세부기준 7.1.가.1) 직접인건비 기준
　나. 직접경비 : 일괄 10만원으로 설정
　다. 제경비 : 직접인건비 × 110%
　라. 기술료 : (직접인건비 + 제경비) × 20%
2. 용도 및 경과년수에 따라 본 세부기준 7.1.나의 조정비 적용

2.3 표준계약서

2.3.1 표준계약서의 적용

관리주체가 유지·관리점검을 유지관리 점검자에게 의뢰하고자 할 때에는 별지 제1호 서식에 따른"건축물의 유지·관리점검 표준계약서"를 적용한다.

2.3.2 건축물 유지관리점검 표준계약서

〈건축물의 유지·관리점검 표준계약서〉 (별지 제1호 서식)

1. 건축물명칭 :
2. 대지　위치 :
3. 층　　　수 : 지하　　층　지상　　층
4. 연　면　적 :　　　　m²
5. 용　　　도 :

6. 계약 기간 : 년 월 일 ~ 년 월 일

7. 계약(업무)범위 :

업 무 내 용			비 고
기본	대지 관련 현황 점검	대지 관련 현황이 사용승인도서와 비교하여 적합한지 여부를 점검하고 필요한 경우 현행기준과 비교하여 개선방안 제시	
	높이 및 형태 유지여부 점검	건축물의 용도 및 형태가 사용승인도서와 비교하여 적합한지 여부를 점검하고 필요한 경우 현행기준과 비교하여 개선방안 제시	
	구조 변경여부 점검	주요 구조가 사용승인도서와 비교하여 적합한지 여부를 점검하고 필요한 경우 현행기준과 비교하여 개선방안 제시	
	피난 및 방화 관련 현황 점검	건축물의 피난 및 방화 관련 사항이 사용승인도서와 비교하여 적합한지 여부를 점검하고 필요한 경우 현행기준과 비교하여 개선방안 제시	
	건축물의 기능 및 성능 유지여부 점검	각종 건축설비가 사용승인도서와 비교하여 적합한지 여부를 점검하고 필요한 경우 현행기준과 비교하여 개선방안 제시	
	친환경 및 에너지 관련 사항 점검	-열손실 방지 관련 사항이 사용승인도서와 비교하여 적합한지 여부를 점검하고 필요한 경우 현행기준과 비교하여 개선방안 제시 -친환경건축물 인증, 지능형건축물 인증, 에너지효율등급 인증 관련 사항이 유지되고 있는지 여부 점검(인증을 받은 경우에 한함)	
	에너지 절감방안 제시	건축물의 에너지를 절감할 수 있는 방안 제시	
	안전강화 방안	건축물의 안전을 강화할 수 있는 방안 제시	
	기타 보완 방안	기타 건축물의 위법사항개선 및 성능향상 방안 제시	
선택	설계도서 작성	해당 건축물의 설계도서 등이 구비되어 있지 않은 경우 건축물 현황에 대한 설계도서 작성	

8. 계약 금액 : 일금 원정(\ ): 부가세 별도

계약 시(50%)	완료 시(50%)	계(100%)

※ 금액산정 : 계약조건 제2조에 따라 산정

20 년 월 일

"갑"과"을"은 상호 신의와 성실을 원칙으로 이 계약서에 의하여 유지·관리 점검업무 계약을 체결하고 각1부씩 보관한다.

소유자(관리자) "갑"	점검자 "을"
상 호 / 성 명 : (서명 또는 인) 사업자등록번호/주민등록번호 : 주 소 : 전 화 / Fax :	상호 / 대표자 : (서명 또는 인) 사업자등록번호 : 주 소 : 전 화 / Fax :

제1조(총　　칙) 상기 건축물의 유지관리 정기·수시점검업무를 수행하기 위하여 소유자 또는 관리자(이하 “갑” 이라한다.)가 「건축법」제35조제2항 및 같은 법 시행령 제23조의2 제4항 각 호의 유지·관리 점검자(이하 “을” 이라한다.)에게 위탁한 유지관리 점검업무의 수행에 필요한 상호간의 권리와 의무 등을 정한다.

제2조(계약금액의 산정 및 변경) ① 계약금액의 산정은 국토교통부장관이 고시한 「건축물의 유지관리점검 지침」제7조 및 [별표1]에 따른다.

② 「건축물의 유지관리점검 지침」제7조 7.1 가목에 따라 ‘을’이 건축물 현황에 대한 설계도서를 작성하는 경우 실비정액가산식에 따라 별도로 대가를 산정하여 계약금액에 포함하여야 한다.

③ 제2항의 사항 외에 계약기간 중 유지·관리점검 업무의 증·감사유가 발생하였을 때는 “갑”과 “을”은 협의하여 계약금액을 변경할 수 있다.

④ 제2항 및 제3항의 사유에 따라 대가가 증감한 경우 이에 대한 정산은 계약완료시 반영한다.

제3조(유지·관리 점검자의 의무) ① “을”은 제1조에서 규정한 목적을 수행하기 위하여 모든 지식과 기술을 활용, 신의와 성실의 원칙에 입각하여 계약을 이행한다.

② “을”은 영 제23조의2제4항에 따른 「건축물 유지·관리점검 세부기준」에 따라 유지·관리점검을 성실하게 실시하고 점검으로 파악할 수 있는 건축물 정보를 최대한 제공하기 위해 노력하여야 한다.

③ “을”은 유지·관리점검을 실시하면서 간단한 조치로 개선될 수 있는 사항에 대해서는 즉시 “갑”에게 통보하여 조치할 수 있도록 하여야 하며, 일부 항목에 대한 상세한 검사가 필요한 경우 지체없이 “갑“에게 통보하고 점검표에 적시하여야 한다.

제4조(소유자 또는 관리자의 의무) ① “갑”은 “을”이 유지·관리 점검을 공정하게 실시할 수 있도록 자료를 제공하고 업무수행에 필요한 제반여건을 조성하여야 한다.

② “갑”은 “을”이 유지·관리점검을 육안으로 실시하므로, 건축물의 대지, 구조, 설비 등의 실질적 내부결함에 대해 알 수 없어 분명하게 드러나지 않는 문제가 있을 수 있음을 인정한다.

③ “갑”은 유지·관리점검 결과가 계약 당시 또는 이후의 상태나 적합성을 보증하는 성격이 아닌 점을 감안하여 건축물의 상태, 결함, 효율과 관련한 책임을 “을”에게 지도록 하지 않는다.

④ “을”이 책임져야할 사항이 발생한 경우, “갑”은 “을”에게 계약금액 범위 내에서 책임지도록 한다.

제5조(분쟁조정) ① 이 계약과 관련하여 업무상 분쟁이 발생한 경우에는 관계기관의 유권 해석이나 관례에 따라 “갑”과 “을”이 협의하여 정한다.

② “갑”과 “을”이 협의하여 정하지 못한 경우에는 「건축법」제88조에 따른 “건축분쟁전문위원회”

에 신청하여 이의 조정에 따른다.

③ 건축분쟁조정위원회의 결정에 불복이 있는 경우에는 “갑” 소재지의 관할법원의 판결에 따른다.

제6조(특약사항) 이 계약에서 정하는 사항 외에 “갑”과 “을”은 특약사항을 정할 수 있다.

2.4 점검항목별 상세점점 작성방법

2.4.1 ‘점검세부항목 및 계량적 평가’ 작성방법

가. 점검세부항목은 육안점검이 가능한 항목으로서 세부기준에 근거하여 최소한으로 구성하였다.

나. “설계도서와의 적합여부”는 유지관리 점검의 실질적인 부분으로서 각 ‘점검세부항목’ 별로 아래의 등급표에 따라 등급(점수)을 체크하고, 각 ‘점검세부항목’을 산술평균하여 도출한 ‘점검소항목’의 평균 등급(점수)이 3점 이상인 경우 ‘적합’에 체크하고 3점 미만인 경우 ‘개선필요’에 체크한다. 다만, 각 ‘점검사항’의 등급(점수)이 2점 이하(불량 또는 매우불량)인 항목이 하나라도 있는 경우 ‘개선필요’에 체크한다.
해당 항목의 건축기준이 과거 사용승인 시점에 규정되어 있지 않거나 점검대상 건축물이 적용대상에 포함되지 않은 경우와 육안점검으로 점검 할 수 없는 경우에 ‘해당없음’에 체크한다. (이 경우 계량적 평가를 하지 않으며 산술평균에서 제외한다.)

다. “현행기준과의 비교·검토”는 성능개선을 유도하기 위해 참고하는 부분으로서 건축물의 소유자 및 관리자에게 건축물의 성능향상, 안전성 확보 등을 위한 정보를 서비스하는 항목이며, 해당 항목의 현행기준을 참고하여 건축물의 성능·안전성·편의성 등이 보통 이하로 판단될 경우 ‘개선필요’에 체크하며, 그러하지 않은 경우 ‘해당없음’에 체크한다.
“점검항목별 점검기준”의 점검소항목별 “규정 주요내용”은 현행기준과의 비교·검토 부분을 체크하는 점검자의 편의를 위한 참고내용이므로 필요시 점검자가 세부내용을 확인하여야 한다.

〈표〉 계량적 평가 기준

점수	건축물의 상태
1 (매우불량)	- 사용승인도서에 부적합하고 시급한 성능 개선이 요구되는 경우 - 안전성에 문제가 있어 시급한 개선이 요구되는 경우
2 (불량)	- 사용승인도서에 적합하나, 성능 개선이 요구되는 경우 - 사용승인도서에 부적합하나, 성능이 보통으로 유지되는 경우 - 안전성에 문제가 있는 것으로 우려되는 경우
3 (보통)	- 사용승인도서에 적합하고 성능이 보통으로 유지되는 경우
4 (양호)	- 사용승인도서에 적합하고 성능이 우수하게 유지되는 경우
5 (매우양호)	- 사용승인도서에 적합하고 성능이 매우 우수하게 유지되는 경우 (최근 5년 이내 리모델링·보수·보강 또는 설비교체 등을 통해 안전 및 성능 개선을 한 경우에 한함.)

※ 사용승인도면 또는 현황도면이 확보되지 않은 경우, 유지·관리 점검이 이루어질 수 없음.

※ '사용승인도서에 적합'이라 함은 현행기준에 적합한 경우를 포함함.

※ 현행 및 과거 건축 관계법령은 '법제처 홈페이지(http://www.moleg.go.kr)'에서 검색할 수 있으며, 과거 법령은 '연혁'을 클릭하여 특정 과거시점의 법령을 조회할 수 있음.

※ 계량적 평가는 점검소항목별 평가 이후 산술평균값을 구하여 6개 점검대항목별 점수를 도출함. 이러한 평가는 '점검항목별 상세점검(별지 제2호 서식 [첨부])'의 '점검결과 점수표'에 기재하고(〈표5〉의 작성예시 참조) '점검항목별 상세점검(별지 제2호 서식 [첨부])' 및 '건축물 유지·관리 점검표(별지 제2호 서식 본문)'의 종합의견에 제시하여 개선을 유도함.

※ 6개 점검대항목의 점수는 소수 첫째자리까지 표기함(소수 둘째자리에서 사사오입함).

〈표〉 점검항목별 상세점검(별지 제2호 서식 [첨부])'의 '점검결과 점수표' 작성예시

□ 점검결과 점수표

점검기준 도면 등 자료	[√] 사용승인도면 [ ] 건축물대장(현황도) [ ] 현황도면(별도작성) [ ] 기타 참고자료(직접기술) ______________________ ※ 해당되는 곳에 체크, 중복 체크 가능

점검대항목 (6개)	「건축법」 및 관련기준	점검소항목 (36개) 설계도서와의 적합여부	점검세부항목 (50개)	비고
대지 (4 점)	제40조	대지의 안전 등 (4 점) [√]적합 [ ]개선필요 [ ]해당없음	- 옹벽과 건축물과의 안전 확인 : (4 점) - 지반침하 여부 : (4 점)	
	제42조	대지의 조경 (4 점) [√]적합 [ ]개선필요 [ ]해당없음	- 조경면적 확보 여부 : (4 점) - 조경시설 성능 유지여부 : (4 점)	
	제43조	공개 공지 등의 확보 (- 점) [ ]적합 [ ]개선필요 [√]해당없음	- 공개공지 성능 유지여부 : (- 점) - 공개공지 면적확보 여부 : (- 점)	
	제44조	대지와 도로의 관계 (4 점) [√]적합 [ ]개선필요 [ ]해당없음	- 대지가 도로와 접하고 있는지 여부 : (4 점)	
	제47조	건축선에 따른 건축제한 (4_점) [√]적합 [ ]개선필요 [ ]해당없음	- 건축물, 캐노피, 발코니, 노대 및 담장의 건축선 내 유지여부 : (4 점)	
높이 및 형태 (3.8점)	제55조	건폐율 (4 점) [√]유지 [ ]변경 [ ]해당없음	- 건폐율 유지여부 : (4 점)	
	제56조	용적률 (4 점) [√]유지 [ ]변경 [ ]해당없음	- 용적률 유지여부 : (4 점)	
	제58조	대지 안의 공지 (4_점) [√]적합 [ ]개선필요 [ ]해당없음	- 공지의 폭 유지여부 : (4 점) - 공지성능 유지여부 : (4 점)	
	제60조	높이 제한 (4_점) [√]적합 [ ]개선필요 [ ]해당없음	- 높이제한 유지여부 : (4 점)	
	제61조	일조 등의 확보를 위한 높이 제한 (4_점) [√]적합 [ ]개선필요 [ ]해당없음	- 지붕변경, 증축으로 인한 일조권 유지여부 : (4 점)	
	제55조 ~ 제61조	외부형태의 원형 유지(3_점) [√]유지 [ ]변경 [ ]해당없음	- 광고물 등에 의한 디자인 훼손 여부 : (3 점) - 미관지구 안에서의 외관변경 여부 : (3 점)	
구조 안전 (4_점)	제48조	구조내력 등 (4_점) [√]유지 [ ]변경 [ ]해당없음	- 주요구조부 변형 및 균열 여부 (육안점검 가능부분) : (4 점) - 옥상의 구조적 안전여부: (4 점) - 내진설계 적용여부: (4 점)	

화재 안전 (4 점)	제49조	복도 · 계단 · 출입구 (4_점) [√]적합 [ ]개선필요 [ ]해당없음	- 복도, 계단, 출입구의 성능 유지여부 : (4 점)	
		옥상광장 (4 점) [√]적합 [ ]개선필요 [ ]해당없음	- 옥상광장의 피난성능 유지여부 : (4 점)	
		방화구획 (4 점) [√]적합 [ ]개선필요 [ ]해당없음	- 방화문, 방화셔터 등의 성능 유지여부 : (4 점) - 방화구획 적합 여부 : (4 점)	
		경계벽 · 칸막이벽 (4_점) [√]적합 [ ]개선필요 [ ]해당없음	- 경계벽 및 칸막이벽의 변경 등 방화성능 유지여부 : (4 점)	
		그 밖의 피난설비 (4_점) [√]적합 [ ]개선필요 [ ]해당없음	- 배연설비의 성능 유지여부 : (4 점)	
화재 안전 (4 점)	제50조	내화구조 (4_점) [√]적합 [ ]개선필요 [ ]해당없음	- 내화구조의 성능 유지여부 : (4 점)	
		방화벽 (__점) [ ]적합 [ ]개선필요 [√]해당없음	- 방화벽의 성능 유지여부 : (- 점)	
	제51조	방화지구 안의 건축물 (- 점) [ ]적합 [ ]개선필요 [√]해당없음	- 외벽의 성능 유지여부 : (- 점) - 창호의 성능 유지여부 : (- 점)	
	제52조	내부 마감재료 (4_점) [√]적합 [ ]개선필요 [ ]해당없음	- 내부마감의 방화성능 유지여부 : (4 점)	
		외벽 마감재료 (4_점) [√]적합 [ ]개선필요 [ ]해당없음	- 외부마감의 노후화 및 마감재 탈락 여부 : (4 점)	
	제53조	지하층 (4_점) [√]적합 [ ]개선필요 [ ]해당없음	- 지하층의 소방설비 성능 유지여부 : (4 점) - 지하층 피난구, 피난계단의 성능 유지여부 : (4 점)	
건축 설비 (4 점)	제62조	급수설비 (4_점) [√]적합 [ ]개선필요 [ ]해당없음	- 급수설비 성능 유지여부 : (4 점)	
		배수설비 (4_점) [√]적합 [ ]개선필요 [ ]해당없음	- 배수설비 성능 유지여부 : (4 점)	
		냉방설비 (4_점) [√]적합 [ ]개선필요 [ ]해당없음	- 냉방설비 성능 유지여부 : (4 점)	
		난방설비 (4_점) [√]적합 [ ]개선필요 [ ]해당없음	- 난방설비 성능 유지여부 : (4 점)	
		환기설비 (4_점) [√]적합 [ ]개선필요 [ ]해당없음	- 환기설비 외관 유지여부 : (4 점) - 환기설비 성능 유지여부 : (4 점) - 공기조화설비 외관 유지여부 : (4 점)	
		피뢰설비 (4_점) [√]적합 [ ]개선필요 [ ]해당없음	- 피뢰설비 성능 유지여부 : (4 점)	
		방송수신설비 (4_점) [√]적합 [ ]개선필요 [ ]해당없음	- 방송설비 성능 유지여부 : (4 점)	
		전기설비 설치공간 (4_점) [√]적합 [ ]개선필요 [ ]해당없음	- 전기설비 설치공간 확보 여부 : (4 점)	
	제64조	승강기 (4_점) [√]적합 [ ]개선필요 [ ]해당없음	- 승강기 성능 유지여부 : (4 점)	

<table>
<tr><td rowspan="8">에너지
및
친환경
관리
등
(4 점)</td><td rowspan="2">제64조의2</td><td>열손실 방지 (4_점)</td><td rowspan="2">- 단열성능 유지여부(출입문, 창호, 외벽 등) : (4 점)
- 결로 발생 여부 (4 점)
- 창호 기밀성 성능 유지여부 (4 점)</td><td rowspan="2"></td></tr>
<tr><td>[√]적합 [ ]개선필요 [ ]해당없음</td></tr>
<tr><td rowspan="2">제65조</td><td>친환경건축물 인증 (– 점)</td><td rowspan="2">- 친환경건축물 인증의 유지관리 여부 (– 점)</td><td rowspan="2"></td></tr>
<tr><td>[ ]인증 [ ]미인증 [√]해당없음</td></tr>
<tr><td rowspan="2">제65조의2</td><td>지능형건축물 인증 (– 점)</td><td rowspan="2">- 지능형건축물 인증의 유지관리 여부 (– 점)</td><td rowspan="2"></td></tr>
<tr><td>[ ]인증 [ ]미인증 [√]해당없음</td></tr>
<tr><td rowspan="2">제66조의2</td><td>에너지 효율등급 인증 (– 점)</td><td rowspan="2">- 에너지효율등급 인증의 유지관리 여부 (– 점)</td><td rowspan="2"></td></tr>
<tr><td></td></tr>
<tr><td colspan="2" rowspan="2">장애인편의시설</td><td>관계법령에 따라 의무적으로 설치하는 시설</td><td colspan="2" rowspan="2"></td></tr>
<tr><td>[ ]적합 [ ]개선필요 [√]해당없음</td></tr>
</table>

※ 해당없음에 체크하는 경우 점수를 기재하지 않고 평균산정시에 제외하고 계산한다.

2.4.2 '개선방안에 대한 의견' 작성방법

가. 아래의 경우 개선을 위한 간략한 의견을 제시해야 하며, 세부적인 점검(구조 및 화재안전 관련 점검 등)이 필요한 경우 관련 전문가의 점검을 받을 수 있도록 관리주체에게 안내한다.

① 안전성에 문제가 있는 경우

② 사용승인 당시의 건축법 및 관련법에 부적합한 경우

③ "설계도서와의 적합여부"에서 '개선필요'에 체크한 경우

④ "설계도서와의 적합여부"에서 '적합'에 체크하였으나 개선에 대한 의견이 있는 경우

⑤ "현행기준과의 비교·검토"에서 '개선필요'에 체크한 경우

나. 개선방안에 대한 의견은 해당 점검세부항목에 대하여 위법의 경우와 적법하지만 성능개선이 필요한 경우로 나누어 의견을 기술한다.

다. 위법의 경우라도 즉각적인 개선이 가능한 부분은 점검주체에게 확인 시키고 '성능개선이 필요한 경우' 난에 기술한다.

라. '개선방안에 대한 의견'이 없는 경우에는 '-'을 표기한다.

2.4.3 '개선방안에 대한 사유 및 근거, 관련 법령 등' 작성방법

가. '개선방안에 대한 의견'을 제시한 경우는 그 사유, 근거, 관련 법령 등을 구체적으로 기술한다.

나. '개선방안에 대한 의견'이 없는 경우에는 '-'을 표기한다.

2.4.4 '관련사진 및 도면' 작성방법

가. '적합' 또는 '개선필요'를 나타내는 현황사진 등을 첨부한다.(현황사진이 많을 경우 별지에 첨부할 수 있으며, '적합'은 경우에 따라서 현황사진을 첨부하지 않을 수 있음)

나. 사진 및 도면이 없는 경우에는 '-'을 표기한다.

2.4.5 '비고' 작성방법

가. "설계도서와의 적합여부"에서 '적합'에 체크한 경우에는 그 사유를 기술 한다.

나. 사용승인도서가 없어 현황도면을 작성하였으나 도면이 불충분하여 점검할 수 없는 항목인 경우와 육안점검을 할 수 없는 경우에 해당 사유를 기술한다.

(예시) 도면이 불충분하여 동 항목을 점검할 수 없음, 육안으로 점검이 불가능하여 점검할 수 없음

다. '해당없음'에 체크한 경우 법적 근거를 기술한다.

라. 기타 부가적인 설명이 필요한 경우에는 그 내용을 기술한다.

2.4.6 '주요 개선방안에 대한 의견' 작성방법

'점검항목별 상세점검(별지 제2호 서식 [첨부])'의 마지막 부분인 '주요 개선방안에 대한 의견'은 점검소항목별 '개선방안에 대한 의견'을 근거로 내용을 보완하여 '안전강화 방안', '에너지절감 방안', '그 밖의 방안(성능 개선, 수명 연장 등)'을 제시하되, 각각 위법사항에 대한 개선방안과 성능개선방안으로 구분하여 기술한다.

2.4.7 '종합의견' 작성방법

'종합의견'에는 '주요 개선방안에 대한 의견'을 참조하여 건축행위가 이루어진 현황, 안전 및 성능에 대한 문제점, 최적의 개선방안 등 총괄적인 분석 및 의견을 기술한다.

※ 점검항목 체계 : 점검대항목(6개) 〉 점검소항목(36개) 〉 점검세부항목(50개)

점검항목별 점검기준은 아래 표와 같다.

〈표〉 점검항목 표

점검대 항목 (6개)	「건축법」 및 관련기준	점검소항목 (36개)	점검세부항목 (50개)
대지	제40조	대지의 안전 등	- 옹벽과 건축물과의 안전 확인 - 지반침하 여부
	제42조	대지의 조경	- 조경면적 확보 여부 - 조경시설 성능 유지여부
	제43조	공개 공지 등의 확보	- 공개공지 성능 유지여부 - 공개공지 면적확보 여부
	제44조	대지와 도로의 관계	- 대지가 도로와 접하고 있는지 여부
	제47조	건축선에 따른 건축제한	- 건축물, 캐노피, 발코니, 노대 및 담장의 건축선 내 유지여부
높이 및 형태	제55조	건폐율	- 건폐율 유지여부
	제56조	용적률	- 용적률 유지여부
	제58조	대지 안의 공지	- 공지의 폭 유지여부 - 공지성능 유지여부
	제60조	높이 제한	- 높이제한 유지여부
	제61조	일조 등의 확보를 위한 높이 제한	- 지붕변경, 증축으로 인한 일조권 유지여부
	제55조 ~ 제61조	외부형태의 원형 유지	- 광고물 등에 의한 디자인 훼손 여부 - 미관지구 안에서의 외관변경 여부
구조안전	제48조	구조내력 등	- 주요구조부 변형 및 균열 여부(육안점검 가능부분) - 옥상의 구조적 안전여부 - 내진설계 적용 여부
화재안전	제49조	복도 · 계단 · 출입구	- 복도, 계단, 출입구의 성능 유지여부
		옥상광장	- 옥상광장의 피난성능 유지여부
		방화구획	- 방화문, 방화셔터 등의 성능 유지여부 - 방화구획 적합 여부
		경계벽 · 칸막이벽	- 경계벽 및 칸막이벽의 변경 등 방화성능 유지여부
		그 밖의 피난설비	- 배연설비의 성능 유지여부
	제50조	내화구조	- 내화구조의 성능 유지여부
		방화벽	- 방화벽의 성능 유지여부
	제51조	방화지구 안의 건축물	- 외벽의 성능 유지여부 - 창호의 성능 유지여부
	제52조	내부 마감재료	- 내부마감의 방화성능 유지여부
		외벽 마감재료	- 외부마감의 노후화 및 마감재 탈락 여부
	제53조	지하층	- 지하층의 소방설비 성능 유지여부 - 지하층 피난구, 피난계단의 성능 유지여부

건축설비	제62조	급수설비	- 급수설비 성능 유지여부
		배수설비	- 배수설비 성능 유지여부
		냉방설비	- 냉방설비 성능 유지여부
		난방설비	- 난방설비 성능 유지여부
		환기설비	- 환기설비 외관 유지여부 - 환기설비 성능 유지여부 - 공기조화설비 외관 유지여부
		피뢰설비	- 피뢰설비 성능 유지여부
		방송수신설비	- 방송설비 성능 유지여부
		전기설비 설치공간	- 전기설비 설치공간 확보 여부
	제64조	승강기	- 승강기 성능 유지여부
에너지 및 친환경 관리 등	제64조의2	열손실 방지	- 단열성능 유지여부(출입문, 창호, 외벽 등) - 결로 발생 여부 - 창호 기밀성 성능 유지여부
	제65조	친환경건축물 인증	- 친환경건축물 인증의 유지관리 여부
	제65조의2	지능형건축물 인증	- 지능형건축물 인증의 유지관리 여부
	제66조의2	에너지 효율등급 인증	- 에너지효율등급 인증의 유지관리 여부
장애인 편의시설		관계법령에 따라 의무적으로 설치하는 시설	

2.5 대지

◈ 원칙

대지의 빗물 배출 및 배수에 문제가 있거나, 붕괴 우려 등 안전에 위험한 요소가 있는지를 확인하며, 대지 내 조경 및 건축물 출입구 등이 설계도서에 적합한 상태로 유지되고 있는지 등을 점검한다.

2.5.1 대지의 안전 등

가. 규정 주요내용

- 현행 : 건축법 제40조, 건축법 시행규칙 제25조

법령 주요내용	비고
○ 대지의 안전을 위한 조치 - 대지는 인접한 도로면보다 낮으면 안 됨.(배수에 지장 없거나, 방습의 필요가 없는 경우 제외) - 습한 토지, 쓰레기 등이 매립된 토지인 경우 성토, 지반개량 등 필요한 조치 - 빗물, 오수를 배출하기 위한 시설(하수관, 하수구, 저수탱크 등) 설치 - 손궤의 우려가 있는 토지는 아래와 같은 옹벽설치 또는 필요한 조치 1. 성토 또는 절토하는 부분의 경사도가 1:1.5 이상으로서 높이가 1미터 이상인 부분에는 옹벽을 설치 2. 옹벽의 높이가 2미터 이상인 경우에는 이를 콘크리트구조로 할 것. (건축법 시행규칙 [별표6]의 옹벽 기준에 적합한 경우 예외) 3. 옹벽의 외벽면에는 이의 지지 또는 배수를 위한 시설외의 구조물이 밖으로 튀어 나오지 아니하게 할 것	법 제40조 규칙 제25조

※ 과거 연혁별 규정은 [부록]에 수록

나. 점검세부항목별 점검기준

① 옹벽과 건축물과의 안전 확인

- 옹벽이 훼손되었거나 균열이 진행 중인 경우에는 2점(불량) 이하로 판단한다.
- 옹벽의 훼손 또는 균열의 정도가 옹벽과 건축물의 안전에 영향이 없는 경우에는 그 상태에 따라 3점(보통) 이상으로 판단한다.

② 지반침하 여부

- 건축물과 구조물의 기울기가 변화되었거나 균열이 발생한 경우에는 2점(불량) 이하로 판단한다.
- 지반침하가 발생되었거나 진행 중인 경우에는 2점(불량) 이하로 판단 한다.
- 지반침하가 없는 경우에는 4점(양호)으로 판단한다.

다. 개선방안에 대한 의견

① 옹벽과 건축물과의 안전 확인

- 옹벽의 훼손과 균열이 발생되었거나 진행 중인 경우에는 구조 분야 전문가의 점검 및 안전진단을 실시할 것을 제안한다. (다만, 경미한 균열인 경우 구조 보강용 에폭시 주입 등 간단한 구조보강 조치를 제안한다.)

② 지반침하 여부

- 지표면의 침하가 발생된 경우에는 토목, 구조 분야 전문가의 점검 및 안전진단을 제안한다.

2.5.2 대지의 조경

가. 규정 주요내용

- 현행 : 건축법 제42조, 건축법 시행령 제27조, 건축법 시행규칙 제26조의2 조경기준(국토교통부 고시)

법령 주요내용	비고
○조경 등의 조치 기준 - 연면적 200㎡ 이상인 대지에 건축하는 경우 조경 등의 조치는 지방자치단체의 조례에 따르되 아래 기준을 우선함.(아래 기준에 대해 조례로 완화한 기준을 정한 경우 조례에 따를 수 있음) 1. 공장(제1항제2호부터 제4호까지의 규정에 해당하는 공장은 제외한다) 및 물류시설(제1항제8호에 해당하는 물류시설과 주거지역 또는 상업지역에 건축하는 물류시설은 제외한다) 가. 연면적의 합계가 2천 제곱미터 이상인 경우: 대지면적의 10퍼센트 이상 나. 연면적의 합계가 1천500 제곱미터 이상 2천 제곱미터 미만인 경우: 대지면적의 5퍼센트 이상 2. 「항공법」 제2조제8호에 따른 공항시설: 대지면적(활주로·유도로·계류장·착륙대 등 항공기의 이륙 및 착륙시설로 쓰는 면적은 제외한다)의 10퍼센트 이상 3. 「철도건설법」 제2조제1호에 따른 철도 중 역시설: 대지면적(선로·승강장 등 철도운행에 이용되는 시설의 면적은 제외한다)의 10퍼센트 이상 4. 그 밖에 면적 200제곱미터 이상 300제곱미터 미만인 대지에 건축하는 건축물: 대지면적의 10퍼센트 이상 ○조경 등의 조치를 하지 않아도 되는 경우 1. 녹지지역에 건축하는 건축물 2. 면적 5천 제곱미터 미만인 대지에 건축하는 공장 3. 연면적의 합계가 1천500제곱미터 미만인 공장 4. 「산업집적활성화 및 공장설립에 관한 법률」 제2조제14호에 따른 산업단지의 공장 5. 대지에 염분이 함유되어 있는 경우 또는 건축물 용도의 특성상 조경 등의 조치를 하기가 곤란하거나 조경 등의 조치를 하는 것이 불합리한 경우로서 건축조례로 정하는 건축물 6. 축사 7. 법 제20조제1항에 따른 가설건축물 8. 연면적의 합계가 1천500제곱미터 미만인 물류시설(주거지역 또는 상업지역에 건축하는 것은 제외한다)로서 「화물유통촉진법」제2조제5호의 규정에 의한 물류시설 9. 「국토의 계획 및 이용에 관한 법률」에 따라 지정된 자연환경보전지역·농림지역 또는 관리지역(지구단위계획구역으로 지정된 지역은 제외한다)의 건축물 10. 다음 각 목의 어느 하나에 해당하는 건축물 중 건축조례로 정하는 건축물 가. 「관광진흥법」 제2조제6호에 따른 관광지 또는 같은 조 제7호에 따른 관광단지에 설치하는 관광시설 나. 「관광진흥법 시행령」 제2조제1항제3호가목에 따른 전문휴양업의 시설 또는 같은 호 나목에 따른 종합휴양업의 시설 다. 「국토의 계획 및 이용에 관한 법률 시행령」 제48조제10호에 따른 관광·휴양형 지구단위계획구역에 설치하는 관광시설 라. 「체육시설의 설치·이용에 관한 법률 시행령」 별표 1에 따른 골프장 ○옥상조경 : 옥상조경면적의 2/3을 대지조경면적으로 산정할 수 있음(다만, 산정한 면적이 전체 대지 조경면적의 50%를 초과하지 못함)	법 제42조 영 제27조 규칙 제26조의2

※ 과거 연혁별 규정은 [부록]에 수록

※ 지역별 건축조례는 자치법규정보시스템 홈페이지(http://www.elis.go.kr/)를 통해 검색가능

나. 점검세부항목별 점검기준

① 조경면적 확보 여부

- 조경면적이 건축물의 사용승인도면을 기준으로 감소되었을 경우 에는 2점(불량) 이하로 판단한다.
- 조경면적이 건축물의 사용승인도면대로 유지되고 있는 경우에는 4점(양호)으로 판단한다.

② 조경시설 성능 유지여부

- 조경시설의 성능이 상실된 경우에는 2점(불량)으로 판단한다.
- 조경시설로서의 성능이 유지되는 경우에는 그 성능의 유지관리 정도에 따라 3점(보통) 이상으로 판단한다.

다. 개선방안에 대한 의견

① 조경면적 확보 여부

- 조경시설로서의 기능을 상실한 경우에는 본래의 기능을 회복할 수 있는 개선방안을 제안한다.

② 조경시설 성능 유지여부

- 조경식재가 훼손되어 조경시설의 기능이 상실된 경우에는 조경의 재 식재(전부 또는 일부)를 통하여 본래의 기능을 회복할 수 있는 개선방안을 제안한다.

2.5.3 공개 공지 등의 확보

가. 규정 주요내용

- 현행 : 건축법 제43조, 건축법 시행령 제27조의2

법령 주요내용	비고
○공개공지 등 설치 지역 1. 일반주거지역, 준주거지역 2. 상업지역 3. 준공업지역 4. 특별자치도지사 또는 시장·군수·구청장이 도시화의 가능성이 크다고 인정하여 지정·공고하는 지역 ○대지에 공개공지 등을 설치해야 하는 건축물의 용도 및 규모 1. 연면적의 합계가 5천 제곱미터 이상인 문화 및 집회시설, 종교시설, 판매시설(「농수산물유통 및 가격안정에 관한 법률」 제2조에 따른 농수산물유통시설은 제외한다), 운수시설(여객용 시설만 해당한다), 업무시설 및 숙박시설 2. 그 밖에 다중이 이용하는 시설로서 건축조례로 정하는 건축물 ○공개공지 등의 면적기준 - 대지면적의 100분의 10 이하의 범위에서 건축조례로 정함.	법 제43조 영 제27조의2

○공개공지 등의 설치기준 - 아래의 사항을 준수하되 필로티의 구조로도 설치할 수 있음. 1. 공개공지 등은 누구나 이용할 수 있는 곳임을 알기 쉽게 국토교통부령으로 정하는 표지판을 1개소 이상 설치할 것 2. 공개공지 등에는 물건을 쌓아 놓거나 출입을 차단하는 시설을 설치하지 아니할 것 3. 환경친화적으로 편리하게 이용할 수 있도록 긴 의자 또는 파고라 등 건축조례로 정하는 시설을 설치할 것 ○공개공지 등의 설치에 따른 기준완화적용 - 완화적용 대상 1. 공개공지 설치의무 건축물(의무가 아닌 건축물과 복합된 경우 포함) 2. 바닥면적의 합계가 5천 제곱미터 이상인 건축물로서 공개공지 등의 설치대상이 아닌 건축물(「주택법」 제16조제1항에 따른 사업계획승인 대상인 공동주택은 제외) - 완화적용 범위 : 아래의 범위 내에서 범위에서 건축조례로 정하는 바에 따름. 1. 법 제56조에 따른 용적률은 해당 지역에 적용하는 용적률의 1.2배 이하 2. 법 제60조에 따른 높이 제한은 해당 건축물에 적용하는 높이기준의 1.2배 이하 ○기타사항 - 공개공지 등에는 연간 60일 이내의 기간 동안 건축조례로 정하는 바에 따라 주민들을 위한 문화행사를 열거나 판촉활동을 할 수 있음. 다만, 울타리를 설치하는 등 공중이 해당 공개공지 등을 이용하는 데 지장을 주는 행위를 해서는 아니 됨.	

※ 과거 연혁별 규정은 [부록]에 수록

※ 지역별 건축조례는 자치법규정보시스템 홈페이지(http://www.elis.go.kr/)를 통해 검색가능

나. 점검세부항목별 점검기준

① 공개공지 성능 유지여부

- 공개공지의 성능을 상실한 경우에는 2점(불량) 이하로 판단한다.
- 공개공지의 성능을 유지하고 있는 경우에는 성능유지 정도에 따라 3점(보통) 이상으로 판단한다.

② 공개공지 면적확보 여부

- 공개공지의 위치 및 면적이 변경된 경우에는 2점(불량) 이하로, 사용승인도서대로 유지하고 있는 경우에는 4점(양호)으로 판단 한다. (서식에 공개공지 구획 및 건축 한계선 구획 표시 도면 첨부)

> ※ 공개공지 구획 및 건축한계선 구획은 세움터로부터 제공받은 배치도(또는 건축물대장 배치도)에 구획을 표시하여 첨부한다.

다. 개선방안에 대한 의견

① 공개공지의 성능 유지여부 및 면적확보 여부

- 공개공지의 면적 및 기능이 훼손된 경우에는 본래의 기능이 회복될 수 있는 개선 방안을 제안한다.

2.5.4 대지와 도로의 관계

가. 규정 주요내용

- 현행 : 건축법 제44조, 건축법 시행령 제28조

법령 주요내용	비고
○ 대지와 도로와의 관계 원칙 - 건축물의 대지는 2미터 이상이 도로(자동차만의 통행에 사용되는 도로는 제외한다)에 접하여야 함. 다만 아래의 경우 예외 1. 해당 건축물의 출입에 지장이 없다고 인정되는 경우 2. 건축물의 주변에 아래에서 정하는 공지가 있는 경우 가. 광장, 공원, 유원지, 그 밖에 관계 법령에 따라 건축이 금지되고 공중의 통행에 지장이 없는 공지로서 허가권자가 인정한 것 ○ 대지와 도로와의 관계 세부기준 - 연면적의 합계가 2천 제곱미터(공장인 경우에는 3천 제곱미터) 이상인 건축물(축사, 작물 재배사, 그 밖에 이와 비슷한 건축물로서 건축조례로 정하는 규모의 건축물은 제외)의 대지는 너비 6미터 이상의 도로에 4미터 이상 접하여야 함.	법 제44조 영 제28조

※ 과거 연혁별 규정은 [부록]에 수록

※ 지역별 건축조례는 자치법규정보시스템 홈페이지(http://www.elis.go.kr/)를 통해 검색가능

나. 점검세부항목별 점검기준

① 대지가 도로와 접하고 있는지 여부

- 대지가 건축법상 도로(4m 도로)에 2m 이상 접하지 않은 경우에는 2점(불량) 이하로 판단한다.
- 대지가 현황도로 등에 접하여 대지의 출입에 지장이 없는 경우에는 그 정도에 따라 3점(보통) 이상으로 판단한다.

다. 개선방안에 대한 의견

① 대지가 도로와 접하고 있는지 여부

- 대지가 건축법상 최소기준에 적합하지 않을 경우에는 최소기준을 충족시킬 수 있는 적합한 방안을 제안한다.

2.5.5 건축선에 따른 건축제한

가. 규정 주요내용

- 현행 : 건축법 제47조

법령 주요내용	비고
○ 건축선에 따른 건축제한 규정 - 건축물과 담장은 건축선의 수직면(垂直面)을 넘어서는 아니 됨. 다만, 지표(地表) 아래 부분은 예외 - 도로면으로부터 높이 4.5미터 이하에 있는 출입구, 창문, 그 밖에 이와 유사한 구조물은 열고 닫을 때 건축선의 수직면을 넘지 아니하는 구조로 하여야 함.	법 제47조

※ 과거 연혁별 규정은 [부록]에 수록

나. 점검세부항목별 점검기준

① 건축물, 캐노피, 발코니, 노대 및 담장의 건축선 내 유지여부

- 건축물, 캐노피, 발코니, 노대 및 담장 등이 건축선에 저촉되어 보행을 방해하거나 공공성을 침해하는 경우에는 2점(불량) 이하로 판단한다.
- 건축물의 성능향상을 위해 설치된 캐노피, 발코니(테라스 포함) 등이 건축선을 침해하지 않는 경우에는 4점(양호)으로 판단한다.

다. 개선방안에 대한 의견

① 건축물, 캐노피, 발코니, 노대 및 담장의 건축선 내 유지여부

- 건축물, 캐노피, 발코니, 노대 및 담장 등이 건축선에 저촉되는 경우 보행을 방해하지 않고 공공성을 침해하지 않는 방안을 제안하거나 원상복구를

2.6 높이 및 형태

◈ 원칙

건축물의 높이와 형태가 준공당시의 기준에 적합하게 유지되고 있는지와 「국토의 계획 및 이용에 관한 법률」에 따른 건폐율 및 용적률 등에 적합한지 여부 등을 확인하며, 일조확보 등을 위한 건축물의 이격거리가 설계기준에 적합하게 유지되고 있는지를 점검한다.

2.6.1 건폐율

가. 규정 주요내용

- 현행 : 건축법 제55조

법령 주요내용	비고
○ 대지면적에 대한 건축면적의 비율 - 「국토의 계획 및 이용에 관한 법률」 제77조에 따른 건폐율의 기준에 따름. 다만, 이 법에서 기준을 완화하거나 강화하여 적용하도록 규정한 경우에는 그에 따름. 〈국토의 계획 및 이용에 관한 법률 제77조 및 같은법 시행령 제84조〉 ○ 건폐율 기본 원칙 - 건폐율의 최대한도는 관할 구역의 면적과 인구 규모, 용도지역의 특성 등을 고려하여 아래의 범위 내에서 지방자치단체 조례로 정하는 비율을 초과하면 아니 됨. 1. 제1종전용주거지역 : 50퍼센트 이하 2. 제2종전용주거지역 : 50퍼센트 이하 3. 제1종일반주거지역 : 60퍼센트 이하 4. 제2종일반주거지역 : 60퍼센트 이하 5. 제3종일반주거지역 : 50퍼센트 이하 6. 준주거지역 : 70퍼센트 이하 7. 중심상업지역 : 90퍼센트 이하 8. 일반상업지역 : 80퍼센트 이하 9. 근린상업지역 : 70퍼센트 이하 10. 유통상업지역 : 80퍼센트 이하 11. 전용공업지역 : 70퍼센트 이하 12. 일반공업지역 : 70퍼센트이하 13. 준공업지역 : 70퍼센트 이하 14. 보전녹지지역 : 20퍼센트 이하 15. 생산녹지지역 : 20퍼센트 이하 16. 자연녹지지역 : 20퍼센트 이하 17. 보전관리지역 : 20퍼센트 이하 18. 생산관리지역 : 20퍼센트 이하 19. 계획관리지역 : 40퍼센트 이하 20. 농림지역 : 20퍼센트 이하 21. 자연환경보전지역 : 20퍼센트 이하 - 아래 지역에서의 건폐율에 관한 기준은 80퍼센트 이하의 범위 내에서 아래에서 정하는 기준에 따라 지방자치단체 조례로 따로 정함. 1. 취락지구 : 60퍼센트 이하(집단취락지구에 대하여는 개발제한구역의지정및관리에관한특별조치법령이 정하는 바에 의한다) 2. 도시지역외의 지역에 지정된 개발진흥지구 : 40퍼센트 이하 3. 수산자원보호구역 : 40퍼센트 이하 4. 「자연공원법」에 따른 자연공원 : 60퍼센트 이하 5. 「산업입지 및 개발에 관한 법률」 제2조제8호라목에 따른 농공단지 : 70퍼센트 이하 6. 공업지역에 있는 「산업입지 및 개발에 관한 법률」 제2조제8호가목부터 다목까지의 규정에 따른 국가산업단지·일반산업단지·도시첨단산업단지 및 같은 조 제12호에 따른 준산업단지: 80퍼센트 이하	법 제55조

- 다음 각 호의 어느 하나에 해당하는 경우로서 대통령령으로 정하는 경우에는 건폐율 기본원칙 규정에도 불구하고 대통령령으로 정하는 기준에 따라 특별시·광역시·특별자치시·특별자치도·시 또는 군의 조례로 건폐율을 따로 정할 수 있음. (국토법 시행령 제84조 제4항~제7항 참조) 1. 토지이용의 과밀화를 방지하기 위하여 건폐율을 강화할 필요가 있는 경우 2. 주변 여건을 고려하여 토지의 이용도를 높이기 위하여 건폐율을 완화할 필요가 있는 경우 3. 녹지지역, 보전관리지역, 생산관리지역, 농림지역 또는 자연환경보전지역에서 농업용·임업용·어업용 건축물을 건축하려는 경우 4. 보전관리지역, 생산관리지역, 농림지역 또는 자연환경보전지역에서 주민생활의 편익을 증진시키기 위한 건축물을 건축하려는 경우	

※ 과거 연혁별 규정은 [부록]에 수록

※ 지역별 건축조례는 자치법규정보시스템 홈페이지(http://www.elis.go.kr/)를 통해 검색가능

나. 점검세부항목별 점검기준

① 건폐율 유지여부

- 캐노피 설치, 불법증축 등으로 사용승인도면의 건폐율을 초과 하였을 경우에는 2점(불량) 이하로 판단한다.
- 사용승인도면의 건폐율을 유지하고 있는 경우에는 4점(양호)으로 판단한다.

다. 개선방안에 대한 의견 작성

① 건폐율 유지여부

- 건폐율을 초과한 경우에는 초과된 부분에 대해서 허가, 신고 등 건축행정절차에 따르도록 제안하거나 원상복구를 제안한다.

2.6.2 용적률

가. 규정 주요내용

- 현행 : 건축법 제56조

법령 주요내용	비고
○ 대지면적에 대한 연면적의 비율 -「국토의 계획 및 이용에 관한 법률」제78조에 따른 용적률의 기준에 따름. 다만, 이 법에서 기준을 완화하거나 강화하여 적용하도록 규정한 경우에는 그에 따름. 〈국토의 계획 및 이용에 관한 법률 제78조 및 같은법 시행령 제85조〉 ○ 용적률 기본 원칙 - 용적률의 최대한도는 관할 구역의 면적과 인구 규모, 용도지역의 특성 등을 고려하여 아래의 범위 내에서 지방자치단체 조례로 정하는 비율을 초과하면 아니 됨. 1. 제1종전용주거지역 : 50퍼센트 이상 100퍼센트 이하 2. 제2종전용주거지역 : 100퍼센트 이상 150퍼센트 이하	법 제56조

3. 제1종일반주거지역 : 100퍼센트 이상 200퍼센트 이하 4. 제2종일반주거지역 : 150퍼센트 이상 250퍼센트 이하 5. 제3종일반주거지역 : 200퍼센트 이상 300퍼센트 이하 6. 준주거지역 : 200퍼센트 이상 500퍼센트 이하 7. 중심상업지역 : 400퍼센트 이상 1천500퍼센트 이하 8. 일반상업지역 : 300퍼센트 이상 1천300퍼센트 이하 9. 근린상업지역 : 200퍼센트 이상 900퍼센트 이하 10. 유통상업지역 : 200퍼센트 이상 1천100퍼센트 이하 11. 전용공업지역 : 150퍼센트 이상 300퍼센트 이하 12. 일반공업지역 : 200퍼센트 이상 350퍼센트 이하 13. 준공업지역 : 200퍼센트 이상 400퍼센트 이하 14. 보전녹지지역 : 50퍼센트 이상 80퍼센트 이하 15. 생산녹지지역 : 50퍼센트 이상 100퍼센트 이하 16. 자연녹지지역 : 50퍼센트 이상 100퍼센트 이하 17. 보전관리지역 : 50퍼센트 이상 80퍼센트 이하 18. 생산관리지역 : 50퍼센트 이상 80퍼센트 이하 19. 계획관리지역 : 50퍼센트 이상 100퍼센트 이하 20. 농림지역 : 50퍼센트 이상 80퍼센트 이하 21. 자연환경보전지역 : 50퍼센트 이상 80퍼센트 이하 - 아래 지역에서의 용적률에 관한 기준은 200퍼센트 이하의 범위 내에서 아래에서 정하는 기준에 따라 지방자치단체 조례로 따로 정함. 1. 도시지역외의 지역에 지정된 개발진흥지구 : 100퍼센트 이하 2. 수산자원보호구역 : 80퍼센트 이하 3.「자연공원법」에 따른 자연공원: 100퍼센트 이하 4.「산업입지 및 개발에 관한 법률」 제2조제8호라목에 따른 농공단지(도시지역외의 지역에 지정된 농공단지에 한한다) : 150퍼센트 이하 - 준주거지역·중심상업지역·일반상업지역·근린상업지역·전용공업지역·일반공업지역 또는 준공업지역 안의 건축물로서 아래에 해당하는 건축물에 대한 용적률은 경관·교통·방화 및 위생상 지장이 없다고 인정되는 경우에는 용적률 기본원칙 규정에 의한 해당 용적률의 120퍼센트 이하의 범위안에서 지방자치단체 조례가 정하는 비율로 할 수 있음. 1. 공원·광장(교통광장을 제외한다. 이하 이 조에서 같다)·하천 그 밖에 건축이 금지된 공지에 접한 도로를 전면도로로 하는 대지안의 건축물이나 공원·광장·하천 그 밖에 건축이 금지된 공지에 20미터 이상 접한 대지안의 건축물 2. 너비 25미터 이상인 도로에 20미터 이상 접한 대지안의 건축면적이 1천제곱미터 이상인 건축물 - 아래의 지역·지구 또는 구역안에서 건축물을 건축하고자 하는 자가 그 대지의 일부를 공공시설부지로 제공하는 경우에는 당해 건축물에 대한 용적률은 용적률 기본원칙 규정에 의한 해당 용적률의 200퍼센트 이하의 범위안에서 대지면적의 제공비율에 따라 지방자치단체 조례가 정하는 비율로 할 수 있음. 1. 상업지역 2.「도시 및 주거환경정비법」에 의한 주택재개발사업, 도시환경정비사업 및 주택재건축사업을 시행하기 위한 정비구역 - 도시지역(녹지지역만 해당한다), 관리지역에서의 창고는 지방자치단체 조례로 정하는 높이로 규모 등을 제한할 수 있음.	

※ 과거 연혁별 규정은 [부록]에 수록

※ 지역별 건축조례는 자치법규정보시스템 홈페이지(http://www.elis.go.kr/)를 통해 검색가능

나. 점검세부항목별 점검기준

① 용적률 유지여부

- 불법 증축 등에 따라 사용승인도면의 용적률을 초과한 경우에는 2점(불량) 이하로 판단한다.
- 사용승인도면의 용적률을 유지하고 있는 경우에는 4점(양호)으로 판단한다.

다. 개선방안에 대한 의견 작성

① 용적률 유지여부

- 용적률을 초과한 경우에는 초과된 부분에 대해서 허가, 신고 등 건축행정절차에 따르도록 제안하거나 원상복구를 제안한다.

2.6.3 대지 안의 공지

가. 규정 주요내용

- 현행 : 건축법 제58조, 건축법 시행령 제80조의2

<table>
<tr><th>법령 주요내용</th><th>비고</th></tr>
<tr><td>
○ 건축선 및 인접 대지경계선으로부터 건축물 각 부분까지 띄어야 하는 거리
- 건축선 및 인접 대지경계선(대지와 대지 사이에 공원, 철도, 하천, 광장, 공공공지, 녹지, 그 밖에 건축이 허용되지 아니하는 공지가 있는 경우에는 그 반대편의 경계선을 말함)으로부터 건축물의 각 부분까지 띄어야 하는 거리의 기준은 아래와 같음.

[별표 2] 〈개정 2012.12.12〉
<u>대지의 공지 기준</u>(제80조의2 관련)

1. 건축선으로부터 건축물까지 띄어야 하는 거리
<table>
<tr><th>대상 건축물</th><th>건축조례에서 정하는 건축기준</th></tr>
<tr><td>가. 해당 용도로 쓰는 바닥면적의 합계가 500제곱미터 이상인 공장(전용공업지역, 일반공업지역 또는 「산업입지 및 개발에 관한 법률」에 따른 산업단지에 건축하는 공장은 제외한다)으로서 건축조례로 정하는 건축물</td><td>· 준공업지역: 1.5미터 이상 6미터 이하
· 준공업지역 외의 지역: 3미터 이상 6미터 이하</td></tr>
<tr><td>나. 해당 용도로 쓰는 바닥면적의 합계가 500제곱미터 이상인 창고(전용공업지역, 일반공업지역 또는 「산업입지 및 개발에 관한 법률」에 따른 산업단지에 건축하는 창고는 제외한다)로서 건축조례로 정하는 건축물</td><td>· 준공업지역: 1.5미터 이상 6미터 이하
· 준공업지역 외의 지역: 3미터 이상 6미터 이하</td></tr>
<tr><td>다. 해당 용도로 쓰는 바닥면적의 합계가 1,000제곱미터 이상인 판매시설, 숙박시설(여관 및 여인숙은 제외한다), 문화 및 집회시설(전시장 및 동·식물원은 제외한다) 및 종교시설</td><td>· 3미터 이상 6미터 이하</td></tr>
</table>
</td><td>법 제58조

영 제80조의2</td></tr>
</table>

라. 다중이 이용하는 건축물로서 건축조례로 정하는 건축물	· 3미터 이상 6미터 이하
마. 공동주택	· 아파트: 2미터 이상 6미터 이하 · 연립주택: 2미터 이상 5미터 이하 · 다세대주택: 1미터 이상 4미터 이하
바. 그 밖에 건축조례로 정하는 건축물	· 1미터 이상 6미터 이하(한옥의 경우에는 처마선 2미터 이하, 외벽선 1미터 이상 2미터 이하)

2. 인접 대지경계선으로부터 건축물까지 띄어야 하는 거리

대상 건축물	건축조례에서 정하는 건축기준
가. 전용주거지역에 건축하는 건축물(공동주택은 제외한다)	·1미터 이상 6미터 이하(한옥의 경우에는 처마선 2미터 이하, 외벽선 1미터 이상 2미터 이하)
나. 해당 용도로 쓰는 바닥면적의 합계가 500제곱미터 이상인 공장(전용공업지역, 일반공업지역 또는 「산업입지 및 개발에 관한 법률」에 따른 산업단지에 건축하는 공장은 제외한다)으로서 건축조례로 정하는 건축물	·준공업지역: 1미터 이상 6미터 이하 ·준공업지역 외의 지역: 1.5미터 이상 6미터 이하
다. 상업지역이 아닌 지역에 건축하는 건축물로서 해당 용도로 쓰는 바닥면적의 합계가 1,000제곱미터 이상인 판매시설, 숙박시설(여관 및 여인숙은 제외한다), 문화 및 집회시설(전시장 및 동·식물원은 제외한다) 및 종교시설	· 1.5미터 이상 6미터 이하
라. 다중이 이용하는 건축물(상업지역에 건축하는 건축물은 제외한다)로서 건축조례로 정하는 건축물	· 1.5미터 이상 6미터 이하
마. 공동주택(상업지역에 건축하는 공동주택은 제외한다)	· 아파트: 2미터 이상 6미터 이하 · 연립주택: 1.5미터 이상 5미터 이하 · 다세대주택: 0.5미터 이상 4미터 이하
바. 그 밖에 건축조례로 정하는 건축물	· 1미터 이상 6미터 이하(한옥의 경우에는 처마선 2미터 이하, 외벽선 1미터 이상 2미터 이하)

비고 : 제1호가목 및 제2호나목에 해당하는 건축물 중 법 제11조에 따른 허가를 받거나 법 제14조에 따른 신고를 하고 2009년 7월 1일부터 2013년 6월 30일까지 법 제21조에 따른 착공신고를 하는 건축물에 대하여는 건축조례로 정하는 건축기준을 2분의 1로 완화하여 적용한다.

※ 과거 연혁별 규정은 [부록]에 수록

※ 지역별 건축조례는 자치법규정보시스템 홈페이지(http://www.elis.go.kr/)를 통해 검색가능

나. 점검세부항목별 점검기준

① 공지의 폭 유지여부

- 사용승인도면을 기준으로 공지가 축소되거나 없어진 경우에는 2점 (불량) 이하로 판단한다.
- 공지의 폭이 사용승인도면대로 유지되고 있는 경우에는 4점(양호) 으로 판단한다.

② 공지성능 유지여부

- 공지 내 가설건축물, 적치물 등이 있어 공지의 성능을 상실한 경우 에는 2점(불량) 이하로 판단한다.
- 공지 내 적치물 등으로 성능저하는 있으나 즉시 시정이 가능한 경우에는 성능유지의 정도에 따라 3점(보통) 이상으로 판단한다.

다. 개선방안에 대한 의견 작성

① 공지의 폭 유지여부

- 공지 폭의 축소로 그 성능을 상실한 경우에는 본래의 성능이 유지될 수 있는 공지의 폭을 복구할 수 있도록 의견을 제안한다.
- 공지 폭이 축소되었으나 피난, 통풍, 방화 등 공지의 성능을 유지 하고 있는 경우에는 공지의 지속적인 관리의 필요성에 대한 의견을 제안한다.

② 공지성능 유지여부

- 공지의 성능을 상실할 정도로 공지 내 가건물, 적치물 등이 있는 경우 피난, 통풍, 방화 등 공지의 성능이 유지될 수 있도록 개선 방안을 제안한다.

2.6.4 높이 제한

가. 규정 주요내용

- 현행 : 건축법 제60조, 건축법 시행령 제82조

법령 주요내용	비고
○ 건축물의 높이제한 - 허가권자는 가로구역[(街路區域): 도로로 둘러싸인 일단(一團)의 지역을 말함]을 단위로 하여 건축물의 최고 높이를 지정·공고하거나 최고 높이를 조례로 정할 수 있음. (다만, 건축위원회의 심의를 거쳐 최고 높이를 완화하여 적용할 수 있음) - 지방자치단체의 공고 및 조례로 최고 높이가 정하여지지 아니한 가로구역의 경우 건축물의 각 부분의 높이는 그 부분으로부터 전면(前面)도로의 반대쪽 경계선까지의 수평거리의 1.5배를 넘을 수 없음(다만, 대지가 둘 이상의 도로, 공원, 광장, 하천 등에 접하는 경우에는 건축물의 높이를 해당 지방자치단체의 조례로 따로 정할 수 있음)	법 제60조 영 제82조

※ 과거 연혁별 규정은 [부록]에 수록

※ 지역별 건축조례는 자치법규정보시스템 홈페이지(http://www.elis.go.kr/)를 통해 검색가능

나. 점검세부항목별 점검기준

① 높이제한 유지여부

- 사용승인도서를 기준으로 높이제한을 초과한 경우에는 2점(불량) 이하로 판단한다.
- 사용승인도서를 기준으로 높이제한을 유지하고 있는 경우에는 4점 (양호)으로 판단한다.

다. 개선방안에 대한 의견 작성

① 높이제한 유지여부

- 사용승인도서를 기준으로 높이제한을 초과한 경우에는 허가, 신고 등 건축행정절차에 따르도록 제안하거나 원상복구를 제안한다.

2.6.5 일조 등의 확보를 위한 높이제한

가. 규정 주요내용

- 현행 : 건축법 제61조, 건축법 시행령 제86조

법령 주요내용	비 고
○주거지역 정북방향 일조권 규정 - 전용주거지역과 일반주거지역 안에서 건축물을 건축하는 경우에는 일조(日照) 등의 확보를 위하여 정북방향(正北方向)의 인접 대지경계선으로부터 아래의 범위에서 건축조례로 정하는 거리를 띄어야 함(다만, 건축물의 미관 향상을 위하여 너비 20미터 이상의 도로(자동차·보행자·자전거 전용도로를 포함)로서 건축조례로 정하는 도로에 접한 대지(도로와 대지 사이에 도시·군계획시설인 완충녹지가 있는 경우 그 대지를 포함) 상호간에 건축하는 건축물의 경우에는 예외) 1. 〈삭 제〉 2. 높이 9미터 이하인 부분: 인접 대지경계선으로부터 1.5미터 이상 3. 높이 9미터를 초과하는 부분: 인접 대지경계선으로부터 해당 건축물 각 부분 높이의 2분의 1 이상 ○공동주택 채광방향 일조권 규정 - 공동주택(일반상업지역과 중심상업지역에 건축하는 것은 제외)의 높이는 아래에서 정하는 높이 이하로 하여야 함. (다만, 채광을 위한 창문 등이 있는 벽면에서 직각 방향으로 인접 대지경계선까지의 수평거리가 1미터 이상으로서 건축조례로 정하는 거리 이상인 다세대주택은 제1호를 적용하지 아니함) 1. 건축물(기숙사는 제외한다)의 각 부분의 높이는 그 부분으로부터 채광을 위한 창문 등이 있는 벽면에서 직각 방향으로 인접 대지경계선까지의 수평거리의 2배(근린상업지역 또는 준주거지역의 건축물은 4배) 이하로 할 것 2. 같은 대지에서 두 동(棟) 이상의 건축물이 서로 마주보고 있는 경우(한 동의 건축물 각 부분이 서로 마주보고 있는 경우를 포함한다)에 건축물 각 부분 사이의 거리는 다음 각 목의 거리 이상을 띄어 건축할 것. 다만, 그 대지의 모든 세대가 동지(冬至)를 기준으로 9시에서 15시 사이에 2시간 이상을 계속하여 일조(日照)를 확보할 수 있는 거리 이상으로 할 수 있다. 가. 채광을 위한 창문 등이 있는 벽면으로부터 직각방향으로 건축물 각 부분 높이의 0.5배(도시형 생활주택의 경우에는 0.25배) 이상의 범위에서 건축조례로 정하는 거리 이상 나. 가목에도 불구하고 서로 마주보는 건축물 중 남쪽 방향(마주보는 두 동의 축이 남동에서 남서 방향인 경우만 해당한다)의 건축물 높이가 낮고, 주된 개구부(거실과 주된 침실이 있는 부분의	법 제61조 영 제86조

개구부를 말한다)의 방향이 남쪽을 향하는 경우에는 높은 건축물 각 부분의 높이의 0.4배(도시형 생활주택의 경우에는 0.2배) 이상의 범위에서 건축조례로 정하는 거리 이상이고 낮은 건축물 각 부분의 높이의 0.5배(도시형 생활주택의 경우에는 0.25배) 이상의 범위에서 건축조례로 정하는 거리 이상 다. 가목에도 불구하고 건축물과 부대시설 또는 복리시설이 서로 마주보고 있는 경우에는 부대시설 또는 복리시설 각 부분 높이의 1배 이상 라. 채광창(창넓이가 0.5제곱미터 이상인 창을 말한다)이 없는 벽면과 측벽이 마주보는 경우에는 8미터 이상 마. 측벽과 측벽이 마주보는 경우[마주보는 측벽 중 하나의 측벽에 채광을 위한 창문 등이 설치되어 있지 아니한 바닥면적 3제곱미터 이하의 발코니(출입을 위한 개구부를 포함한다)를 설치하는 경우를 포함한다]에는 4미터 이상 3. 제3조제1항제4호에 따른 주택단지에 두 동 이상의 건축물이 법 제2조제1항제11호에 따른 도로를 사이에 두고 서로 마주보고 있는 경우에는 제2호가목부터 다목까지의 규정을 적용하지 아니하되, 해당 도로의 중심선을 인접 대지경계선으로 보아 제1호를 적용한다. ○ **정남방향 일조권 규정** - 다음 각 호의 어느 하나에 해당하면 정북방향 일조권 규정에도 불구하고 건축물의 높이를 정남(正南)방향의 인접 대지경계선으로부터의 거리에 따라 정북방향 일조권 규정의 높이의 범위에서 지방자치단체 장이 고시하는 높이 이하로 할 수 있음 1. 「택지개발촉진법」 제3조에 따른 택지개발지구인 경우 2. 「주택법」 제16조에 따른 대지조성사업지구인 경우 3. 「지역균형개발 및 지방중소기업 육성에 관한 법률」 제4조와 제9조에 따른 광역개발권역 및 개발촉진지구인 경우 4. 「산업입지 및 개발에 관한 법률」 제6조부터 제8조까지의 규정에 따른 국가산업단지, 일반산업단지, 도시첨단산업단지 및 농공단지인 경우 5. 「도시개발법」 제2조제1항제1호에 따른 도시개발구역인 경우 6. 「도시 및 주거환경정비법」 제4조에 따른 정비구역인 경우 7. 정북방향으로 도로, 공원, 하천 등 건축이 금지된 공지에 접하는 대지인 경우 8. 정북방향으로 접하고 있는 대지의 소유자와 합의한 경우나 그 밖에 대통령령으로 정하는 경우 ○ **특이사항** - 건축물을 건축하려는 대지와 다른 대지 사이에 공원, 도로, 철도, 하천, 광장, 공공공지, 녹지, 유수지, 자동차 전용 도로, 유원지, 그 밖에 건축이 허용되지 아니하는 공지가 있는 경우에는 그 반대편의 대지경계선(공동주택은 인접 대지경계선과 그 반대편 대지경계선의 중심선)을 인접 대지경계선으로 함. - 2층 이하로서 높이가 8미터 이하인 건축물에는 해당 지방자치단체의 조례로 정하는 바에 따라 정북방향 일조권, 채광방향 일조권, 정남방향 일조권 규정을 적용하지 아니할 수 있음.	

※ 과거 연혁별 규정은 [부록]에 수록

※ 지역별 건축조례는 자치법규정보시스템 홈페이지(http://www.elis.go.kr/)를 통해 검색가능

나. 점검세부항목별 점검기준

① 지붕변경, 증축으로 인한 일조권 유지여부

- 사용승인도서를 기준으로 일조권 확보를 위한 높이제한을 초과한 경우에는 2점(불량) 이하로 판단한다.

- 사용승인도서를 기준으로 일조권 확보를 위한 높이제한을 유지하고 있는 경우에는 4점(양호)으로 판단한다.

다. 개선방안에 대한 의견 작성

① 지붕변경, 증축으로 인한 일조권 유지여부

- 사용승인도서를 기준으로 일조권 확보를 위한 높이제한을 초과한 경우에는 허가, 신고 등 건축행정절차에 따르도록 제안하거나 원상복구를 제안한다.

2.6.6 외부형태의 원형 유지

가. 규정 주요내용

- 현행 : 건축법 제55조, 제56조, 제58조, 제60조, 제61조
 건축법 시행령 제80조의2, 제82조, 제86조

법령 주요내용	비고
2.3.1 건폐율 ~ 2.3.5 일조 등의 확보를 위한 높이제한 〈규정 주요내용〉 참조	

나. 점검세부항목별 점검기준

① 광고물 등에 의한 디자인 훼손 여부

- 건축물 외벽의 광고물부착 등으로 개선이 요구되는 경우에는 2점 (불량) 이하로 판단한다.
- 건축물 외벽 등 외부형태가 사용승인도면대로 유지되고 있는 경우 에는 정도에 따라 3점(보통) 이상으로 판단한다.

② 미관지구 안에서의 외관변경 여부

- 미관도로에 면한 벽의 외장재료 및 색상 변경이 사용승인도서와 일치하지 않는 경우에는 2점(불량) 이하로 판단한다.
- 미관도로에 면한 벽의 외장재료 및 색상이 사용승인도면대로 유지 하고 있는 경우에는 정도에 따라 3점(보통) 이상으로 판단한다.

다. 개선방안에 대한 의견

① 광고물 등에 의한 디자인 훼손 여부

- 광고물설치신고 등 행정절차에 따르도록 제안한다.

② 미관지구 안에서의 외관변경 여부

- 미관도로에 면한 벽의 외장재료 및 색상 변경의 경우 건축심의 등 행정절차에 따르도록 제안한다.

2.7 구조안전

◈ 원칙

건축물의 수선 및 용도변경 등에 따른 건축물 하중의 변화여부와 구조의 변경에 따른 주요구조부의 심각한 균열발생 여부 등 안전성 적합여부를 점검한다.

2.7.1 구조내력 등

가. 규정 주요내용

- 현행 : 건축법 제48조, 건축법 시행령 제32조
  건축물의 구조기준 등에 관한 규칙 (전문)
  건축구조기준(국토교통부 고시) (전문)

법령 주요내용	비고
○구조내력 확보의 원칙 - 건축물은 고정하중, 적재하중(積載荷重), 적설하중(積雪荷重), 풍압(風壓), 지진, 그 밖의 진동 및 충격 등에 대하여 안전한 구조를 가져야 함. ○구조안전확인 및 내진성능확보 확인 대상 - 아래의 어느 하나에 해당하는 건축물을 건축하거나 대수선하는 경우 해당 건축물의 설계자는 국토교통부령으로 정하는 구조기준 등에 따라 그 구조의 안전을 확인하여야 함 1. 층수가 3층 이상인 건축물 2. 연면적이 1천 제곱미터 이상인 건축물. 다만, 창고, 축사, 작물 재배사 및 표준설계도서에 따라 건축하는 건축물은 제외한다. 3. 높이가 13미터 이상인 건축물 4. 처마높이가 9미터 이상인 건축물 5. 기둥과 기둥 사이의 거리(기둥의 중심선 사이의 거리를 말하며, 기둥이 없는 경우에는 내력벽과 내력벽의 중심선 사이의 거리를 말한다)가 10미터 이상인 건축물 6. 국토교통부령으로 정하는 지진구역의 건축물 7. 국가적 문화유산으로 보존할 가치가 있는 건축물로서 국토교통부령으로 정하는 것 ○내진성능확보 확인에 대한 특례 - 지진에 대한 안전이 확인된 건축물로서 사용승인서를 받은 후 5년이 지난 건축물을 증축(연면적의 10분의 1이내의 증축 또는 1개 층의 증축만 해당한다)하거나 일부 개축하는 경우에는 지진에 대한 안전의 확인을 생략할 수 있음. ○구조내력(構造耐力)의 기준과 구조 계산의 방법 등 -「건축물의 구조기준 등에 관한 규칙」 및 「건축구조기준(국토교통부 고시)」참조	법 제48조 영 제32조

※ 과거 연혁별 규정은 [부록]에 수록

나. 점검세부항목별 점검기준

① 주요구조부 변형 및 균열여부(육안점검 가능부분)

- 주요구조부의 균열(마감재 건조수축에 따른 균열 제외)이나 구조체의 손상 등*으로 개선이 요구되는 경우에는 2점(불량) 이하로 판단하고 그렇지 않은 경우에는 4점(양호)으로 판단한다. (콘크리트 압축강도 측정을 위한 슈미트 해머, 균열폭 측정기등 간단한 장비를 사용할 수 있다)

> * 주요구조부의 균열 및 구조체의 손상 등 판단시 고려사항
>
> 1) 바닥 포장부위 침하 및 균열 현상 여부
> 2) 건축물 전체의 부등침하현상 (기울어짐 현상) 여부
> 3) 외벽의 전도 위험부위가 있는지 여부
> 4) 천정재(텍스류)의 탈락 및 갈라짐 상태가 있는지 여부
> 5) 벽지 및 천정지가 찢어진 곳이 있는지 여부
> 6) 건축물에서 뚝뚝하는 소리가 나는지 여부
> 7) 녹물이 흘러나오는 곳이 있는지 여부
> 8) 코킹이 갑자기 떨어진 곳이 있는지 여부

② 옥상의 구조적 안전여부

- 옥상광장에 중량물의 설치로 옥상바닥에 균열이 발생하였거나 (수축 팽창에 의한 마감재 균열은 제외), 하중이 증가되어 안전에 문제가 있을 것으로 판단되는 경우에는 2점(불량) 이하로 판단하고 그렇지 않은 경우에는 4점(양호)으로 판단한다.

③ 내진설계 적용여부

- 내진설계 적용대상 건축물이 아니고 ①번 점검세부항목 점검결과 구조 관련 개선이 요구되는 경우에는 2점(불량)으로, 내진설계 적용 대상 건축물은 아니나 ①번 점검세부항목 점검결과 구조적 안전성이 양호한 경우에는 3점(보통)으로 판단한다.
- 내진설계 적용대상 건축물인 경우에는 4점(양호)으로 판단한다.

다. 개선방안에 대한 의견

① 주요구조부 변형 및 균열여부(육안점검 가능부분)

- 주요구조부 균열이 있는 경우 균열양상에 따라 상부하중 경감 또는 구조보강 등 개선이 필요한 것으로 판단하고 심각한 경우는 정밀 안전진단을 받도록 제안한다.

② 옥상의 구조적 안전여부

- 하부구조에 균열이 보이는 경우에는 직접적인 원인관계를 따져보고 중량물에 의한 경우에는 하중 경감조치를 한 후 정밀안전진단을 받도록 제안한다.

2.8 화재안전

◈ 원칙

화재 등 재난 및 재해로부터 재실자의 안전한 피난과 인명피해를 감소시킬 수 있는 적합한 피난설비의 설치여부와 계단 · 복도 · 출구, 옥상광장 등의 피난통로상의 적재물 등 통행을 방해하는 요소가 존재하는지를 점검한다.

또한 방화구획, 경계벽 · 칸막이벽, 내화구조, 내부마감재료, 지하층 등이 당초 설계기준대로 유지되어 화재확산을 방지하고, 인명의 피해를 최소화할 수 있는 구조와 재료로 유지되고 있는지를 점검한다.

2.8.1 복도·계단·출입구

가. 규정 주요내용

- 현행

〈직통계단, 피난계단, 특별피난계단, 출구 관련 기준〉

· 건축법 제49조제1항

· 건축법 시행령 제34조, 제35조, 제36조, 제37조, 제38조, 제39조

· 건축물의 피난 · 방화구조 등의 기준에 관한 규칙 제8조, 제8조의2, 제9조, 제10조, 제11조, 제12조, 제15조, 제15조의2

〈계단, 복도, 출입구 설치기준〉

· 건축법 제49조제1항

· 건축법 시행령 제48조

· 건축물의 피난 · 방화구조 등의 기준에 관한 규칙 제15조, 제15조의2

법령 주요내용	비고
〈직통계단〉 ○ 직통계단의 설치 - 건축물의 피난층 외의 층에서는 피난층 또는 지상으로 통하는 직통계단을 거실의 각 부분으로부터 계단에 이르는 보행거리가 30미터 이하가 되도록 설치 예외1) 건축물(지하층에 설치하는 것으로서 바닥면적의 합계가 300제곱미터 이상인 공연장·집회장·관람장 및 전시장은 제외한다)의 주요구조부가 내화구조 또는 불연재료로 된 건축물은 그 보행거리가 50미터(층수가 16층 이상인 공동주택은 40미터) 이하가 되도록 설치할 수 있음.	법 제49조 제1항 영 제34조 ~제39조, 제48조

예외2) 자동화 생산시설에 스프링클러 등 자동식 소화설비를 설치한 공장으로서 반도체 및 디스플레이 패널을 제조하는 공장인 경우에는 그 보행거리가 75미터(무인화 공장인 경우에는 100미터) 이하가 되도록 설치할 수 있음. ○ **직통계단의 설치의 원칙** - 직통계단의 출입구는 피난에 지장이 없도록 일정한 간격을 두어 설치하고, 각 직통계단 상호간에는 각각 거실과 연결된 복도등 통로를 설치하여야 함 ○ **2개소 이상 직통계단 설치대상** - 피난층 외의 층이 아래의 용도 및 규모에 해당하는 건축물은 직통계단 2개소 이상 설치 1. 문화 및 집회시설(전시장 및 동·식물원은 제외한다), 종교시설, 위락시설 중 주점영업 또는 장례식장의 용도로 쓰는 층으로서 그 층에서 해당 용도로 쓰는 바닥면적의 합계가 200제곱미터 이상인 것 2. 단독주택 중 다중주택·다가구주택, 제2종 근린생활시설 중 학원·독서실, 판매시설, 운수시설(여객용 시설만 해당한다), 의료시설(입원실이 없는 치과병원은 제외한다), 교육연구시설 중 학원, 노유자시설 중 아동 관련 시설·노인복지시설, 수련시설 중 유스호스텔, 숙박시설 또는 장례식장의 용도로 쓰는 3층 이상의 층으로서 그 층의 해당 용도로 쓰는 거실의 바닥면적의 합계가 200제곱미터 이상인 것 3. 공동주택(층당 4세대 이하인 것은 제외한다) 또는 업무시설 중 오피스텔의 용도로 쓰는 층으로서 그 층의 해당 용도로 쓰는 거실의 바닥면적의 합계가 300제곱미터 이상인 것 4. 제1호부터 제3호까지의 용도로 쓰지 아니하는 3층 이상의 층으로서 그 층 거실의 바닥면적의 합계가 400제곱미터 이상인 것 5. 지하층으로서 그 층 거실의 바닥면적의 합계가 200제곱미터 이상인 것 **〈피난계단 및 특별피난계단〉** ○ **피난계단 설치대상** - 5층 이상 또는 지하 2층 이하인 층에 설치하는 직통계단은 피난계단 또는 특별피난계단으로 설치하여야 함. 예외) 건축물의 주요구조부가 내화구조 또는 불연재료로 되어 있는 경우로서 아래의 어느 하나에 해당하는 경우에는 그러하지 아니하다. 1. 5층 이상인 층의 바닥면적의 합계가 200제곱미터 이하인 경우 2. 5층 이상인 층의 바닥면적 200제곱미터 이내마다 방화구획이 되어 있는 경우 ○ **특별피난계단 설치대상** - 건축물(갓복도식 공동주택은 제외)의 11층(공동주택의 경우에는 16층) 이상인 층(바닥면적이 400제곱미터 미만인 층은 제외) 또는 지하 3층 이하인 층(바닥면적이 400제곱미터미만인 층은 제외)으로부터 피난층 또는 지상으로 통하는 직통계단은 특별피난계단으로 설치 - 피난계단 또는 특별피난계단 설치대상 건축물 중 판매시설의 용도로 쓰는 층으로부터의 직통계단은 그 중 1개소 이상을 특별피난계단으로 설치하여야 함 ○ **피난계단 및 특별피난계단 설치대수** - 건축물의 5층 이상인 층으로서 문화 및 집회시설 중 전시장 또는 동·식물원, 판매시설, 운수시설(여객용 시설만 해당), 운동시설, 위락시설, 관광휴게시설(다중이 이용하는 시설만 해당) 또는 수련시설 중 생활권 수련시설의 용도로 쓰는 층에는 제34조에 따른 직통계단 외에 그 층의 해당 용도로 쓰는 바닥면적의 합계가 2천 제곱미터를 넘는 경우에는 그 넘는 2천 제곱미터 이내마다 1개소의 피난계단 또는 특별피난계단(4층 이하의 층에는 쓰지 아니하는 피난계단 또는 특별피난계단만 해당)을 설치하여야 함.	피난규칙 제8조~제12조, 제15조, 제15조의2

○ 피난계단 및 특별피난계단의 구조 -「건축물의 피난·방화구조 등의 기준에 관한 규칙」 제9조 참조 ○ 옥외피난계단 설치대상 - 건축물의 3층 이상인 층(피난층은 제외)으로서 다음 각 호의 어느 하나에 해당하는 용도로 쓰는 층에는 제34조에 따른 직통계단 외에 그 층으로부터 지상으로 통하는 옥외피난계단을 따로 설치하여야 함 1. 문화 및 집회시설 중 공연장이나 위락시설 중 주점영업의 용도로 쓰는 층으로서 그 층 거실의 바닥면적의 합계가 300제곱미터 이상인 것 2. 문화 및 집회시설 중 집회장의 용도로 쓰는 층으로서 그 층 거실의 바닥면적의 합계가 1천 제곱미터 이상인 것 〈관람석 등으로부터의 출구 설치〉 - 아래의 어느 하나에 해당하는 건축물에는「건축물의 피난·방화구조 등의 기준에 관한 규칙」제10조에서 정하는 기준에 따라 관람석 또는 집회실로부터의 출구를 설치하여야 함. 1. 문화 및 집회시설(전시장 및 동·식물원은 제외) 2. 종교시설 3. 위락시설 4. 장례식장 〈건축물 바깥으로의 출구〉 - 아래의 어느 하나에 해당하는 건축물에는「건축물의 피난·방화구조 등의 기준에 관한 규칙」제11조에서 정하는 기준에 따라 그 건축물로부터 바깥쪽으로 나가는 출구를 설치하여야 함. 1. 문화 및 집회시설(전시장 및 동·식물원은 제외한다) 2. 종교시설 3. 판매시설 4. 업무시설 중 국가 또는 지방자치단체의 청사 5. 위락시설 6. 연면적이 5천 제곱미터 이상인 창고시설 7. 교육연구시설 중 학교 8. 장례식장 9. 승강기를 설치하여야 하는 건축물 〈건축물 출입구의 회전문 설치기준〉 -「건축물의 피난·방화구조 등의 기준에 관한 규칙」제12조 참조 〈계단 및 복도의 설치기준〉 - 연면적 200제곱미터를 초과하는 건축물에 설치하는 계단 및 복도는「건축물의 피난·방화구조 등의 기준에 관한 규칙」제15조 및 제15조의2의 규정에 적합하여야 함.	

※ 과거 연혁별 규정은 [부록]에 수록

2.8.2 점검세부항목별 점검기준

가. 복도, 계단, 출입구의 성능 유지여부

- 사용승인도서와 일치하지 않는 경우에는 2점(불량) 이하로 판단한다.
- 사용승인도서와 일치하는 경우에는 피난성능의 유지 정도에 따라 3점(보통) 이상으로 판단한다.

2.8.3 개선방안에 대한 의견

가. 복도, 계단, 출입구의 성능 유지여부

- 복도, 계단, 출입구는 비상사태 발생 시 안전하게 피난하기 위한 공간임을 인지시키고 원상복구를 제안한다.

2.8.4 옥상광장

가. 규정 주요내용

① 현행 : 건축법 제49조제1항, 건축법 시행령 제40조

건축물의 피난·방화구조 등의 기준에 관한 규칙 제13조

법령 주요내용	비고
○옥상광장 설치기준 - 옥상광장 또는 2층 이상인 층에 있는 노대(露臺)나 그 밖에 이와 비슷한 것의 주위에는 높이 1.2미터 이상의 난간을 설치하여야 함. 다만, 그 노대 등에 출입할 수 없는 구조인 경우 제외 - 5층 이상인 층이 문화 및 집회시설(전시장 및 동·식물원은 제외), 종교시설, 판매시설, 위락시설 중 주점영업 또는 장례식장의 용도로 쓰는 경우에는 피난 용도로 쓸 수 있는 광장을 옥상에 설치하여야 함 - 층수가 11층 이상인 건축물로서 11층 이상인 층의 바닥면적의 합계가 1만 제곱미터 이상인 건축물의 옥상에는 다음 각 호의 구분에 따른 공간을 확보하여야 함 1. 건축물의 지붕을 평지붕으로 하는 경우: 헬리포트를 설치하거나 헬리콥터를 통하여 인명 등을 구조할 수 있는 공간 2. 건축물의 지붕을 경사지붕으로 하는 경우: 경사지붕 아래에 설치하는 대피공간 - 헬리포트를 설치하거나 헬리콥터를 통하여 인명 등을 구조할 수 있는 공간 및 경사지붕 아래에 설치하는 대피공간의 설치기준은 국토교통부령으로 정함 ○헬리포트 및 구조공간 설치 기준 1. 헬리포트의 길이와 너비는 각각 22미터이상으로 할 것. 다만, 건축물의 옥상바닥의 길이와 너비가 각각 22미터이하인 경우에는 헬리포트의 길이와 너비를 각각 15미터까지 감축할 수 있음. 2. 헬리포트의 중심으로부터 반경 12미터 이내에는 헬리콥터의 이·착륙에 장애가 되는 건축물, 공작물, 조경시설 또는 난간 등을 설치하지 아니할 것 3. 헬리포트의 주위한계선은 백색으로 하되, 그 선의 너비는 38센티미터로 할 것 4. 헬리포트의 중앙부분에는 지름 8미터의 "ⓗ"표지를 백색으로 하되, "H"표지의 선의 너비는 38센티미터로, "○"표지의 선의 너비는 60센티미터로 할 것 - 옥상에 헬리콥터를 통하여 인명 등을 구조할 수 있는 공간을 설치하는 경우에는 직경 10미터 이상의 구조공간을 확보하여야 하며, 구조공간에는 구조활동에 장애가 되는 건축물, 공작물 또는 난간 등을 설치해서는 안 된다. 이 경우 구조공간의 표시기준 등에 관하여는 헬리포트 및 구조공간 설치 기준의 제3호 및 제4호를 준용함. 〈대피공간 기준〉 1. 대피공간의 면적은 지붕 수평투영면적의 10분의 1 이상 일 것 2. 특별피난계단 또는 피난계단과 연결되도록 할 것 3. 출입구·창문을 제외한 부분은 해당 건축물의 다른 부분과 내화구조의 바닥 및 벽으로 구획할 것 4. 출입구는 유효너비 0.9미터 이상으로 하고, 그 출입구에는 갑종방화문을 설치할 것	법 제49조 제1항 영 제40조 피난규칙 제13조

5. 내부마감재료는 불연재료로 할 것 6. 예비전원으로 작동하는 조명설비를 설치할 것 7. 관리사무소 등과 긴급 연락이 가능한 통신시설을 설치할 것	

※ 과거 연혁별 규정은 [부록]에 수록

나. 점검세부항목별 점검기준

① 옥상광장의 피난성능 유지여부

- 옥상난간의 높이가 기준보다 낮거나 변형되어 안전성 확보를 위해 개선이 요구되는 경우에는 2점(불량) 이하로 판단한다.
- 옥상광장으로의 피난이 용이하도록 상시개방(문이 닫혀있더라도 시건 장치로 잠가놓지 않은 경우를 포함한다.)이 되어 있지 않은 경우 에는 2점(불량) 이하로 판단한다.
- 옥상광장의 피난성능이 유지되고 있는 경우에는 3점(보통) 이상으로 판단한다. (옥상광장 설치 의무대상이 아닌 경우에도 적용)

다. 개선방안에 대한 의견

① 옥상광장의 피난성능 유지여부

- 난간의 높이가 너무 낮거나 훼손되어 구조적인 안전성이 상실된 경우 에는 높이를 더 올리는 보수를 제안하거나 재설치를 제안한다.

2.8.5 방화구획

가. 규정 주요내용

- 현행 : 건축법 제49조제2항, 건축법 시행령 제46조

  건축물의 피난·방화구조 등의 기준에 관한 규칙 제14조

법령 주요내용	비고
○방화구획 설치 대상 - 주요구조부가 내화구조 또는 불연재료로 된 건축물로서 연면적이 1천 제곱미터를 넘는 것은 「건축물의 피난·방화구조 등의 기준에 관한 규칙」제14조로 정하는 기준에 따라 내화구조로 된 바닥·벽 및 제64조에 따른 갑종 방화문(또는 자동방화셔터)으로 구획하여야 함 ○방화구획 설치 완화 및 예외 1. 문화 및 집회시설(동·식물원은 제외한다), 종교시설, 운동시설 또는 장례식장의 용도로 쓰는 거실로서 시선 및 활동공간의 확보를 위하여 불가피한 부분 2. 물품의 제조·가공·보관 및 운반 등에 필요한 고정식 대형기기 설비의 설치를 위하여 불가피한 부분. 다만, 지하층인 경우에는 지하층의 외벽 한쪽 면(지하층의 바닥면에서 지상층 바닥 아래면까지의 외벽 면적 중 4분의 1 이상이 되는 면을 말한다) 전체가 건물 밖으로 개방되어 보행과 자동차의 진입·출입이 가능한 경우에 한정한다.	법 제49조 제2항 영 제46조 피난규칙 제14조

3. 계단실부분·복도 또는 승강기의 승강로 부분(해당 승강기의 승강을 위한 승강로비 부분을 포함한다)으로서 그 건축물의 다른 부분과 방화구획으로 구획된 부분 4. 건축물의 최상층 또는 피난층으로서 대규모 회의장·강당·스카이라운지·로비 또는 피난안전구역 등의 용도로 쓰는 부분으로서 그 용도로 사용하기 위하여 불가피한 부분 5. 복층형 공동주택의 세대별 층간 바닥 부분 6. 주요구조부가 내화구조 또는 불연재료로 된 주차장 7. 단독주택, 동물 및 식물 관련 시설 또는 교정 및 군사시설 중 군사시설(집회, 체육, 창고 등의 용도로 사용되는 시설만 해당한다)로 쓰는 건축물 ○ 기타 규정 - 건축물의 일부가 주요구조부를 내화구조로 한 건축물에 해당하는 경우에는 그 부분과 다른 부분을 방화구획으로 구획하여야 함. ○ 대피공간 설치 - 공동주택 중 아파트로서 4층 이상인 층의 각 세대가 2개 이상의 직통계단을 사용할 수 없는 경우에는 발코니에 인접 세대와 공동으로 또는 각 세대별로 다음 각 호의 요건을 모두 갖춘 대피공간을 하나 이상 설치하여야 함. 이 경우 인접 세대와 공동으로 설치하는 대피공간은 인접 세대를 통하여 2개 이상의 직통계단을 쓸 수 있는 위치에 우선 설치되어야 함. 1. 대피공간은 바깥의 공기와 접할 것 2. 대피공간은 실내의 다른 부분과 방화구획으로 구획될 것 3. 대피공간의 바닥면적은 인접 세대와 공동으로 설치하는 경우에는 3제곱미터 이상, 각 세대별로 설치하는 경우에는 2제곱미터 이상일 것 4. 국토교통부장관이 정하는 기준에 적합할 것 - 아파트의 4층 이상인 층에서 발코니에 다음 각 호와 같은 구조를 설치한 경우에는 대피공간을 설치하지 않을 수 있음. 1. 인접 세대와의 경계벽이 파괴하기 쉬운 경량구조 등인 경우 2. 경계벽에 피난구를 설치한 경우 3. 발코니의 바닥에 국토교통부령으로 정하는 하향식 피난구를 설치한 경우	

※ 과거 연혁별 규정은 [부록]에 수록

나. 점검세부항목별 점검기준

① 방화문, 방화셔터 등의 성능 유지여부

- 방화문 및 방화셔터를 변경 또는 철거하였을 경우에는 2점(불량) 이하로 판단한다.
- 방화문의 도어체크장치가 없거나 도어체크 작동이 불량한 경우에는 2점(불량) 이하로 판단한다.
- 사용승인도서대로 성능이 유지되고 있는 경우에는 4점(양호)으로 판단 한다.

② 방화구획 적합여부

- 층간방화구획이 되어 있지 않은 경우에는 2점(불량) 이하로 판단 한다.
- 면적별 방화구획이 되어 있지 않은 경우에는 2점(불량) 이하로 판단 한다.
- 사용승인도서대로 유지되고 경우에는 4점(양호)으로 판단한다.

다. 개선방안에 대한 의견

① 방화문, 방화셔터 등의 성능 유지여부

- 화재 시 방화셔터의 작동이 안 될 경우의 심각성에 대해 이해시키고 훼손되었거나 작동이 불량한 셔터는 즉시 개선조치하도록 제안한다.

② 방화구획 적합여부

- 층간방화 및 면적별 방화규정을 준수하여 방화구획을 유지하도록 제안한다.

2.8.6 경계벽·칸막이벽

1) 규정 주요내용

- 현행 : 건축법 제49조제2항, 건축법 시행령 제53조

<table>
<tr><th>법령 주요내용</th><th>비고</th></tr>
<tr><td>○경계벽 및 칸막이벽 설치대상
- 아래의 어느 하나에 해당하는 건축물에는 「건축물의 피난·방화구조 등의 기준에 관한 규칙」제19조로 정하는 기준에 따라 경계벽 및 칸막이벽을 설치하여야 함.
1. 단독주택 중 다가구주택의 각 가구 간 또는 공동주택(기숙사는 제외한다)의 각 세대 간 경계벽(제2조제14호 후단에 따라 거실·침실 등의 용도로 쓰지 아니하는 발코니 부분은 제외한다)
2. 공동주택 중 기숙사의 침실, 의료시설의 병실, 교육연구시설 중 학교의 교실 또는 숙박시설의 객실 간 칸막이벽
3. 제2종 근린생활시설 중 고시원의 호실 간 칸막이벽
4. 노유자시설 중 「노인복지법」 제32조제1항제3호에 따른 노인복지주택(이하 "노인복지주택"이라 한다)의 각 세대 간 경계벽

○경계벽 및 칸막이벽 설치기준
- 건축물에 설치하는 경계벽 및 간막이벽은 내화구조로 하고, 지붕밑 또는 바로 윗층의 바닥판까지 닿게 하여야 함.

- 경계벽 및 간막이벽은 소리를 차단하는데 장애가 되는 부분이 없도록 다음 각 호의 어느 하나에 해당하는 구조로 하여야 함(다만, 다가구주택 및 공동주택의 세대간의 경계벽인 경우에는 「주택건설기준 등에 관한 규정」이 정하는 바에 따름)
1. 철근콘크리트조·철골철근콘크리트조로서 두께가 10센티미터이상인 것
2. 무근콘크리트조 또는 석조로서 두께가 10센티미터(시멘트모르타르·회반죽 또는 석고플라스터의 바름두께를 포함한다) 이상인 것
3. 콘크리트블록조 또는 벽돌조로서 두께가 19센티미터 이상인 것
4. 제1호 내지 제3호의 것외에 국토교통부장관이 정하여 고시하는 기준에 따라 국토교통부장관이 지정하는 자 또는 한국건설기술연구원장이 실시하는 품질시험에서 그 성능이 확인된 것
5. 한국건설기술연구원장이 제27조제1항에 따라 정한 인정기준에 따라 인정하는 것</td><td>법 제49조
제2항

영 제53조</td></tr>
</table>

※ 과거 연혁별 규정은 [부록]에 수록

2) 점검세부항목별 점검기준

가) 경계벽 및 칸막이벽의 변경 등 방화성능 유지여부

- 경계벽 또는 칸막이벽의 변경 및 철거 등으로 방화성능이 유지되지 않는 경우에는 2점(불량) 이하로 판단한다.
- 경계벽 또는 칸막이벽이 사용승인도면대로 유지되고 있는 경우에는 정도에 따라 3점(보통) 이상으로 판단한다.

3) 개선방안에 대한 의견

가) 경계벽 및 칸막이벽의 변경 등 방화성능 유지여부

- 항상 화재의 안전에 대해 대비할 것을 이해시키며 훼손된 벽체는 즉시 원상회복하도록 제안한다.

2.8.7 그 밖의 피난설비

1) 규정 주요내용

- 현행 : 건축법 제49조, 건축법 시행령 제51조제2항
  건축물의 설비기준 등에 관한 규칙 제14조(배연설비)

법령 주요내용	비고
○ 배연설비 설치대상 - 6층 이상인 건축물로서 문화 및 집회시설, 종교시설, 판매시설, 운수시설, 의료시설, 교육연구시설 중 연구소, 노유자시설 중 아동 관련 시설·노인복지시설, 수련시설 중 유스호스텔, 운동시설, 업무시설, 숙박시설, 위락시설, 관광휴게시설, 제2종 근린생활시설 중 고시원 및 장례식장의 거실에는 배연설비(排煙設備)를 하여야 함(다만, 피난층인 경우에는 예외) ○ 배연설비 설치기준 - 영 제46조제1항의 규정에 의하여 건축물에 방화구획이 설치된 경우에는 그 구획마다 1개소 이상의 배연창을 설치하되, 배연창의 상변과 천장 또는 반자로부터 수직거리가 0.9미터 이내일 것. 다만, 반자높이가 바닥으로부터 3미터 이상인 경우에는 배연창의 하변이 바닥으로부터 2.1미터 이상의 위치에 놓이도록 설치하여야 함 - 배연창의 유효면적은 별표 2의 산정기준에 의하여 산정된 면적이 1제곱미터 이상으로서 그 면적의 합계가 당해 건축물의 바닥면적(영 제46조제1항 또는 제3항의 규정에 의하여 방화구획이 설치된 경우에는 그 구획된 부분의 바닥면적을 말함)의 100분의 1이상일 것. 이 경우 바닥면적의 산정에 있어서 거실바닥면적의 20분의 1 이상으로 환기창을 설치한 거실의 면적은 이에 산입하지 아니함 - 배연구는 연기감지기 또는 열감지기에 의하여 자동으로 열 수 있는 구조로 하되, 손으로도 열고 닫을 수 있도록 할 것 - 배연구는 예비전원에 의하여 열 수 있도록 할 것 - 기계식 배연설비를 하는 경우에는 제1호 내지 제4호의 규정에 불구하고 소방관계법령의 규정에 적합하도록 할 것 ○ 특별피난계단 및 비상용승강기의 승강장에 설치하는 배연설비의 구조 - 배연구 및 배연풍도는 불연재료로 하고, 화재가 발생한 경우 원활하게 배연시킬 수 있는 규모로서 외기 또는 평상시에 사용하지 아니하는 굴뚝에 연결할 것 - 배연구에 설치하는 수동개방장치 또는 자동개방장치(열감지기 또는 연기감지기에 의한 것을 말함)는 손으로도 열고 닫을 수 있도록 할 것	법 제49조 영 제51조 제2항 설비규칙 제14조

- 배연구는 평상시에는 닫힌 상태를 유지하고, 연 경우에는 배연에 의한 기류로 인하여 닫히지 아니하도록 할 것 - 배연구가 외기에 접하지 아니하는 경우에는 배연기를 설치할 것 - 배연기는 배연구의 열림에 따라 자동적으로 작동하고, 충분한 공기배출 또는 가압능력이 있을 것 - 배연기에는 예비전원을 설치할 것 - 공기유입방식을 급기가압방식 또는 급·배기방식으로 하는 경우에는 제1호 내지 제6호의 규정에 불구하고 소방관계법령의 규정에 적합하게 할 것	

※ 과거 연혁별 규정은 [부록]에 수록

2) 점검세부항목별 점검기준

가) 배연설비의 성능 유지여부

- 배연창 및 배연그릴이 파손되었거나 철거된 경우 2점(불량) 이하로 판단한다.
- 배연설비의 성능이 유지되고 있는 경우에는 정도에 따라 3점(보통) 이상으로 판단한다.

3) 개선방안에 대한 의견

가) 배연설비의 성능 유지여부

- 배연설비가 정상으로 유지관리될 수 있는 방안을 제안한다.

2.8.8 내화구조

1) 규정 주요내용

- 현행 : 건축법 제50조제1항, 건축법 시행령 제56조

건축물의 피난·방화구조 등의 기준에 관한 규칙 제20조의2

법령 주요내용	비고
○ **내화구조로 하여야 하는 대상** - 다음 중 어느 하나에 해당하는 건축물의 주요구조부는 내화구조로 하여야 함. 다만, 연면적이 50제곱미터 이하인 단층의 부속건축물로서 외벽 및 처마 밑면을 방화구조로 한 것과 무대의 바닥은 제외 1. 문화 및 집회시설(전시장 및 동·식물원은 제외한다), 종교시설, 위락시설 중 주점영업 및 장례식장의 용도로 쓰는 건축물로서 관람석 또는 집회실의 바닥면적의 합계가 200제곱미터(옥외관람석의 경우에는 1천 제곱미터) 이상인 건축물 2. 문화 및 집회시설 중 전시장 또는 동·식물원, 판매시설, 운수시설, 교육연구시설에 설치하는 체육관·강당, 수련시설, 운동시설 중 체육관·운동장, 위락시설(주점영업의 용도로 쓰는 것은 제외한다), 창고시설, 위험물저장 및 처리시설, 자동차 관련 시설, 방송통신시설 중 방송국·전신전화국·촬영소, 묘지 관련 시설 중 화장장 또는 관광휴게시설의 용도로 쓰는 건축물로서 그 용도로 쓰는 바닥면적의 합계가 500제곱미터 이상인 건축물 3. 공장의 용도로 쓰는 건축물로서 그 용도로 쓰는 바닥면적의 합계가 2천 제곱미터 이상인 건축물. 다만, 화재의 위험이 적은 공장으로서 아래에서 정하는 공장은 제외	법 제50조 제1항 영 제56조 피난규칙 제20조의2

○ 아래 업종에 해당하는 공장으로서 주요구조부가 불연재료로 되어있는 2층 이하의 공장

분류번호	업 종
10301	과실 및 채소 절임식품 제조업
10309	기타 과일·채소 가공 및 저장처리업
11201	얼음 제조업
11202	생수 제조업
11209	기타 비알콜음료 제조업
23110	판유리 제조업
23122	판유리 가공품 제조업
23221	구조용 정형내화제품 제조업
23229	기타 내화요업제품 제조업
23231	점토벽돌, 블록 및 유사 비내화 요업제품 제조업
23232	타일 및 유사 비내화 요업제품 제조업
23239	기타 구조용 비내화 요업제품 제조업
23911	건설용 석제품 제조업
23919	기타 석제품 제조업
24111	제철업
24112	제강업
24113	합금철 제조업
24119	기타 제철 및 제강업
24211	동 제련, 정련 및 합금 제조업
24212	알루미늄 제련, 정련 및 합금 제조업
24213	연 및 아연 제련, 정련 및 합금 제조업
24219	기타 비철금속 제련, 정련 및 합금 제조업
24311	선철주물 주조업
24312	강주물 주조업
24321	알루미늄주물 주조업
24322	동주물 주조업
24329	기타 비철금속 주조업
28421	운송장비용 조명장치 제조업
29172	공기조화장치 제조업
30310	자동차 엔진용 부품 제조업
30320	자동차 차체용 부품 제조업
30391	자동차용 동력전달 장치 제조업
30392	자동차용 전기장치 제조업

주 : 분류번호는 「통계법」 제17조에 따라 통계청장이 고시하는 한국표준산업분류에 의한 분류번호를 말한다.

4. 건축물의 2층이 단독주택 중 다중주택 및 다가구주택, 공동주택, 제1종 근린생활시설(의료의 용도로 쓰는 시설만 해당), 제2종 근린생활시설 중 고시원, 의료시설, 노유자시설 중 아동 관련 시설 및 노인복지시설, 수련시설 중 유스호스텔, 업무시설 중 오피스텔, 숙박시설 또는 장례식장의 용도로 쓰는 건축물로서 그 용도로 쓰는 바닥면적의 합계가 400제곱미터 이상인 건축물

5. 3층 이상인 건축물 및 지하층이 있는 건축물(2층 이하인 건축물은 지하층 부분만 해당). 다만, 단독주택(다중주택 및 다가구주택은 제외), 동물 및 식물 관련 시설, 발전시설(발전소의 부속용도로 쓰는 시설은 제외), 교도소·감화원 또는 묘지 관련 시설(화장장은 제외)의 용도로 쓰는 건축물과 철강 관련 업종의 공장 중 제어실로 사용하기 위하여 연면적 50제곱미터 이하로 증축하는 부분은 제외

※ 과거 연혁별 규정은 [부록]에 수록

2) 점검세부항목별 점검기준

가) 내화구조의 성능 유지여부

- 내화성능을 상실하여 개선이 요구되는 경우에는 2점(불량) 이하로 판단한다.
- 내화구조가 사용승인도면대로 유지되어 내화성능에 지장이 없는 경우에는 경우에 따라 3점(보통) 이상으로 판단한다.

3) 개선방안에 대한 의견

가) 내화구조의 성능 유지여부

- 내화구조의 피복이 탈락하는 등 내화성능에 중대한 영향을 미칠 경우에는 즉시 시정하여 만일의 사태에 대비하도록 제안한다.

2.8.9 방화벽

1) 규정 주요내용

- 현행 : 건축법 제50조제2항, 건축법 시행령 제57조

건축물의 피난·방화구조 등의 기준에 관한 규칙 제21조, 제22조

법령 주요내용	비고
○방화벽으로 구획하여야 하는 대상 - 연면적 1천 제곱미터 이상인 건축물은 방화벽으로 구획하되, 각 구획된 바닥면적의 합계는 1천 제곱미터 미만이어야 함(다만, 주요구조부가 내화구조이거나 불연재료인 건축물과 제56조제1항제5호 단서에 따른 건축물 또는 내부설비의 구조상 방화벽으로 구획할 수 없는 창고시설의 경우 제외) ○건축물에 설치하는 방화벽 기준 1. 내화구조로서 홀로 설 수 있는 구조일 것 2. 방화벽의 양쪽 끝과 윗쪽 끝을 건축물의 외벽면 및 지붕면으로부터 0.5미터 이상 튀어 나오게 할 것 3. 방화벽에 설치하는 출입문의 너비 및 높이는 각각 2.5미터 이하로 하고, 해당 출입문에는 제26조에 따른 갑종방화문을 설치할 것 ○방화구조 또는 불연재료로 하여야 하는 목조건축물 - 연면적이 1천제곱미터 이상인 목조의 건축물은 그 외벽 및 처마밑의 연소할 우려가 있는 부분(인접대지경계선·도로중심선 또는 동일한 대지안에 있는 2동 이상의 건축물(연면적의 합계가 500제곱미터 이하인 건축물은 이를 하나의 건축물로 봄) 상호의 외벽간의 중심선으로부터 1층에 있어서는 3미터 이내, 2층 이상에 있어서는 5미터 이내의 거리에 있는 건축물의 각 부분을 말함. 다만, 공원·광장·하천의 공지나 수면 또는 내화구조의 벽 기타 이와 유사한 것에 접하는 부분을 제외)을 방화구조로 하되, 그 지붕은 불연재료로 하여야 함	법 제50조 제2항 영 제57조 피난규칙 제21조, 제22조

※ 과거 연혁별 규정은 [부록]에 수록

2) 점검세부항목별 점검기준

가) 방화벽의 성능 유지여부

- 방화벽이 파손되었거나 변경되어 방화성능을 상실한 경우에는 2점 (불량) 이하로 판단한다.
- 방화벽이 사용승인도면대로 유지되어 성능에 지장이 없는 경우에는 경우에 따라 3점(보통) 이상으로 판단한다.

3) 개선방안에 대한 의견

가) 방화벽의 성능 유지여부

- 방화벽을 임의로 훼손하였거나 철거하였을 경우에는 원상회복하도록 제안한다.

2.8.10 방화지구 안의 건축물

1) 규정 주요내용

- 현행 : 건축법 제51조, 건축법 시행령 제58조

건축물의 피난·방화구조 등의 기준에 관한 규칙 제23조2.8.9 내부마감재료

법령 주요내용	비고
○방화지구 안의 건축물 주요구조부 - 방화지구 안에서는 건축물의 주요구조부와 외벽을 내화구조로 함 - 주요구조부 및 외벽을 내화구조로 하지 아니할 수 있는 건축물 1. 연면적 30제곱미터 미만인 단층 부속건축물로서 외벽 및 처마면이 내화구조 또는 불연재료로 된 것 2. 도매시장의 용도로 쓰는 건축물로서 그 주요구조부가 불연재료로 된 것 ○방화지구 안의 공작물 - 방화지구 안의 공작물로서 간판, 광고탑, 그 밖에 대통령령으로 정하는 공작물 중 건축물의 지붕 위에 설치하는 공작물이나 높이 3미터 이상의 공작물은 주요부를 불연(不燃)재료로 하여야 함 ○방화지구 안의 건축물 지붕, 방화문, 외벽 - 방화지구 내 건축물의 지붕으로서 내화구조가 아닌 것은 불연재료로 하여야 함 - 방화지구 내 건축물의 인접대지경계선에 접하는 외벽에 설치하는 창문등으로서 연소할 우려가 있는 부분에는 다음 각 호의 방화문 기타 방화설비를 하여야 함 1. 제26조에 따른 갑종방화문 2. 소방법령이 정하는 기준에 적합하게 창문등에 설치하는 드렌처 3. 당해 창문등과 연소할 우려가 있는 다른 건축물의 부분을 차단하는 내화구조나 불연재료로 된 벽·담장 기타 이와 유사한 방화설비 4. 환기구멍에 설치하는 불연재료로 된 방화커버 또는 그물눈이 2밀리미터 이하인 금속망	법 제51조 영 제58조 피난규칙 제23조

※ 과거 연혁별 규정은 [부록]에 수록

2) 점검세부항목별 점검기준

가) 외벽의 성능 유지여부

- 외벽에 설치된 방화문과 방화설비가 파손되었거나 성능을 상실한 경우에는 2점(불량) 이하로 판단한다.
- 외벽에 설치된 방화문과 방화설비가 사용승인도면대로 유지되어 방화 성능에 지장이 없는 경우에는 정도에 따라 3점(보통) 이상으로 판단 한다.

나) 창호의 성능 유지여부

- 외벽에 설치된 창호의 구조나 드렌처가 파손되었거나 변경된 경우 에는 2점(불량) 이하로 판단한다.
- 외벽에 설치된 창호의 구조나 드렌처가 사용승인도면대로 유지되어 방화성능에 지장이 없는 경우에는 정도에 따라 3점(보통) 이상으로 판단한다.

3) 개선방안에 대한 의견

가) 외벽의 성능 유지여부

- 미관향상과 방화성능을 유지할 수 있는 구조 및 재료를 사용하도록 제안한다.

나) 창호의 성능 유지여부

- 미관향상과 방화성능을 유지할 수 있는 구조 및 재료를 사용하도록 제안한다.

2.8.11 내부마감재료

1) 규정 주요내용

- 현행 : 건축법 제52조제1항, 건축법 시행령 제61조제1항

건축물의 피난·방화구조 등의 기준에 관한 규칙 제24조제1항부터 제4항, 제24조의2

법령 주요내용	비고
○방화성능 내부마감재료 적용대상 - 방화에 지장이 없는 내부 마감재료(건축물 내부의 천장·반자·벽(간막이벽 포함)·기둥 등에 부착되는 마감재료를 말함. 다만, 「다중이용업소의 안전관리에 관한 특별법 시행령」 제3조에 따른 실내장식물을 제외)를 하여야 하는 건축물 (예외)다만, 그 주요구조부가 내화구조 또는 불연재료로 되어 있고 그 거실의 바닥면적(스프링클러나 그 밖에 이와 비슷한 자동식 소화설비를 설치한 바닥면적을 뺀 면적으로 함) 200제곱미터 이내마다 방화구획이 되어 있는 건축물은 제외 1. 문화 및 집회시설(예식장은 제외한다), 종교시설, 판매시설, 운수시설 및 위락시설(단란주점 및 주점영업은 제외한다)의 용도로 쓰는 건축물로서 그 용도로 쓰는 거실의 바닥면적의 합계가 200제곱미터(주요구조부가 내화구조 또는 불연재료로 된 건축물의 경우에는 400제곱미터) 이상인 건축물 2. 단독주택 중 다중주택·다가구주택, 공동주택(공동주택에는 「다중이용시설 등의 실내공기질관리법」 제11조제1항 및 동법 시행규칙 제10조에 따라 환경부장관이 고시한 오염물질방출 건축자재를 사용하여서는 안됨), 제2종 근린생활시설 중 학원·독서실·고시원, 숙박시설(여관 및 여인숙은 제외한다)	법 제52조제1항 영 제61조제1항 피난규칙 제24조제1항~제4항, 제24조의2

의료시설, 교육연구시설 중 학원, 노유자시설 중 아동 관련 시설·노인복지시설, 수련시설 중 유스호스텔, 업무시설 중 오피스텔 및 장례식장의 용도로 쓰는 건축물로서 3층 이상인 층의 그 용도로 쓰는 거실의 바닥면적의 합계가 200제곱미터(주요구조부가 내화구조 또는 불연재료로 된 건축물의 경우에는 400제곱미터) 이상인 건축물

3. 위험물저장 및 처리시설(자가난방과 자가발전 등의 용도로 쓰는 시설을 포함한다), 자동차 관련 시설, 방송통신시설 중 방송국·촬영소 또는 발전시설의 용도로 쓰는 건축물
4. 공장의 용도로 쓰는 건축물. 다만, 건축물이 1층 이하이고, 연면적 1천 제곱미터 미만으로서 다음 각 목의 요건을 모두 갖춘 경우는 제외한다.
   가. 화재위험이 적은 공장용도(다만, 공장의 일부 또는 전체를 기숙사 및 구내식당의 용도로 사용하는 건축물을 제외)로 쓸 것

화재위험이 적은 공장의 업종

분류번호	업종
10110	도축업
10121	가금류 가공 및 저장처리업
10129	기타 육류 가공 및 저장처리업
10211	수산동물 훈제, 조리 및 유사 조제식품 제조업
10212	수산동물 건조 및 염장품 제조업
10213	수산동물 냉동품 제조업
10219	기타 수산동물 가공 및 저장처리업
10220	수산식물 가공 및 저장처리업
10301	과실 및 채소 절임식품 제조업
10309	기타 과일·채소 가공 및 저장처리업
10501	액상시유 및 기타 낙농제품 제조업
10502	아이스크림 및 기타 식용빙과류 제조업
10741	식초, 발효 및 화학조미료 제조업
10742	천연 및 혼합조제 조미료 제조업
10743	장류 제조업
10749	기타 식품 첨가물 제조업
11201	얼음 제조업
11202	생수 생산업
11209	기타 비알콜음료 제조업
23110	판유리 제조업
23121	유리섬유 및 광학용 유리 제조업
23122	판유리 가공품 제조업
23129	기타 산업용 유리제품 제조업
23191	가정용 유리제품 제조업
23192	포장용 유리용기 제조업
23199	그외 기타 유리제품 제조업
23211	가정용 및 장식용 도자기 제조업
23212	위생용 도자기 제조업
23213	산업용 도자기 제조업
23219	기타 일반 도자기 제조업
23221	구조용 정형내화제품 제조업
23229	기타 내화요업제품 제조업
23231	점토 벽돌, 블록 및 유사 비내화 요업제품 제조업
23232	타일 및 유사 비내화 요업제품 제조업
23239	기타 구조용 비내화 요업제품 제조업

23311	시멘트 제조업
23312	석회 및 플라스터 제조업
23321	비내화 모르타르 제조업
23322	레미콘 제조업
23323	플라스터 제품 제조업
23324	섬유시멘트 제품 제조업
23325	콘크리트 타일, 기와, 벽돌 및 블록 제조업
23326	콘크리트관 및 기타 구조용 콘크리트제품 제조업
23329	그외 기타 콘크리트 제품 및 유사제품 제조업
23911	건설용 석재품 제조업
23919	기타 석제품 제조업
24111	제철업
24112	제강업
24113	합금철 제조업
24119	기타 제철 및 제강업
24211	동 제련, 정련 및 합금 제조업
24212	알루미늄 제련, 정련 및 합금 제조업
24213	연 및 아연 제련, 정련 및 합금 제조업
24219	기타 비철금속 제련, 정련 및 합금 제조업
24311	선철주물 주조업
24312	강주물 주조업
24321	알루미늄주물 주조업
24322	동주물 주조업
24329	기타 비철금속 주조업
25112	구조용 금속판제품 및 금속공작물 제조업
25113	금속 조립구조재 제조업
25119	기타 구조용 금속제품 제조업
28421	운송장비용 조명장치 제조업
29172	공기조화장치 제조업
30310	자동차 엔진용 부품 제조업
30320	자동차 차체용 부품 제조엄
30391	자동차용 동력전달 장치 제조업
30392	자동차용 전기장치 제조업

주 : 분류번호는 「통계법」 제17조의 규정에 의하여 통계청장이 고시하는 한국표준산업분류에 의한 분류번호를 말한다.

나. 화재 시 대피가 가능하도록 건축물의 내부의 각 부분으로부터 출구(가장 가까운 거리에 있는 출구를 말한다)에 이르는 보행거리가 30미터 이하가 되도록 설치된 유효너비 1.5미터 이상의 출구를 갖출 것

다. 아래의 성능을 갖춘 복합자재[불연성인 재료와 불연성이 아닌 재료가 복합된 자재로서 양면 철판과 심재(心材)로 구성된 것을 말한다]를 내부 마감재료로 쓸 것

자재의 철판과 심재(心材)가 「산업표준화법」에 따른 한국산업규격이 정하는 바에 따라 다음 각 호의 품질기준을 갖춘 경우를 말함.

1. 철판 : 도장용융아연도금강판중 일반용으로서 전면도장의 횟수는 2회 이상이고 두께는 0.5밀리미터 이상인 것
2. 심재
   가. 발포 폴리스티렌 단열재로서 비드보온판 4호 이상인 것
   나. 경질 폴리우레탄 폼 단열재로서 보온판 2종2호 이상인 것
   다. 그 밖의 심재는 불연재료·준불연재료 또는 난연재료인 것

5. 5층 이상인 층 거실의 바닥면적의 합계가 500제곱미터 이상인 건축물

6. 제2종 근린생활시설 중 공연장·당구장, 문화 및 집회시설 중 예식장, 교육연구시설 중 학교(초등학교만 해당한다), 수련시설, 숙박시설 중 여관·여인숙, 위락시설 중 주점영업 또는 「다중이용업소의 안전관리에 관한 특별법 시행령」 제2조에 따른 다중이용업(유흥주점영업은 제외한다)의 용도로 쓰는 건축물

7. 창고로 쓰이는 바닥면적 3천 제곱미터(스프링클러나 그 밖에 이와 비슷한 자동식 소화설비를 설치한 경우에는 6천 제곱미터) 이상인 건축물

○방화성능 내부마감재료 적용기준

(거실)

- 위 건축물의 거실 벽 및 반자의 실내에 접하는 부분(반자돌림대·창대 기타 이와 유사한 것을 제외)의 마감은 불연재료·준불연재료 또는 난연재료로 하여야 함.
- 위 건축물 중 다음 각 호의 어느 하나에 해당하는 거실의 벽 및 반자의 실내에 접하는 부분의 마감은 불연재료 또는 준불연재료로 하여야 하며 건축물의 외벽에는 불연재료 또는 준불연재료를 마감재료로 사용하여야 함

1. 영 제61조제1항 각 호에 따른 용도에 쓰이는 거실 등을 지하층 또는 지하의 공작물에 설치한 경우의 그 거실(출입문 및 문틀을 포함한다)

(통로)

- 그 거실에서 지상으로 통하는 주된 복도·계단 기타 통로의 벽 및 반자의 실내에 접하는 부분의 마감은 불연재료 또는 준불연재료로 하여야 함

※ 과거 연혁별 규정은 [부록]에 수록

2) 점검세부항목별 점검기준

가) 내부마감의 방화성능 유지여부

- 최종 마감부분이 불연성 및 난연성을 확보하지 못한 경우에는 2점 (불량) 이하로 판단한다.
- 방화성능을 유지하는 경우에는 정도에 따라 3점(보통) 이상으로 판단한다.

3) 개선방안에 대한 의견

가) 내부마감의 방화성능 유지여부

- 화재시 연소방지 및 화재 진행을 억제하기 위하여 건축물의 마감을 불연재료 등을 사용토록 한 것으로 항상 방화성능을 유지하도록 제안한다.

2.8.12 외벽마감재료

1) 규정 주요내용

- 현행 : 건축법 제52조제2항, 건축법 시행령 제61조제2항

  건축물의 피난·방화구조 등의 기준에 관한 규칙 제24조제5항

법령 주요내용	비고
○방화성능 외벽마감재료 적용기준 및 대상 - 아래의 건축물 외벽에는 방화에 지장이 없는 불연재료 또는 준불연재료를 마감재료(도장 등 코팅 재료를 포함)로 사용하여야 함. 다만, 고층건축물의 외벽을 국토교통부장관이 정하여 고시하는 화재 확산 방지구조 기준에 적합하게 설치하는 경우에는 난연재료를 마감재료로 사용할 수 있음 1. 상업지역(근린상업지역은 제외한다)의 건축물로서 다음 각 목의 어느 하나에 해당하는 것 가. 「다중이용업소의 안전관리에 관한 특별법」 제2조제1항제1호에 따른 다중이용업의 용도로 쓰는 건축물로서 그 용도로 쓰는 바닥면적의 합계가 2천제곱미터 이상인 건축물 나. 공장(국토교통부령으로 정하는 화재 위험이 적은 공장은 제외한다)의 용도로 쓰는 건축물로부터 6미터 이내에 위치한 건축물 2. 고층건축물	법 제52조 제2항 영 제61조 제2항 피난규칙 제24조제5항

※ 과거 연혁별 규정은 [부록]에 수록

2) 점검세부항목별 점검기준

가) 외부마감의 노후화 및 마감재 탈락 여부

- 마감재가 노후화되고 탈락되어 화재시의 방화성능을 상실한 경우 에는 2점(불량) 이하로 판단한다.
- 마감재의 방화성능이 유지되고 있는 경우에는 정도에 따라 3점 (보통) 이상으로 판단한다.

3) 개선방안에 대한 의견

가) 외부마감의 노후화 및 마감재 탈락 여부

- 미관향상과 방화성능을 유지할 수 있도록 노후화 및 탈락 정도를 고려하여 마감교체나 지속적인 관리의 필요성을 제안한다.

2.8.13 지하층

1) 규정 주요내용

- 현행 : 건축법 제53조

건축물의 피난·방화구조 등의 기준에 관한 규칙 제25조

법령 주요내용	비고
○지하층의 구조 및 설비 - 건축물에 설치하는 지하층의 구조 및 설비는 다음 각 호의 기준에 적합하여야 함 1. 거실의 바닥면적이 50제곱미터 이상인 층에는 직통계단외에 피난층 또는 지상으로 통하는 비상탈출구 및 환기통을 설치할 것. 다만, 직통계단이 2개소 이상 설치되어 있는 경우 제외 1의2. 제2종근린생활시설 중 공연장·단란주점·당구장·노래연습장, 문화 및 집회시설중 예식장·공연장, 수련시설 중 생활권수련시설·자연권수련시설, 숙박시설중 여관·여인숙, 위락시설중 단란주점·유흥주점 또는 「다중이용업소의 안전관리에 관한 특별법 시행령」 제2조에 따른 다중이용업의 용도에 쓰이는 층으로서 그 층의 거실의 바닥면적의 합계가 50제곱미터 이상인 건축물에는 직통계단을 2개소 이상 설치할 것	법 제53조 피난규칙 제25조

2. 바닥면적이 1천제곱미터이상인 층에는 피난층 또는 지상으로 통하는 직통계단을 영 제46조의 규정에 의한 방화구획으로 구획되는 각 부분마다 1개소 이상 설치하되, 이를 피난계단 또는 특별피난계단의 구조로 할 것 3. 거실의 바닥면적의 합계가 1천제곱미터 이상인 층에는 환기설비를 설치할 것 4. 지하층의 바닥면적이 300제곱미터 이상인 층에는 식수공급을 위한 급수전을 1개소이상 설치할 것 ○ **지하층의 비상탈출구** - 지하층의 비상탈출구는 다음 각호의 기준에 적합하여야 함(주택 제외) 1. 비상탈출구의 유효너비는 0.75미터 이상으로 하고, 유효높이는 1.5미터 이상으로 할 것 2. 비상탈출구의 문은 피난방향으로 열리도록 하고, 실내에서 항상 열 수 있는 구조로 하여야 하며, 내부 및 외부에는 비상탈출구의 표시를 할 것 3. 비상탈출구는 출입구로부터 3미터 이상 떨어진 곳에 설치할 것 4. 지하층의 바닥으로부터 비상탈출구의 아랫부분까지의 높이가 1.2미터 이상이 되는 경우에는 벽체에 발판의 너비가 20센티미터 이상인 사다리를 설치할 것 5. 비상탈출구는 피난층 또는 지상으로 통하는 복도나 직통계단에 직접 접하거나 통로 등으로 연결될 수 있도록 설치하여야 하며, 피난층 또는 지상으로 통하는 복도나 직통계단까지 이르는 피난통로의 유효너비는 0.75미터 이상으로 하고, 피난통로의 실내에 접하는 부분의 마감과 그 바탕은 불연재료로 할 것 6. 비상탈출구의 진입부분 및 피난통로에는 통행에 지장이 있는 물건을 방치하거나 시설물을 설치하지 아니할 것 7. 비상탈출구의 유도등과 피난통로의 비상조명등의 설치는 소방법령이 정하는 바에 의할 것	

※ 과거 연혁별 규정은 [부록]에 수록

2) 점검세부항목별 점검기준

가) 지하층의 소방설비 성능 유지여부

- 소방설비 시설이 훼손되었거나 변경되어 개선이 요구되는 경우에는 2점(불량) 이하로 판단한다.
- 소방설비의 성능이 유지되고 있는 경우에는 정도에 따라 3점(보통) 이상으로 판단한다.

나) 지하층 피난구, 피난계단의 성능 유지여부

- 피난구와 피난계단이 철거되었거나 적치물로 인해 피난성능을 상실한 경우에는 2점(불량) 이하로 판단한다.
- 피난구와 피난계단이 성능을 유지하고 있는 경우에는 그 정도에 따라 3점(보통) 이상으로 판단한다.

3) 개선방안에 대한 의견

가) 지하층의 소방설비 성능 유지여부

- 소방설비는 화재방지와 화재시 피해를 최소화하는 시설로 수시로 점검 하고 성능상 문제가 없도록 지속적인 관리와 확인의 필요성에 대해 의견을 제안한다.

나) 지하층 피난구, 피난계단의 성능 유지여부

- 피난통로의 확보는 화재 등 비상시 인명과 재산피해를 최소화하고 대형사고 발생을 방지함을 알리고 평소 유지관리에 만전을 기하도록 제안한다.

2.9 건축설비

◈ 원칙

냉난방, 급수, 배수, 배연, 환기, 피뢰, 방송수신, 전기, 승강기 등 각종 설비가 준공당시 설계기준에 적합하게 건축물의 규모(연면적과 높이 등) 및 방화 등 안전에 적법한 구조 및 재료로 유지되고 있는지를 점검한다.

2.9.1 급수설비

1) 규정 주요내용

- 현행 : 건축법 제62조, 건축법 시행령 제87조제2항
  건축물의 설비기준 등에 관한 규칙 제17조(배관설비)제1항, 제18조(음용수용 배관설비)

법령 주요내용	비고
○ 배관설비의 설치 및 구조기준 - 건축물에 설치하는 급수·배수등의 용도로 쓰는 배관설비의 설치 및 구조는 다음 각호의 기준에 적합하여야 함 1. 배관설비를 콘크리트에 묻는 경우 부식의 우려가 있는 재료는 부식방지조치를 할 것 2. 건축물의 주요부분을 관통하여 배관하는 경우에는 건축물의 구조내력에 지장이 없도록 할 것 3. 승강기의 승강로안에는 승강기의 운행에 필요한 배관설비외의 배관설비를 설치하지 아니할 것 4. 압력탱크 및 급탕설비에는 폭발등의 위험을 막을 수 있는 시설을 설치할 것 ○ 음용수용 배관설비의 설치 및 구조기준 - 건축물에 설치하는 음용수용 배관설비의 설치 및 구조는 다음 각호의 기준에 적합하여야 함 1. 아래의 기준에 적합할 것 · 배관설비를 콘크리트에 묻는 경우 부식의 우려가 있는 재료는 부식방지조치를 할 것 · 건축물의 주요부분을 관통하여 배관하는 경우에는 건축물의 구조내력에 지장이 없도록 할 것 · 승강기의 승강로안에는 승강기의 운행에 필요한 배관설비외의 배관설비를 설치하지 아니할 것 · 압력탱크 및 급탕설비에는 폭발등의 위험을 막을 수 있는 시설을 설치할 것 2. 음용수용 배관설비는 다른 용도의 배관설비와 직접 연결하지 아니할 것 3. 급수관 및 수도계량기는 얼어서 깨지지 아니하도록 별표 3의2의 규정에 의한 기준에 적합하게 설치할 것 4. 제3호에서 정한 기준외에 급수관 및 수도계량기가 얼어서 깨지지 아니하도록 하기 위하여 지역실정에 따라 당해 지방자치단체의 조례로 기준을 정한 경우에는 동 기준에 적합하게 설치할 것	법 제62조 영 제87조제2항 설비규칙 제17조제1항, 제18조

5. 급수 및 저수탱크는 「수도시설의 청소 및 위생관리 등에 관한 규칙」 별표 1의 규정에 의한 저수조설치기준에 적합한 구조로 할 것
6. 음용수의 급수관의 지름은 건축물의 용도 및 규모에 적정한 규격이상으로 할 것. 다만, 주거용 건축물은 당해 배관에 의하여 급수되는 가구수 또는 바닥면적의 합계에 따라 별표 3의 기준에 적합한 지름의 관으로 배관하여야 한다.
7. 음용수용 급수관은 「수도법 시행규칙」 제10조 및 별표 4에 따른 위생안전기준에 적합한 수도용 자재 및 제품을 사용할 것

[별표 3] 〈개정 1999.5.11〉

주거용 건축물 급수관의 지름(제18조관련)

가구 또는 세대수	1	2·3	4·5	6~8	9~16	17이상
급수관 지름의 최소기준 (밀리미터)	15	20	25	32	40	50

비고
1. 가구 또는 세대의 구분이 불분명한 건축물에 있어서는 주거에 쓰이는 바닥면적의 합계에 따라 다음과 같이 가구수를 산정한다.
   가. 바닥면적 85제곱미터 이하 : 1가구
   나. 바닥면적 85제곱미터 초과 150제곱미터 이하 : 3가구
   다. 바닥면적 150제곱미터 초과 300제곱미터이하 : 5가구
   라. 바닥면적 300제곱미터 초과 500제곱미터이하 : 16가구
   마. 바닥면적 500제곱미터 초과 : 17가구
2. 가압설비 등을 설치하여 급수되는 각 기구에서의 압력이 1센티미터당 0.7킬로그램 이상인 경우에는 위 표의 기준을 적용하지 아니 할 수 있다.

※ 과거 연혁별 규정은 [부록]에 수록

2) 점검세부항목별 점검기준

가) 급수설비 성능 유지여부 (화장실, 주방 등)

※ 급수설비의 외관검사 항목	
1) 화장실 및 주방 내 위생기구 수압상태 및 외관상태	3) 저수조 및 고가수조 수위조절장치 작동상태
2) 급수탱크 및 펌프 등의 청소 및 작동상태	4) 급수배관 부착, 보온 및 누수상태

- 외관검사 결과 노후화 또는 관리소홀 등으로 성능에 있어 시급한 개선요구사항이 있는 경우에는 1점(매우불량)으로 판단한다.
- 사용승인도서와 상이한 부분이 있고 성능이 저하된 경우에는 2점 (불량)으로 판단 한다.
- 외관검사 결과 부분적인 개선요구사항이 있지만, 설비의 위치, 개소 등이 사용승인도서와 일치하는 경우와 사용승인도서와 상이한 부분이 있지만 성능저하가 없는 경우에는 3점(보통)으로 판단한다.
- 외관검사 결과 설비의 위치, 개소 등이 사용 승인 도면과 일치하고 성능저하가 없는 경우에는

4점(양호)으로 판단하고, 이 경우 최근 5년 이내에 주요설비를 교체한 경우에는 5점(매우양호)으로 판단 한다.

- 오피스텔, 공동주택 등 집합건축물의 내부세대를 점검하지 못하는 경우에는 기계실 내의 외관검사 결과와 관리주체로부터의 의견청취 결과를 종합하여 성능유지에 지장이 없는 것으로 판단된 경우에 3점(보통)으로 판단한다.

3) 개선방안에 대한 의견

가) 급수설비 성능 유지여부 (화장실, 주방 등)

- 지속적인 관리와 점검방법 등을 제안하고 개선이 필요한 부분은 보완 및 교체 등을 제안한다.
- 육안으로 점검할 수 없는 부분(은폐 및 매설 부분)을 관리주체가 점검을 요구할 경우에는 별도의 비용으로 정밀점검할 것을 제안 한다.

2.9.2 배수설비

1) 규정 주요내용

- 현행 : 건축법 제62조, 건축법 시행령 제87조제2항

건축물의 설비기준 등에 관한 규칙 제17조(배관설비)제2항

법령 주요내용	비고
○ 배관설비의 설치 및 구조기준 - 건축물에 설치하는 급수·배수등의 용도로 쓰는 배관설비의 설치 및 구조는 다음 각호의 기준에 적합하여야 함 1. 배관설비를 콘크리트에 묻는 경우 부식의 우려가 있는 재료는 부식방지조치를 할 것 2. 건축물의 주요부분을 관통하여 배관하는 경우에는 건축물의 구조내력에 지장이 없도록 할 것 3. 승강기의 승강로안에는 승강기의 운행에 필요한 배관설비외의 배관설비를 설치하지 아니할 것 4. 압력탱크 및 급탕설비에는 폭발등의 위험을 막을 수 있는 시설을 설치할 것 ○ 배수용 배관설비기준 - 배수용으로 쓰이는 배관설비기준(위의 기준 + 아래의 기준 충족) 1. 배출시키는 빗물 또는 오수의 양 및 수질에 따라 그에 적당한 용량 및 경사를 지게 하거나 그에 적합한 재질을 사용할 것 2. 배관설비에는 배수트랩·통기관을 설치하는 등 위생에 지장이 없도록 할 것 3. 배관설비의 오수에 접하는 부분은 내수재료를 사용할 것 4. 지하실등 공공하수도로 자연배수를 할 수 없는 곳에는 배수용량에 맞는 강제배수시설을 설치할 것 5. 우수관과 오수관은 분리하여 배관할 것 6. 콘크리트구조체에 배관을 매설하거나 배관이 콘크리트구조체를 관통할 경우에는 구조체에 덧관을 미리 매설하는 등 배관의 부식을 방지하고 그 수선 및 교체가 용이하도록 할 것	법 제62조 영 제87조 제2항 설비규칙 제17조제2항

※ 과거 연혁별 규정은 [부록]에 수록

2) 점검세부항목별 점검기준

가) 배수설비 성능 유지여부

※ 배수설비의 외관검사 항목	
1) 화장실 및 주방 내 위생기구 및 바닥 배수상태	2) 배수용 펌프 기동상태 3) 배수배관 부착, 보온 및 누수상태

- 외관검사 결과 노후화 또는 관리소홀 등으로 성능에 있어 시급한 개선요구사항이 있는 경우에는 1점(매우불량)으로 판단한다.
- 사용승인도서와 상이한 부분이 있고 성능이 저하된 경우에는 2점 (불량)으로 판단한다.
- 외관검사 결과 부분적인 개선요구사항이 있지만, 설비의 위치, 개소 등이 사용승인도서와 일치하는 경우와 사용승인도서와 상이한 부분이 있지만 성능저하가 없는 경우에는 3점(보통)으로 판단한다.
- 외관검사 결과 설비의 위치, 개소 등이 사용 승인 도면과 일치하고 성능저하가 없는 경우에는 4점(양호)으로 판단하고, 이 경우 최근 5년 이내에 주요설비를 교체한 경우에는 5점(매우양호)으로 판단 한다.
- 오피스텔, 공동주택 등 집합건축물의 내부세대를 점검하지 못하는 경우에는 기계실 내의 외관검사 결과와 관리주체로부터의 의견청취 결과를 종합하여 성능유지에 지장이 없는 것으로 판단된 경우에 3점(보통)으로 판단한다.

3) 개선방안에 대한 의견

가) 배수설비 성능 유지여부

- 지속적인 관리와 점검방법 등을 제안하고 개선이 필요한 부분은 보완 및 교체 등을 제안한다.
- 육안으로 점검할 수 없는 부분(은폐 및 매설 부분)을 관리주체가 점검을 요구할 경우에는 별도의 비용으로 정밀점검할 것을 제안 한다.

2.9.3 냉방설비

1) 규정 주요내용

- 현행 : 건축법 제62조, 건축법 시행령 제87조제2항
  건축물의 설비기준 등에 관한 규칙 제23조

법령 주요내용	비고
○중앙집중냉방방식 적용대상 - 아래의 건축물(에너지절약계획서 제출대상 중 아파트 및 연립주택 제외) 중 지식경제부장관이 국토교통부장관과 협의하여 고시하는 건축물에 중앙집중냉방설비를 설치하는 경우에는 지식경제부장관이 국토교통부장관과 협의하여 정하는 바에 따라 축냉식 또는 가스를 이용한 중앙집중냉방방식으로 하여야 함	법 제62조 영 제87조제2항

1. 교육연구시설 중 연구소, 업무시설 기타 에너지소비특성 및 이용상황등이 이와 유사한 건축물로서 당해 용도에 사용되는 바닥면적의 합계가 3천제곱미터 이상인 건축물 2. 공동주택중 기숙사, 의료시설, 수련시설 중 유스호스텔, 숙박시설 그 밖에 에너지소비특성 및 이용상황등이 이와 유사한 건축물로서 그 용도에 사용되는 바닥면적의 합계가 2천제곱미터 이상인 건축물 3. 제1종 근린생활시설중 목욕장, 운동시설중 실내수영장, 그 밖에 에너지소비특성 및 이용상황등이 이와 유사한 건축물로서 당해 용도에 사용되는 바닥면적의 합계가 5백제곱미터 이상인 건축물 4. 판매시설 그 밖에 에너지소비특성 및 이용상황 등이 이와 유사한 건축물로서 그 용도에 사용되는 바닥면적의 합계가 3천제곱미터 이상인 건축물 5. 문화 및 집회시설(동·식물원은 제외한다), 종교시설, 장례식장, 교육연구시설(연구소는 제외한다), 그 밖에 에너지소비특성 및 이용상황 등이 이와 유사한 건축물로서 그 용도에 사용되는 바닥면적의 합계가 1만제곱미터 이상인 건축물 ○ **냉방시설 및 환기시설 설치기준** - 상업지역 및 주거지역에서 건축물에 설치하는 냉방시설 및 환기시설의 배기구와 배기장치의 설치기준 1. 배기구는 도로면으로부터 2미터 이상의 높이에 설치할 것 2. 배기장치에서 나오는 열기가 인근 건축물의 거주자나 보행자에게 직접 닿지 아니하도록 할 것	설비규칙 제23조

※ 과거 연혁별 규정은 [부록]에 수록

2) 점검세부항목별 점검기준

가) 냉방설비 성능 유지여부

※ 냉방설비의 외관검사 항목	
1) 냉방 열원설비 운전상태 2) 열교환기의 누수, 발청, 파손, 소음 여부	3) 열교환기 내부 도장상태 및 외관 보온상태

- 외관검사 결과 노후화 또는 관리소홀 등으로 성능에 있어 시급한 개선요구사항이 있는 경우에는 1점(매우불량)으로 판단한다.
- 사용승인도서와 상이한 부분이 있고 성능이 저하된 경우에는 2점 (불량)으로 판단한다.
- 외관검사 결과 부분적인 개선요구사항이 있지만, 설비의 위치, 개소 등이 사용승인도서와 일치하는 경우와 사용승인도서와 상이한 부분이 있지만 성능저하가 없는 경우에는 3점(보통)으로 판단한다.
- 외관검사 결과 설비의 위치, 개소 등이 사용 승인 도면과 일치하고 성능저하가 없는 경우에는 4점(양호)으로 판단하고, 이 경우 최근 5년 이내에 주요설비를 교체한 경우에는 5점(매우양호)으로 판단 한다.
- 오피스텔, 공동주택 등 집합건축물의 내부세대를 점검하지 못하는 경우에는 기계실 내의 외관검사 결과와 관리주체로부터의 의견청취 결과를 종합하여 성능유지에 지장이 없는 것으로 판단된 경우에 3점(보통)으로 판단한다.

3) 개선방안에 대한 의견

가) 냉방설비 성능 유지여부

- 지속적인 관리와 점검방법 등을 제안하고 개선이 필요한 부분은 보완 및 교체 등을 제안한다.
- 육안으로 점검할 수 없는 부분(은폐 및 매설 부분)을 관리주체가 점검을 요구할 경우에는 별도의 비용으로 정밀점검할 것을 제안 한다.

2.9.4 난방설비

1) 규정 주요내용

- 현행 : 건축법 제62조, 건축법 시행령 제87조제2항
  건축물의 설비기준 등에 관한 규칙 제4조(온돌의 설치기준),
  제13조(개별난방설비)

법령 주요내용	비고
○온돌 및 난방설비 설치기준 등 - 건축물에 온돌 및 난방설비를 설치하는 경우에는 그 구조상 열에너지가 효율적으로 관리되고 화재의 위험을 방지하기 위하여 아래의 [별표 1] 기준에 적합하여야 함 - 건축물에 온돌 및 난방설비를 시공하는 자는 시공을 끝낸 후 온돌 및 난방설비 설치확인서를 공사감리자에게 제출하여야 함(다만, 건축설비설치확인서를 제출한 경우와 공사감리자가 직접 온돌 및 난방설비의 설치를 확인한 경우 제외) ○개별난방방식의 설치기준 - 공동주택과 오피스텔의 난방설비를 개별난방방식으로 하는 경우 기준 1. 보일러는 거실외의 곳에 설치하되, 보일러를 설치하는 곳과 거실사이의 경계벽은 출입구를 제외하고는 내화구조의 벽으로 구획할 것 2. 보일러실의 윗부분에는 그 면적이 0.5제곱미터 이상인 환기창을 설치하고, 보일러실의 윗부분과 아랫부분에는 각각 지름 10센티미터 이상의 공기흡입구 및 배기구를 항상 열려있는 상태로 바깥공기에 접하도록 설치할 것. 다만, 전기보일러의 경우에는 그러하지 아니하다. 3. 삭제 4. 보일러실과 거실사이의 출입구는 그 출입구가 닫힌 경우에는 보일러가스가 거실에 들어갈 수 없는 구조로 할 것 5. 기름보일러를 설치하는 경우에는 기름저장소를 보일러실외의 다른 곳에 설치할 것 6. 오피스텔의 경우에는 난방구획마다 내화구조로 된 벽·바닥과 갑종방화문으로 된 출입문으로 구획할 것 7. 보일러의 연도는 내화구조로서 공동연도로 설치할 것 - 가스보일러에 의한 난방설비를 설치하고 가스를 중앙집중공급방식으로 공급하는 경우에는 위의 규정에 불구하고 가스관계법령이 정하는 기준에 의하되, 오피스텔의 경우에는 난방구획마다 내화구조로 된 벽·바닥과 갑종방화문으로 된 출입문으로 구획하여야 함.	법 제62조 영 제87조제2항 설비규칙 제4조, 제13조

※ 과거 연혁별 규정은 [부록]에 수록

2) 점검세부항목별 점검기준

가) 난방설비 성능 유지여부

※ 난방설비의 외관검사 항목	
1) 난방 열원설비 운전상태 2) 열교환기의 누수, 발청, 파손, 소음 여부	3) 열교환기 내부 도장상태 및 외관 보온상태

- 외관검사 결과 노후화 또는 관리소홀 등으로 성능에 있어 시급한 개선요구사항이 있는 경우에는 1점(매우불량)으로 판단한다.
- 사용승인도서와 상이한 부분이 있고 성능이 저하된 경우에는 2점 (불량)으로 판단한다.
- 외관검사 결과 부분적인 개선요구사항이 있지만, 설비의 위치, 개소 등이 사용승인도서와 일치하는 경우와 사용승인도서와 상이한 부분이 있지만 성능저하가 없는 경우에는 3점(보통)으로 판단한다.
- 외관검사 결과 설비의 위치, 개소 등이 사용 승인 도면과 일치하고 성능저하가 없는 경우에는 4점(양호)으로 판단하고, 이 경우 최근 5년 이내에 주요설비를 교체한 경우에는 5점(매우양호)으로 판단 한다.
- 오피스텔, 공동주택 등 집합건축물의 내부세대를 점검하지 못하는 경우에는 기계실 내의 외관검사 결과와 관리주체로부터의 의견청취 결과를 종합하여 성능유지에 지장이 없는 것으로 판단된 경우에 3점(보통)으로 판단한다.

3) 개선방안에 대한 의견

가) 난방설비 성능 유지여부

- 지속적인 관리와 점검방법 등을 제안하고 개선이 필요한 부분은 보완 및 교체 등을 제안한다.
- 육안으로 점검할 수 없는 부분(은폐 및 매설 부분)을 관리주체가 점검을 요구할 경 우에는 별도의 비용으로 정밀점검할 것을 제안 한다.

> **※ 보일러 효율을 높이기 위한 관리방법**
> 1) 보일러에서는 연료 연소가 일어날 때 발생하는 분진이 보일러 내부나 연통 등에 누적되고 이로 인해 효율이 떨어질 수 있으므로, 년 1회 이상 주기적으로 보일러 내부를 청소한다.
> 2) 고효율 보일러의 열교환기에 스케일 및 연소 이물질이 끼게 되면 열교환 능력이 떨어질 수 있으므로 주기적으로 이물질을 제거하여 항상 일정한 효율을 유지할 수 있도록 한다.
> 3) 오래된 난방배관 내부에 발생한 녹이나 침전물은 온수 순환에 지장을 주어 난방효율을 떨어뜨리고 불필요한 에너지 소비를 유발하므로 난방배관을 3~4년에 1회 정도 주기적으로 청소하여 난방효율을 높인다.

2.9.5 환기설비

1) 규정 주요내용

- 현행 : 건축법 제62조, 건축법 시행령 제87조제2항
  건축물의 설비기준 등에 관한 규칙 제11조
  (공동주택 및 다중이용시설의 환기설비기준 등)

<table>
<tr><th>법령 주요내용</th><th>비고</th></tr>
<tr><td>〈공동주택 등의 환기설비〉
○ 환기설비 설치대상(신축공동주택등) 및 환기성능
- 신축 또는 리모델링하는 아래의 어느 하나에 해당하는 주택 또는 건축물은 시간당 0.7회 이상의 환기가 이루어질 수 있도록 자연환기설비 또는 기계환기설비를 설치하여야 함.
1. 100세대 이상의 공동주택(기숙사를 제외한다)
2. 주택을 주택 외의 시설과 동일건축물로 건축하는 경우로서 주택이 100세대 이상인 건축물

○ 환기설비 설치기준
- 자연환기설비 또는 기계환기설비를 설치하는 경우에는 별표 1의4 또는 별표 1의5의 기준에 적합하여야 함.

[별표 1의4] 〈개정 2010.11.5〉

신축공동주택등의 자연환기설비 설치 기준(제11조제3항 관련)

제11조제1항에 따라 신축공동주택등에 설치되는 자연환기설비의 설계·시공 및 성능평가방법은 다음 각 호의 기준에 적합하여야 한다.
1. 세대에 설치되는 자연환기설비는 세대 내의 모든 실에 바깥공기를 최대한 균일하게 공급할 수 있도록 설치되어야 한다.
2. 세대의 환기량 조절을 위하여 자연환기설비는 환기량을 조절할 수 있는 체계를 갖추어야 하고, 최대개방 상태에서의 환기량을 기준으로 별표 1의5에 따른 설치길이 이상으로 설치되어야 한다.
3. 자연환기설비는 순간적인 외부 바람 및 실내외 압력차의 증가로 인하여 발생할 수 있는 과도한 바깥공기의 유입 등 바깥공기의 변동에 의한 영향을 최소화할 수 있는 구조와 형태를 갖추어야 한다.
4. 자연환기설비의 각 부분의 재료는 충분한 내구성 및 강도를 유지하여 작동되는 동안 구조 및 성능에 변형이 없어야 하며, 표면결로 및 바깥공기의 직접적인 유입으로 인하여 발생할 수 있는 불쾌감(콜드드래프트 등)을 방지할 수 있는 재료와 구조를 갖추어야 한다.
5. 자연환기설비는 도입되는 바깥공기에 포함되어 있는 입자형·가스형 오염물질을 제거 또는 여과할 수 있는 일정 수준 이상의 공기여과기를 갖추어야 한다. 이 경우 공기여과기는 한국산업표준(KSB 6141)에서 규정하고 있는 입자 포집률[공기청정장치에서 그것을 통과하는 공기 중의 입자를 포집(捕執)하는 효율을 말한다]을 중량법으로 측정하여 50퍼센트 이상 확보하여야 하며 공기여과기의 청소 또는 교환이 쉬운 구조이어야 한다.
6. 자연환기설비를 구성하는 설비·기기·장치 및 제품 등의 효율과 성능 등을 판정함에 있어 이 규칙에서 정하지 아니한 사항에 대하여는 해당 항목에 대한 한국산업표준에 적합하여야 한다.
7. 자연환기설비를 지속적으로 작동시키는 경우에도 대상 공간의 사용에 지장을 주지 아니하는 위치에 설치되어야 한다.
8. 한국산업표준(KSB 2921)의 시험조건하에서 자연환기설비로 인하여 발생하는 소음은 대표길이 1미터(수직 또는 수평 하단)에서 측정하여 40dB 이하가 되어야 한다.</td><td>법 제62조

영 제87조제2항

설비규칙 제11조</td></tr>
</table>

9. 자연환기설비는 가능한 외부의 오염물질이 유입되지 않는 위치에 설치되어야 하고, 화재 등 유사시 안전에 대비할 수 있는 구조와 성능이 확보되어야 한다.
10. 실내로 도입되는 바깥공기를 예열할 수 있는 기능을 갖는 자연환기설비는 최대한 에너지 절약적인 구조와 형태를 가져야 한다.
11. 자연환기설비는 주요 부분의 정기적인 점검 및 정비 등 유지관리가 쉬운 체계로 구성하여야 하고, 제품의 사양 및 시방서에 유지관리 관련 내용을 명시하여야 하며, 유지관리 관련 내용이 수록된 사용자 설명서를 제시하여야 한다.
12. 자연환기설비는 설치되는 실의 바닥부터 수직으로 1.2미터 이상의 높이에 설치하여야 하며, 2개 이상의 자연환기설비를 상하로 설치하는 경우 1미터 이상의 수직간격을 확보하여야 한다.

[별표 1의5] 〈개정 2010.11.5〉

신축공동주택등의 기계환기설비의 설치기준(제11조제3항 관련)

제11조제1항의 규정에 의한 신축공동주택등의 환기횟수를 확보하기 위하여 설치되는 기계환기설비의 설계·시공 및 성능평가방법은 다음 각 호의 기준에 적합하여야 한다.

1. 기계환기설비의 환기기준은 시간당 실내공기 교환횟수(환기설비에 의한 최종 공기흡입구에서 세대의 실내로 공급되는 시간당 총 체적 풍량을 실내 총 체적으로 나눈 환기횟수를 말한다)로 표시하여야 한다.
2. 하나의 기계환기설비로 세대 내 2 이상의 실에 바깥공기를 공급할 경우의 필요 환기량은 각 실에 필요한 환기량의 합계 이상이 되도록 하여야 한다.
3. 세대의 환기량 조절을 위하여 환기설비의 정격풍량을 최소·적정·최대의 3단계 또는 그 이상으로 조절할 수 있는 체계를 갖추어야 하고, 적정 단계의 필요 환기량은 신축공동주택등의 세대를 시간당 0.7회로 환기할 수 있는 풍량을 확보하여야 한다.
4. 공기공급체계 또는 공기배출체계는 부분적 손실 등 모든 압력 손실의 합계를 고려하여 계산한 공기공급능력 또는 공기배출능력이 제11조제1항의 환기기준을 확보할 수 있도록 하여야 한다.
5. 기계환기설비는 신축공동주택등의 모든 세대가 제11조제1항의 규정에 의한 환기횟수를 만족시킬 수 있도록 24시간 가동할 수 있어야 한다.
6. 기계환기설비의 각 부분의 재료는 충분한 내구성 및 강도를 유지하여 작동되는 동안 구조 및 성능에 변형이 없도록 하여야 한다.
7. 기계환기설비는 다음 각 목의 어느 하나에 해당되는 체계를 갖추어야 한다.
   가. 바깥공기를 공급하는 송풍기와 실내공기를 배출하는 송풍기가 결합된 환기체계
   나. 바깥공기를 공급하는 송풍기와 실내공기가 배출되는 배기구가 결합된 환기체계
   다. 바깥공기가 도입되는 공기흡입구와 실내공기를 배출하는 송풍기가 결합된 환기체계
8. 바깥공기를 공급하는 공기공급체계 또는 바깥공기가 도입되는 공기흡입구는 입자형·가스형 오염물질을 제거 또는 여과하는 일정 수준 이상의 공기여과기 또는 집진기 등을 갖추어야 한다. 이 경우 공기여과기는 한국산업표준(KS B 6141)에서 규정하고 있는 입자 포집률[공기청정장치에서 그것을 통과하는 공기 중의 입자를 포집(捕執)하는 효율을 말한다]이 비색법 또는 광산란 적산법으로 측정하여 60퍼센트 이상인 환기효율을 확보하여야 하고, 수명연장을 위하여 여과기의 전단부에 사전여과장치를 설치하여야 하며, 여과장치 등의 청소 또는 교환이 쉬운 구조이어야 한다. 다만, 제7호다목에 따른 환기체계를 갖춘 경우에는 별표 1의4 제5호를 따른다.
9. 기계환기설비를 구성하는 설비·기기·장치 및 제품 등의 효율 및 성능 등을 판정함에 있어 이 규칙에서 정하지 아니한 사항에 대하여는 해당 항목에 대한 한국산업표준에 적합하여야 한다.

10. 기계환기설비는 환기의 효율을 극대화할 수 있는 위치에 설치하여야 하고, 바깥공기의 변동에 의한 영향을 최소화할 수 있도록 공기흡입구 또는 배기구 등에 완충장치 또는 석쇠형 철망 등을 설치하여야 한다.
11. 기계환기설비는 주방 가스대 위의 공기배출장치, 화장실의 공기배출 송풍기 등 급속 환기 설비와 함께 설치할 수 있다.
12. 공기흡입구 및 배기구와 공기공급체계 및 공기배출체계는 기계환기설비를 지속적으로 작동시키는 경우에도 대상 공간의 사용에 지장을 주지 아니하는 위치에 설치되어야 한다.
13. 기계환기설비에서 발생하는 소음의 측정은 한국산업규격(KS B 6361)에 따르는 것을 원칙으로 한다. 측정위치는 대표길이 1미터(수직 또는 수평 하단)에서 측정하여 소음이 40dB이하가 되어야 하며, 암소음은 보정하여야 한다. 다만, 환기설비 본체(소음원)가 거주공간 외부에 설치될 경우에는 대표길이 1미터(수직 또는 수평 하단)에서 측정하여 50dB 이하가 되거나, 거주공간 내부의 중앙부 바닥으로부터 1.0 ~ 1.2미터 높이에서 측정하여 40dB 이하가 되어야 한다.
14. 외부에 면하는 공기흡입구와 배기구는 교차오염을 방지할 수 있도록 1.5미터 이상의 이격거리를 확보하거나, 공기흡입구와 배기구의 방향이 서로 90도 이상 되는 위치에 설치되어야 하고 화재 등 유사 시 안전에 대비할 수 있는 구조와 성능이 확보되어야 한다.
15. 기계환기설비의 에너지 절약을 위하여 폐열회수형 환기장치를 설치하는 경우에는 한국산업표준(KS B 6879)에 따라 시험한 폐열회수형 환기장치의 유효환기량이 표시용량의 90퍼센트 이상이어야 하고, 폐열회수형 환기장치의 안과 밖은 물 맺힘이 발생하는 것을 최소화할 수 있는 구조와 성능을 확보하도록 하여야 한다.
16. 기계환기설비는 송풍기, 폐열회수형 환기장치, 공기여과기, 공기가 통하는 관, 공기흡입구 및 배기구, 그 밖의 기기 등 주요 부분의 정기적인 점검 및 정비 등 유지관리가 쉬운 체계로 구성되어야 하고, 제품의 사양 및 시방서에 유지관리 관련 내용을 명시하여야 하며, 유지관리 관련 내용이 수록된 사용자 설명서를 제시하여야 한다.
17. 실외의 기상조건에 따라 환기용 송풍기 등 기계환기설비를 작동하지 아니하더라도 자연환기와 기계환기가 동시 운용될 수 있는 혼합형 환기설비가 설계도서 등을 근거로 필요 환기량을 확보할 수 있는 것으로 객관적으로 입증되는 경우에는 기계환기설비를 갖춘 것으로 인정할 수 있다. 이 경우, 동시에 운용될 수 있는 자연환기설비와 기계환기설비가 제11조1항의 환기기준을 각각 만족할 수 있어야 한다.
18. 중앙관리방식의 공기조화설비(실내의 온도·습도 및 청정도 등을 적정하게 유지하는 역할을 하는 설비를 말한다)가 설치된 경우에는 다음 각 목의 기준에도 적합하여야 한다.
   가. 공기조화설비는 24시간 지속적인 환기가 가능한 것일 것. 다만, 주요 환기설비와 분리된 별도의 환기계통을 병행 설치하여 실내에 존재하는 국소 오염원에서 발생하는 오염물질을 신속히 배출할 수 있는 체계로 구성하는 경우에는 그러하지 아니하다.
   나. 중앙관리방식의 공기조화설비의 제어 및 작동상황을 통제할 수 있는 관리실 또는 기능이 있을 것

〈다중이용시설의 환기설비〉

○ 기계환기설비 필요환기량 및 설치기준

[별표 1의6] 〈개정 2009.12.31〉
기계환기설비를 설치하여야 하는 다중이용시설 및 필요환기량
(제11조제4항 관련)

1. 기계환기설비를 설치하여야 하는 다중이용시설
   가. 지하시설 : 모든 지하역사 및 연면적 2천제곱미터 이상인 지하도상가(연속되어 있는 2 이상의 지하도상가의 연면적 합계가 2천제곱미터 이상인 경우를 포함한다)
   나. 문화 및 집회시설 : 연면적 3천제곱미터 이상인 박물관 및 미술관

다. 판매 및 영업시설

(1) 소매시장 : 「유통산업발전법」 제2조제3호의 규정에 의한 시장·할인점·전문점·백화점 및 쇼핑센터, 그 밖에 이와 유사한 것

(2) 여객자동차터미널의 연면적 2천제곱미터 이상인 대합실

(3) 공항시설 중 연면적 1천5백제곱미터 이상인 여객터미널

(4) 항만시설 중 연면적 5천제곱미터 이상인 대합실

(5) 철도역사 중 연면적 2천제곱미터 이상인 대합실

라. 의료시설

(1) 연면적 2천제곱미터 이상 또는 병상수 100개 이상인 의료기관

(2) 연면적 1천제곱미터 이상인 장례식장(지하에 위치한 시설에 한한다)

마. 교육연구 및 복지시설

(1) 연면적 3천제곱미터 이상인 도서관

(2) 연면적 430제곱미터 이상인 국·공립 보육시설(아동복지시설 및 영유아보육시설을 말한다)

(3) 「노인복지법」 제34조의 규정에 의한 노인의료복지시설 중 연면적 1천제곱미터 이상인 국·공립노인전문요양시설·유료노인전문요양시설 및 노인전문병원

바. 자동차 관련 시설

(1) 연면적 2천제곱미터 이상인 실내주차장(기계식 주차장을 제외한다)

사. 그 밖의 시설

(1) 연면적 1천제곱미터 이상인 찜질방

(2) 연면적 5백제곱미터 이상인 산후조리원

2. 필요 환기량

다중이용시설 구분		필요 환기량(㎥/인·h)	비고
지하시설	지하역사	25 이상	
지하시설	지하도상가	36 이상	매장(상점) 기준
문화 및 집회시설		29 이상	
판매 및 영업시설		29 이상	
의료시설		36 이상	
교육연구 및 복지시설		36 이상	
자동차 관련 시설		27 이상	
그 밖의 시설(찜질방·산후조리원)		25 이상	

비고

가. 필요 환기량은 예상 이용인원이 가장 높은 시간대를 기준으로 산정한다.

나. 의료시설 중 수술실 등 특수 용도로 사용되는 실의 경우에는 소관 중앙행정기관의 장이 달리 정할 수 있다.

다. 자동차 관련 시설 중 실내주차장(기계식 주차장을 제외한다)은 단위면적당 환기량(㎥/㎡·h)으로 산정한다.

○ 기계환기설비의 구조 및 설치기준

1. 다중이용시설의 기계환기설비 용량기준은 시설이용 인원 당 환기량을 원칙으로 산정할 것
2. 기계환기설비는 다중이용시설로 공급되는 공기의 분포를 최대한 균등하게 하여 실내 기류의 편차가 최소화될 수 있도록 할 것
3. 공기공급체계·공기배출체계 또는 공기흡입구·배기구 등에 설치되는 송풍기는 외부의 기류로 인하여 송풍능력이 떨어지는 구조가 아닐 것
4. 바깥공기를 공급하는 공기공급체계 또는 공기흡입구는 입자형·가스형 오염물질의 제거·여과장치 등 외부로부터 오염물질이 유입되는 것을 최대한 차단할 수 있는 설비를 갖추어야 하며, 제거·여과장치 등의 청소 및 교환 등 유지관리가 쉬운 구조일 것

○ 기계환기설비의 구조 및 설치기준 1. 다중이용시설의 기계환기설비 용량기준은 시설이용 인원 당 환기량을 원칙으로 산정할 것 2. 기계환기설비는 다중이용시설로 공급되는 공기의 분포를 최대한 균등하게 하여 실내 기류의 편차가 최소화될 수 있도록 할 것 3. 공기공급체계·공기배출체계 또는 공기흡입구·배기구 등에 설치되는 송풍기는 외부의 기류로 인하여 송풍능력이 떨어지는 구조가 아닐 것 4. 바깥공기를 공급하는 공기공급체계 또는 공기흡입구는 입자형·가스형 오염물질의 제거·여과장치 등 외부로부터 오염물질이 유입되는 것을 최대한 차단할 수 있는 설비를 갖추어야 하며, 제거·여과장치 등의 청소 및 교환 등 유지관리가 쉬운 구조일 것 5. 공기배출체계 및 배기구는 배출되는 공기가 공기공급체계 및 공기흡입구로 직접 들어가지 아니하는 위치에 설치할 것 6. 기계환기설비를 구성하는 설비·기기·장치 및 제품 등의 효율과 성능 등을 판정하는데 있어 이 규칙에서 정하지 아니한 사항에 대하여는 해당항목에 대한 한국산업표준에 적합할 것	

※ 과거 연혁별 규정은 [부록]에 수록

2) 점검세부항목별 점검기준

※ 환기설비 설치대상이 아닌 건축물도 환기설비가 설치되어 있는 경우에는 일정 수준의 실내공기질 확보를 위한 정보제공차원에서 성능 유지여부를 점검한다.

가) 환기설비 외관 유지여부

※ 환기설비의 외관검사 항목	
1) 바깥공기 유입구 및 배기구의 부착 상황 2) 각 실의 급기구 및 배기구의 설치 위치	3) 풍도의 부착 상황 4) 환기장치의 변형 여부

- 외관검사 결과 노후화 또는 관리소홀 등으로 시급한 개선요구사항이 있는 경우에는 1점(매우 불량)으로 판단한다.
- 설비의 위치, 개소 등이 사용승인도서와 상이한 부분이 있는 경우 에는 2점(불량)으로 판단한다.
- 설비의 위치, 개소 등이 사용승인도서와 일치하는 경우에는 3점 (보통)으로 하되 지속적인 관리가 되고 있는 경우에는 4점(양호) 으로 판단한다.

나) 환기설비 성능 유지여부

※ 환기설비의 성능유지 판단을 위한 검사 항목	
1) 환기량 조절을 위한 단계별 풍량조절 가능 여부 2) 공기여과기의 보존상태 (필터교체주기 - 2회/년) 3) 환기설비 작동시 이상소음 발생 여부 4) 환기설비의 내부 물맺힘 등 결로발생 여부	5) 결로를 방지할 수 있는 단열(보온) 여부 6) 덕트 내부(자연환기설비의 경우, 바깥공기 유입구 및 경로)의 주기적인 청소 여부(1회/년)

- 위 검사결과 환기설비가 정상적으로 작동되지 않는 경우에는 1점 (매우불량)으로 판단하고 작동은 하지만 결로 또는 이상소음이 발생한 경우에는 2점(불량)으로 판단한다.
- 2)항의 공기여과기(필터)의 교체 또는 6)항의 덕트내부 등의 청소가 주기적으로 이루어지지 않았지만 환기설비가 정상적으로 작동되면 3점(보통)으로 판단하고, 환기설비가 정상적으로 작동되면서 2)항의 공기여과기 교체와 6)항의 청소 중 어느 하나만 주기적으로 실시 된 경우에는 4점(양호)로 판단하며, 2)항과 6)항 두 가지 모두 주기적으로 실시되는 경우에는 5점(매우양호)로 판단한다.
- 오피스텔, 공동주택 등 집합건축물의 내부세대를 점검하지 못하는 경우에는 기계실내의 외관검사 결과와 관리주체로부터의 의견청취 결과를 종합하여 성능유지에 지장이 없는 것으로 판단된 경우에 3점(보통)으로 판단한다.

다) 공기조화설비 외관 유지여부 (중앙관리방식인 경우만 해당)

※ 공기조화설비의 외관검사 항목	
1) 공기조화설비 설치위치 유지여부	3) 공기조화설비의 작동 가능여부
2) 공기조화설비 및 배관의 열화 등 손상여부	4) 공기여과기의 점검구 적정여부

- 외관검사 결과 노후화 또는 관리소홀 등으로 성능에 있어 시급한 개선요구사항이 있는 경우에는 1점(매우불량)으로 판단한다.
- 사용승인도서와 상이한 부분이 있고 성능이 저하된 경우에는 2점 (불량)으로 판단한다.
- 외관검사 결과 부분적인 개선요구사항이 있지만, 설비의 위치, 개소 등이 사용승인도서와 일치하는 경우와 사용승인도면과 상이한 부분이 있지만 성능저하가 없는 경우에는 3점(보통)으로 판단한다.
- 외관검사 결과 설비의 위치, 개소 등이 사용승인 도면과 일치하고 성능저하가 없는 경우에는 4점(양호)으로 판단하고, 이 경우 최근 5년 이내에 주요설비를 교체한 경우에는 5점(매우양호)으로 판단 한다.
- 오피스텔, 공동주택 등 집합건축물의 내부세대를 점검하지 못하는 경우에는 기계실 내의 외관검사 결과와 관리주체로부터의 의견청취 결과를 종합하여 성능유지에 지장이 없는 것으로 판단된 경우에 3점(보통)으로 판단한다.

3) 개선방안에 대한 의견

가) 환기설비 설치 적합여부 및 성능 유지여부

- '환기설비의 성능유지를 위한 검사항목'에 언급된 내용에 적합한 지속적인 관리와 점검방법 등을 제안하고 개선이 필요한 부분은 보완 및 교체 등을 제안한다.

> ※ 에너지 절약을 위한 기계환기설비 사용요령
> 1) 기계환기설비는 반드시 열회수형 환기설비를 사용하여 버려지는 냉낭방에너지를 최대한 줄여줄 수 있도록 한다. 열회수형 환기설비는 열회수 효율이 높은 제품이나 고효율 에너지 기자재 인증을 받은 제품을 사용한다.
> 2) 실내를 냉난방하여 실내외 온도차가 많이 날 때에는 열교환 기능으로 가동하고, 실내외 온도차가 크지 않을 때에는 바이패스 기능으로 가동하면 에너지 소비를 줄일 수 있다.

- 환기성능, 공기조화성능, 환기량, 미세먼지, 덕트내부 청소 등 실내 공기질의 유해 물질 등의 정밀점검을 요구할 경우에는 별도의 비용으로 정밀 점검할 것을 제안한다.

> ※ 전반적인 정밀점검이 필요할 경우의 점검방법
> : 대한설비공학회에서 규정하고 있는 '공동주택 환기설비 TAB 기술기준에 따른 점검을 제안한다.
> ※ 환기설비의 환기성능을 객관적으로 확인하기 위한 경우의 점검방법
> 1) 기계환기설비는 "건축물의 설비기준 등에 관한 규칙" 별표 1의5 "신축 공동주택 등의 기계환기설비 설치기준"에 적합한 기계환기설비로 국가나 공인인정기관에서 시행하고 있는 제도를 통하여 환기성능을 객관적으로 확인할 수 있는 설비로써 고효율기자재인증, 신기술인증 등으로 환기성능을 확보한 설비를 사용한다.
> 2) 폐열회수형 환기장치의 경우는 실내를 냉난방하여 실내외 온도차가 많이 날 때에는 열교환 기능으로 가동하고, 실내외 온도차가 크지 않을 때에는 바이패스 기능으로 가동할 수 있어야 하며, 겨울철 동파방지 등을 위하여 프리히터가 구비되어야 한다.
> 3) 자연환기설비는 '건강친화형 주택 건설기준 별표 3의1에 규정하고 있는 내용에 대한 점검을 제안한다.

2.9.6 피뢰설비

1) 규정 주요내용

- 현행 : 건축법 제62조, 건축법 시행령 제87조제2항
  건축물의 설비기준 등에 관한 규칙 제20조

법령 주요내용	비고
○ 피뢰설비 설치대상 - 낙뢰의 우려가 있는 건축물, 높이 20미터 이상의 건축물 또는 영 제118조제1항에 따른 공작물로서 높이 20미터 이상의 공작물(건축물에 영 제118조제1항에 따른 공작물을 설치하여 그 전체 높이가 20미터 이상인 것을 포함)	법 제62조 영 제87조 제2항
○ 피뢰설비 설치기준 1. 피뢰설비는 한국산업표준이 정하는 피뢰레벨 등급에 적합한 피뢰설비일 것. 다만, 위험물저장 및 처리시설에 설치하는 피뢰설비는 한국산업표준이 정하는 피뢰시스템레벨 II 이상이어야 한다. 2. 돌침은 건축물의 맨 윗부분으로부터 25센티미터 이상 돌출시켜 설치하되, 「건축물의 구조기준 등에 관한 규칙」 제9조에 따른 설계하중에 견딜 수 있는 구조일 것 3. 피뢰설비의 재료는 최소 단면적이 피복이 없는 동선을 기준으로 수뢰부, 인하도선 및 접지극은 50제곱밀리미터 이상이거나 이와 동등 이상의 성능을 갖출 것 4. 피뢰설비의 인하도선을 대신하여 철골조의 철골구조물과 철근콘크리트조의 철근구조체 등을 사용하는 경우에는 전기적 연속성이 보장될 것. 이 경우 전기적 연속성이 있다고 판단되기 위하여는 건축물 금속 구조체의 최상단부와 지표레벨 사이의 전기저항이 0.2옴 이하이어야 한다.	설비규칙 제20조

5. 측면 낙뢰를 방지하기 위하여 높이가 60미터를 초과하는 건축물 등에는 지면에서 건축물 높이의 5분의 4가 되는 지점부터 최상단부분까지의 측면에 수뢰부를 설치하여야 하며, 지표레벨에서 최상단부의 높이가 150미터를 초과하는 건축물은 120미터 지점부터 최상단부분까지의 측면에 수뢰부를 설치할 것. 다만, 건축물의 외벽이 금속부재(部材)로 마감되고, 금속부재 상호간에 제4호 후단에 적합한 전기적 연속성이 보장되며 피뢰시스템레벨 등급에 적합하게 설치하여 인하도선에 연결한 경우에는 측면 수뢰부가 설치된 것으로 본다. 6. 접지(接地)는 환경오염을 일으킬 수 있는 시공방법이나 화학 첨가물 등을 사용하지 아니할 것 7. 급수·급탕·난방·가스 등을 공급하기 위하여 건축물에 설치하는 금속배관 및 금속재 설비는 전위(電位)가 균등하게 이루어지도록 전기적으로 접속할 것 8. 전기설비의 접지계통과 건축물의 피뢰설비 및 통신설비 등의 접지극을 공용하는 통합접지공사를 하는 경우에는 낙뢰 등으로 인한 과전압으로부터 전기설비 등을 보호하기 위하여 한국산업표준에 적합한 서지보호장치(SPD)를 설치할 것 9. 그 밖에 피뢰설비와 관련된 사항은 한국산업표준에 적합하게 설치할 것	

※ 과거 연혁별 규정은 [부록]에 수록

2) 점검세부항목별 점검기준

가) 피뢰설비 성능 유지여부

- 노후화 또는 관리소홀 등으로 성능에 있어 시급한 개선요구사항이 있는 경우에는 1점(매우불량)으로 판단한다.
- 사용승인도서와 상이한 부분이 있고 성능이 저하된 경우에는 2점 (불량)으로 판단한다.
- 부분적인 개선요구사항이 있지만, 설비의 위치, 개소 등이 사용승인 도서와 일치하는 경우와 사용승인도서와 상이한 부분이 있지만 성능 저하가 없는 경우에는 3점(보통)으로 판단한다.
- 설비의 위치, 개소 등이 사용 승인 도면과 일치하고 성능저하가 없는 경우에는 4점(양호)으로 판단하고, 이 경우 최근 5년 이내에 주요설비를 교체한 경우에는 5점(매우양호)으로 판단 한다.

3) 개선방안에 대한 의견

가) 피뢰설비 성능 유지여부

- 지속적인 관리와 점검방법 등을 제안하고 개선이 필요한 부분은 보완 및 교체 등을 제안한다.
- 육안으로 점검할 수 없는 부분(은폐 및 매설 부분)을 관리주체가 점검을 요구할 경우에는 별도의 비용으로 정밀점검할 것을 제안 한다.

2.9.7 방송수신설비

1) 규정 주요내용

- 현행 : 건축법 제62조, 건축법 시행령 제87조제4항, 제5항

법령 주요내용	비고
○**방송수신설비 설치대상** - 건축물에는 방송수신에 지장이 없도록 공동시청 안테나, 유선방송 수신시설, 위성방송 수신설비, 에프엠(FM)라디오방송 수신설비 또는 방송 공동수신설비를 설치할 수 있음.(임의규정) 다만, 다음 아래의 건축물에는 방송 공동수신설비를 설치하여야 함.(강제규정) 1. 공동주택 2. 바닥면적의 합계가 5천제곱미터 이상으로서 업무시설이나 숙박시설의 용도로 쓰는 건축물 ○**방송수신설비 설치기준** - 방송통신위원회가 정하여 고시하는 바에 따른다. (방송통신위원회 홈페이지 참조)	법 제62조 영 제87조 제4항 제5항

※ 과거 연혁별 규정은 [부록]에 수록

2) 점검세부항목별 점검기준

가) 방송설비 성능 유지여부

- 노후화 또는 관리소홀 등으로 성능에 있어 시급한 개선요구사항이 있는 경우에는 1점(매우불량)으로 판단한다.
- 사용승인도서와 상이한 부분이 있고 성능이 저하된 경우에는 2점 (불량)으로 판단한다.
- 부분적인 개선요구사항이 있지만, 설비의 위치, 개소 등이 사용승인 도서와 일치하는 경우와 사용승인도서와 상이한 부분이 있지만 성능 저하가 없는 경우에는 3점(보통)으로 판단한다.
- 설비의 위치, 개소 등이 사용 승인 도면과 일치하고 성능저하가 없는 경우에는 4점(양호)으로 판단하고, 이 경우 최근 5년 이내에 주요설비를 교체한 경우에는 5점(매우양호)으로 판단한다.

3) 개선방안에 대한 의견

가) 방송설비 성능 유지여부

- 지속적인 관리와 점검방법 등을 제안하고 개선이 필요한 부분은 보완 및 교체 등을 제안한다.
- 육안으로 점검할 수 없는 부분(은폐 및 매설 부분)을 관리주체가 점검을 요구할 경우에는 별도의 비용으로 정밀점검할 것을 제안 한다.

2.9.8 전기설비 설치공간

1) 규정 주요내용

- 현행 : 건축법 제62조, 건축법 시행령 제87조제6항
  건축물의 설비기준 등에 관한 규칙 제20조의2

법령 주요내용	비고
○**전기설비 설치공간 확보 대상** - 연면적이 500제곱미터 이상인 건축물의 대지에는 「전기사업법」 제2조제2호에 따른 전기사업자가 전기를 배전(配電)하는 데 필요한 전기설비를 설치할 수 있는 공간을 확보하여야 함.	법 제62조

○ **전기설비 설치공간 확보 대상**

- 연면적이 500제곱미터 이상인 건축물의 대지에는 「전기사업법」 제2조제2호에 따른 전기사업자가 전기를 배전(配電)하는 데 필요한 전기설비를 설치할 수 있는 공간을 확보하여야 함.

○ **전기설비 설치공간 기준**

[별표 3의3] 〈신설 2010.11.5〉

전기설비 설치공간 확보기준(제20조의2 관련)

수전전압	전력수전 용량	확보면적
특고압 또는 고압	100킬로와트 이상	가로 2.8미터, 세로 2.8미터
저압	75킬로와트 이상 150킬로와트 미만	가로 2.5미터, 세로 2.8미터
저압	150킬로와트 이상 200킬로와트 미만	가로 2.8미터, 세로 2.8미터
저압	200킬로와트 이상 300킬로와트 미만	가로 2.8미터, 세로 4.6미터
저압	300킬로와트 이상	가로 2.8미터 이상, 세로 4.6미터 이상

비고

1. "저압", "고압" 및 "특고압"의 정의는 각각 「전기사업법 시행규칙」 제2조제8호, 제9호 및 제10호에 따른다.
2. 전기설비 설치공간은 배관, 맨홀 등을 땅속에 설치하는데 지장이 없고 전기사업자의 전기설비 설치, 보수, 점검 및 조작 등 유지관리가 용이한 장소이어야 한다.
3. 전기설비 설치공간은 해당 건축물 외부의 대지상에 확보하여야 한다. 다만, 외부 지상공간이 좁아서 그 공간확보가 불가능한 경우에는 침수우려가 없고 습기가 차지 아니하는 건축물의 내부에 공간을 확보할 수 있다.
4. 수전전압이 저압이고 전력수전 용량이 300킬로와트 이상인 경우 등 건축물의 전력수전 여건상 필요하다고 인정되는 경우에는 상기 표를 기준으로 건축주와 전기사업자가 협의하여 확보면적을 따로 정할 수 있다.

영 제87조 제6항

설비규칙 제20조의2

※ 과거 연혁별 규정은 [부록]에 수록

2) 점검세부항목별 점검기준

가) 전기설비 설치공간 확보 여부

※ 전기설비의 외관검사 항목

1) 수배전반 외관상태, 오염으로 인한 냄새 및 절연접지 상태
2) 수배전반 차단기 설치 및 유지여부
3) 변압기반 외관 크랙 및 손상여부
4) 변압기반 이상소음 및 냄새 여부
5) 발전기반 연료 누유 및 냉각수 누수 상태
6) 발전기반 조작스위치, 제어반 전원, 배전반의 상태
7) 발전기반 차단기 작동 및 절연접지 상태

- 외관검사 결과 노후화 또는 관리소홀 등으로 성능에 있어 시급한 개선요구사항이 있는 경우에는 1점(매우불량)으로 판단한다.

- 사용승인도서와 상이한 부분이 있고 성능이 저하된 경우에는 2점 (불량)으로 판단한다.
- 외관검사 결과 부분적인 개선요구사항이 있지만, 설비의 위치, 개소 등이 사용승인도서와 일치하는 경우와 사용승인도서와 상이한 부분이 있지만 성능저하가 없는 경우에는 3점(보통)으로 판단한다.
- 외관검사 결과 설비의 위치, 개소 등이 사용 승인 도면과 일치하고 성능저하가 없는 경우에는 4점(양호)으로 판단하고, 이 경우 최근 5년 이내에 주요설비를 교체한 경우에는 5점(매우양호)으로 판단 한다.
- 오피스텔, 공동주택 등 집합건축물의 내부세대를 점검하지 못하는 경우에는 기계실 내의 외관검사 결과와 관리주체로부터의 의견청취 결과를 종합하여 성능유지에 지장이 없는 것으로 판단된 경우에 3점(보통)으로 판단한다.

3) 개선방안에 대한 의견

가) 전기설비 설치공간 확보 여부

- 사용승인당시의 전기실이 기능을 상실하였을 경우 전기설비 관련 정밀점검할 것을 제안한다.

2.9.9 승강기

1) 규정 주요내용

- 현행 : 건축법 제64조, 건축법 시행령 제89조, 제90조

건축물의 설비기준 등에 관한 규칙 제5조, 제6조, 제9조, 제10조

<table>
<tr><th>법령 주요내용</th><th>비고</th></tr>
<tr><td>
○승용승강기 설치대상
- 6층 이상으로서 연면적이 2천제곱미터 이상인 건축물을 건축하려면 승강기를 설치하여야 함. (다만, 층수가 6층인 건축물로서 각 층 거실의 바닥면적 300제곱미터 이내마다 1개소 이상의 직통계단을 설치한 건축물은 제외)

○승용승강기 설치기준
[별표 1의2] 〈개정 2008.7.10〉

승용승강기의 설치기준(제5조관련)
<table>
<tr><th>6층 이상의 거실 면적의 합계 / 건축물의 용도</th><th>3천제곱미터 이하</th><th>3천제곱미터 초과</th></tr>
<tr><td>문화 및 집회시설(공연장·집회장 및 관람장에 한한다)
판매 및 영업시설(도매시장·소매시장 및 상점에 한한다)
의료시설(병원 및 격리병원에 한한다)</td><td>2대</td><td>2대에 3천제곱미터를 초과하는 경우에는 그 초과하는 매 2천제곱미터 이내마다 1대의 비율로 가산한 대수</td></tr>
</table>
</td><td>
법 제64조

영 제89조, 제90조

설비규칙 제5조, 제6조, 제9조, 제10조
</td></tr>
</table>

문화 및 집회시설(전시장 및 동·식물원에 한한다) 업무시설 숙박시설 위락시설	1대	1대에 3천제곱미터를 초과하는 경우에는 그 초과하는 매 2천제곱미터 이내마다 1대의 비율로 가산한 대수
공동주택 교육연구 및 복지시설 기타 시설	1대	1대에 3천제곱미터를 초과하는 경우에는 그 초과하는 매 3천제곱미터 이내마다 1대의 비율로 가산한 대수

비고 : 승강기의 대수기준을 산정함에 있어 8인승 이상 15인승 이하 승강기는 위 표에 의한 1대의 승강기로 보고, 16인승 이상의 승강기는 위 표에 의한 2대의 승강기로 본다.

○ 비상용승강기 설치대상 및 기준

- 높이 31미터를 넘는 건축물에는 다음 각 호의 기준에 따른 대수 이상의 비상용 승강기(비상용 승강기의 승강장 및 승강로를 포함)를 설치하여야 함. (예외 : 승용승강기를 비상용 승강기의 구조로 하는 경우)

1. 높이 31미터를 넘는 각 층의 바닥면적 중 최대 바닥면적이 1천500제곱미터 이하인 건축물: 1대 이상
2. 높이 31미터를 넘는 각 층의 바닥면적 중 최대 바닥면적이 1천500제곱미터를 넘는 건축물: 1대에 1천500제곱미터를 넘는 3천 제곱미터 이내마다 1대씩 더한 대수 이상

※ 2대 이상의 비상용 승강기를 설치하는 경우에는 화재가 났을 때 소화에 지장이 없도록 일정한 간격을 두고 설치하여야 함.

○ 비상용승강기 설치 제외대상

1. 높이 31미터를 넘는 각층을 거실외의 용도로 쓰는 건축물
2. 높이 31미터를 넘는 각층의 바닥면적의 합계가 500제곱미터 이하인 건축물
3. 높이 31미터를 넘는 층수가 4개층이하로서 당해 각층의 바닥면적의 합계 200제곱미터(벽 및 반자가 실내에 접하는 부분의 마감을 불연재료로 한 경우에는 500제곱미터)이내마다 방화구획으로 구획한 건축물

○ 비상용승강기의 승강장 및 승강로의 구조

1. 비상용승강기 승강장의 구조
   가. 승강장의 창문·출입구 기타 개구부를 제외한 부분은 당해 건축물의 다른 부분과 내화구조의 바닥 및 벽으로 구획할 것. 다만, 공동주택의 경우에는 승강장과 특별피난계단(「건축물의 피난·방화구조 등의 기준에 관한 규칙」 제9조의 규정에 의한 특별피난계단을 말한다. 이하 같다)의 부속실과의 겸용부분을 특별피난계단의 계단실과 별도로 구획하는 때에는 승강장을 특별피난계단의 부속실과 겸용할 수 있다.
   나. 승강장은 각층의 내부와 연결될 수 있도록 하되, 그 출입구(승강로의 출입구를 제외한다)에는 갑종방화문을 설치할 것. 다만, 피난층에는 갑종방화문을 설치하지 아니할 수 있다.
   다. 노대 또는 외부를 향하여 열 수 있는 창문이나 제14조제2항의 규정에 의한 배연설비를 설치할 것
   라. 벽 및 반자가 실내에 접하는 부분의 마감재료(마감을 위한 바탕을 포함한다)는 불연재료로 할 것
   마. 채광이 되는 창문이 있거나 예비전원에 의한 조명설비를 할 것
   바. 승강장의 바닥면적은 비상용승강기 1대에 대하여 6제곱미터 이상으로 할 것. 다만, 옥외에 승강장을 설치하는 경우에는 그러하지 아니하다.
   사. 피난층이 있는 승강장의 출입구(승강장이 없는 경우에는 승강로의 출입구)로부터 도로 또는 공지(공원·광장 기타 이와 유사한 것으로서 피난 및 소화를 위한 당해 대지에의 출입에 지장이 없는 것을 말한다)에 이르는 거리가 30미터 이하일 것
   아. 승강장 출입구 부근의 잘 보이는 곳에 당해 승강기가 비상용승강기임을 알 수 있는 표지를 할 것
2. 비상용승강기의 승강로의 구조
   가. 승강로는 당해 건축물의 다른 부분과 내화구조로 구획할 것
   나. 각층으로부터 피난층까지 이르는 승강로를 단일구조로 연결하여 설치할 것

○승강기의 구조 - 건축물에 설치하는 승강기·에스컬레이터 및 비상용승강기의 구조는 「승강기시설 안전관리법」이 정하는 바에 따름	

※ 과거 연혁별 규정은 [부록]에 수록

2) 점검세부항목별 점검기준

가) 승강기 성능 유지여부

- 승강기 안전점검을 정기적으로 받지 않은 경우에는 2점(불량) 이하 로 판단한다.
- 승강기 안전점검을 정기적으로 받은 경우에는 4점(양호)으로 판단 한다. (승강기 안전점검 필증을 확인할 것)

3) 개선방안에 대한 의견

가) 승강기 성능 유지여부

- 사용승인당시에 승강기가 설치되어 있었으나 점검당시 승강기의 파손으로 사용하지 않거나, 타 용도로 사용시 「승강기 제조 및 관리에 관한 법률」에 의한 정밀점검 할 것을 제안한다.

2.10 에너지 및 친환경 관리 등

◈ 원칙

건축물의 노후화, 균열 및 창호의 재료열화 등에 따른 열손실로 에너지가 새어나가거나, 에너지 사용효율이 현저히 떨어질 것으로 우려되는 부위가 존재하는지 점검하고, 친환경 건축물 인증 등 점검대상 건축물의 인증유지여부 및 에너지 효율 개선필요성을 제시하여야 한다.

2.10.1 열손실 방지

1) 규정 주요내용

- 현행 : 건축법 제64조의2 건축물의 설비기준 등에 관한 규칙 제21조
  건축물 에너지절약 설계기준

법령 주요내용	비고
○ 열손실방지 조치 기준	법 제64조의2 설비규칙 제21조

○ **열손실방지 조치 기준**

1. 거실의 외벽, 최상층에 있는 거실의 반자 또는 지붕, 최하층에 있는 거실의 바닥, 공동주택의 측벽 및 층간 바닥, 창 및 문의 열관류율은 별표 4에 의한 기준으로 한다. 이 경우 국토교통부장관은 별표 4의 기준에 의한 열관류율에 적합한 단열재의 두께 기준을 정하여 고시할 수 있다. (※ 별표 4 생략)
2. 연면적이 5천제곱미터 이상인 건축물(공동주택을 제외한다)로서 중앙집중식 냉·난방설비를 하는 건축물의 바깥쪽과 접하는 거실의 창 및 출입문은 국토교통부장관이 고시하는 기준에 적합한 공기차단성능을 갖출 것
3. 건축물의 배치·구조 및 설비등이 설계를 하는 경우에는 에너지가 합리적으로 이용될 수 있도록 할 것

○ **열관류율, 단열재 두께, 창 및 문의 단열성능기준**

※「건축물 에너지절약 설계기준(국토교통부 고시 제2013-141호)」

[별표 1] 지역별 건축물 부위의 열관류율표 (2013. 9. 1부터 시행)

(단위 : W/㎡ · K)

<table>
<tr><th colspan="3">지역 / 건축물의 부위</th><th>중부지역[1)]</th><th>남부지역[2)]</th><th>제주도</th></tr>
<tr><td rowspan="2">거실의 외벽</td><td colspan="2">외기에 직접 면하는 경우</td><td>0.270 이하</td><td>0.340 이하</td><td>0.440 이하</td></tr>
<tr><td colspan="2">외기에 간접 면하는 경우</td><td>0.370 이하</td><td>0.480 이하</td><td>0.640 이하</td></tr>
<tr><td rowspan="2">최상층에 있는 거실의 반자 또는 지붕</td><td colspan="2">외기에 직접 면하는 경우</td><td>0.180 이하</td><td>0.220 이하</td><td>0.280 이하</td></tr>
<tr><td colspan="2">외기에 간접 면하는 경우</td><td>0.260 이하</td><td>0.310 이하</td><td>0.400 이하</td></tr>
<tr><td rowspan="4">최하층에 있는 거실의 바닥</td><td rowspan="2">외기에 직접 면하는 경우</td><td>바닥난방인 경우</td><td>0.230 이하</td><td>0.280 이하</td><td>0.330 이하</td></tr>
<tr><td>바닥난방이 아닌 경우</td><td>0.290 이하</td><td>0.290 이하</td><td>0.290 이하</td></tr>
<tr><td rowspan="2">외기에 간접 면하는 경우</td><td>바닥난방인 경우</td><td>0.350 이하</td><td>0.400 이하</td><td>0.470 이하</td></tr>
<tr><td>바닥난방이 아닌 경우</td><td>0.410 이하</td><td>0.410 이하</td><td>0.410 이하</td></tr>
<tr><td colspan="3">바닥난방인 층간바닥</td><td>0.810 이하</td><td>0.810 이하</td><td>0.810 이하</td></tr>
<tr><td rowspan="4">창 및 문</td><td rowspan="2">외기에 직접 면하는 경우</td><td>공동주택</td><td>1.500 이하</td><td>1.800 이하</td><td>2.600 이하</td></tr>
<tr><td>공동주택 외</td><td>2.100 이하</td><td>2.400 이하</td><td>3.000 이하</td></tr>
<tr><td rowspan="2">외기에 간접 면하는 경우</td><td>공동주택</td><td>2.200 이하</td><td>2.500 이하</td><td>3.300 이하</td></tr>
<tr><td>공동주택 외</td><td>2.600 이하</td><td>3.100 이하</td><td>3.800 이하</td></tr>
</table>

비고

1) 중부지역 : 서울특별시, 인천광역시, 경기도, 강원도(강릉시, 동해시, 속초시, 삼척시, 고성군, 양양군 제외), 충청북도(영동군 제외), 충청남도(천안시), 경상북도(청송군)

2) 남부지역 : 부산광역시, 대구광역시, 광주광역시, 대전광역시, 울산광역시, 강원도(강릉시, 동해시, 속초시, 삼척시, 고성군, 양양군), 충청북도(영동군), 충청남도(천안시 제외), 전라북도, 전라남도, 경상북도(청송군 제외), 경상남도, 세종특별자치시

[별표 2] 단열재의 등급분류 (2013. 9. 1부터 시행)

등급 분류	열전도율의 범위 (KS L 9016에 의한 20±5℃ 시험조건에서 열전도율)		KS M 3808, 3809 및 KS L 9102에 의한 해당 단열재 및 기타 단열재
	W/mK	㎉/mh℃	참고사항
가	0.034 이하	0.029 이하	- 압출법보온판 특호, 1호, 2호, 3호 - 비드법보온판 2종 1호, 2호, 3호, 4호 - 경질우레탄폼보온판 1종 1호, 2호, 3호 및 2종 1호, 2호, 3호 - 그라스울 보온판 48K, 64K, 80K, 96K, 120K - 기타 단열재로서 열전도율이 0.034 W/mK(0.029 ㎉/mh℃)이하인 경우
나	0.035~0.040	0.030~0.034	- 비드법보온판 1종 1호, 2호, 3호 - 미네랄울 보온판 1호, 2호, 3호 - 그라스울 보온판 24K, 32K, 40K - 기타 단열재로서 열전도율이 0.035~0.040 W/mK (0.030 ~0.034 ㎉/mh℃)이하인 경우
다	0.041~0.046	0.035~0.039	- 비드법보온판 1종 4호 - 기타 단열재로서 열전도율이 0.041~0.046 W/mK (0.035 ~0.039 ㎉/mh℃)이하인 경우
라	0.047~0.051	0.040~0.044	- 기타 단열재로서 열전도율이 0.047~0.051 W/mK (0.040 ~0.044 ㎉/mh℃)이하인 경우

※ 단열재의 등급분류는 단열재의 열전도율의 범위에 따라 등급을 분류한다.

[별표 3] 단열재의 두께 (2013. 9. 1부터 시행)

[중부지역][1] (단위: mm)

단열재의 등급 / 건축물의 부위			단열재 등급별 허용 두께			
			가	나	다	라
거실의 외벽	외기에 직접 면하는 경우		120	140	160	175
	외기에 간접 면하는 경우		80	95	110	120
최하층에 있는 거실의 바닥	외기에 직접 면하는 경우	바닥난방인 경우	140	165	190	210
		바닥난방이 아닌 경우	110	130	150	165
	외기에 간접 면하는 경우	바닥난방인 경우	85	100	115	130
		바닥난방이 아닌 경우	70	85	95	110
최상층에 있는 거실의 반자 또는 지붕	외기에 직접 면하는 경우		180	215	245	270
	외기에 간접 면하는 경우		120	145	165	180
바닥난방인 층간바닥			30	35	45	50

[남부지역][2] (단위: mm)

건축물의 부위 \ 단열재의 등급			단열재 등급별 허용 두께			
			가	나	다	라
거실의 외벽	외기에 직접 면하는 경우		90	110	125	135
	외기에 간접 면하는 경우		60	70	80	90
최하층에 있는 거실의 바닥	외기에 직접 면하는 경우	바닥난방인 경우	115	135	155	170
		바닥난방이 아닌 경우	110	130	150	165
	외기에 간접 면하는 경우	바닥난방인 경우	80	90	105	115
		바닥난방이 아닌 경우	70	85	95	110
최상층에 있는 거실의 반자 또는 지붕	외기에 직접 면하는 경우		145	175	200	220
	외기에 간접 면하는 경우		100	120	135	150
바닥난방인 층간바닥			30	35	45	50

[제주도] (단위: mm)

건축물의 부위 \ 단열재의 등급			단열재 등급별 허용 두께			
			가	나	다	라
거실의 외벽	외기에 직접 면하는 경우		70	80	95	105
	외기에 간접 면하는 경우		45	50	55	65
최하층에 있는 거실의 바닥	외기에 직접 면하는 경우	바닥난방인 경우	95	115	130	145
		바닥난방이 아닌 경우	110	130	150	165
	외기에 간접 면하는 경우	바닥난방인 경우	65	75	90	95
		바닥난방이 아닌 경우	70	85	95	110
최상층에 있는 거실의 반자 또는 지붕	외기에 직접 면하는 경우		115	135	155	170
	외기에 간접 면하는 경우		75	90	105	115
바닥난방인 층간바닥			30	35	45	50

비고

1) 중부지역 : 서울특별시, 인천광역시, 경기도, 강원도(강릉시, 동해시, 속초시, 삼척시, 고성군, 양양군 제외), 충청북도(영동군 제외), 충청남도(천안시), 경상북도(청송군)

2) 남부지역 : 부산광역시, 대구광역시, 광주광역시, 대전광역시, 울산광역시, 강원도(강릉시, 동해시, 속초시, 삼척시, 고성군, 양양군), 충청북도(영동군), 충청남도(천안시 제외), 전라북도, 전라남도, 경상북도(청송군 제외), 경상남도, 세종특별자치시

[별표 4] 창 및 문의 단열성능 (2013. 9. 1부터 시행) [단위 : W/㎡·K]

창 및 문의 종류			창틀 및 문틀의 종류별 열관류율								
			금속재						플라스틱 또는 목재		
			열교차단재[1)]미적용			열교차단재 적용					
유리의 공기층 두께[mm]			6	12	16 이상	6	12	16 이상	6	12	16 이상
창	복층창복	일반복층창[2)]	4.0	3.7	3.6	3.7	3.4	3.3	3.1	2.8	2.7
		로이유리(하드코팅)	3.6	3.1	2.9	3.3	2.8	2.6	2.7	2.3	2.1
		로이유리(소프트코팅)	3.5	2.9	2.7	3.2	2.6	2.4	2.6	2.1	1.9
		아르곤 주입	3.8	3.6	3.5	3.5	3.3	3.2	2.9	2.7	2.6
		아르곤 주입+ 로이유리(하드코팅)	3.3	2.9	2.8	3.0	2.6	2.5	2.5	2.1	2.0
		아르곤 주입 + 로이유리(소프트코팅)	3.2	2.7	2.6	2.9	2.4	2.3	2.3	1.9	1.8
	삼중창	일반삼중창[2)]	3.2	2.9	2.8	2.9	2.6	2.5	2.4	2.1	2.0
		로이유리(하드코팅)	2.9	2.4	2.3	2.6	2.1	2.0	2.1	1.7	1.6
		로이유리(소프트코팅)	2.8	2.3	2.2	2.5	2.0	1.9	2.0	1.6	1.5
		아르곤 주입	3.1	2.8	2.7	2.8	2.5	2.4	2.2	2.0	1.9
		아르곤 주입+ 로이유리(하드코팅)	2.6	2.3	2.2	2.3	2.0	1.9	1.9	1.6	1.5
		아르곤 주입+ 로이유리(소프트코팅)	2.5	2.2	2.1	2.2	1.9	1.8	1.8	1.5	1.4
	사중창	일반사중창[2)]	2.8	2.5	2.4	2.5	2.2	2.1	2.1	1.8	1.7
		로이유리(하드코팅)	2.5	2.1	2.0	2.2	1.8	1.7	1.8	1.5	1.4
		로이유리(소프트코팅)	2.4	2.0	1.9	2.1	1.7	1.6	1.7	1.4	1.3
		아르곤 주입	2.7	2.5	2.4	2.4	2.2	2.1	1.9	1.7	1.6
		아르곤 주입+ 로이유리(하드코팅)	2.3	2.0	1.9	2.0	1.7	1.6	1.6	1.4	1.3
		아르곤 주입+ 로이유리(소프트코팅)	2.2	1.9	1.8	1.9	1.6	1.5	1.5	1.3	1.2
	단창		6.6			6.10			5.30		

문	일반문	단열 두께 20㎜ 미만		2.70			2.60			2.40		
		단열 두께 20㎜ 이상		1.80			1.70			1.60		
	유리문	단창문	유리비율[3] 50%미만	4.20			4.00			3.70		
			유리비율 50%이상	5.50			5.20			4.70		
		복층창문	유리비율 50%미만	3.20	3.10		3.00	2.90		2.70	2.60	
			유리비율 50%이상	3.80	3.50		3.30	3.10		3.00	2.80	
	방풍구조문			2.1								

주1) 열교차단재 : 열교 차단재라 함은 창호의 금속프레임 외부 및 내부 사이에 설치되는 폴리염화비닐 등 단열성을 가진 재료로서 외부로의 열흐름을 차단할 수 있는 재료를 말한다.
주2) 복층창은 단창+단창, 삼중창은 단창+복층창, 사중창은 복층창+복층창을 포함한다.
주3) 문의 유리비율은 문 및 문틀을 포함한 면적에 대한 유리면적의 비율을 말한다.
주4) 창호를 구성하는 각 유리의 공기층 두께가 서로 다를 경우 그 중 최소 공기층 두께를 해당 창호의 공기층 두께로 인정하며, 단창+단창, 단창+복층창의 공기층 두께는 6mm로 인정한다.
주5) 창호를 구성하는 각 유리의 창틀 및 문틀이 서로 다를 경우에는 열관류율이 높은 값을 인정한다.
주6) 복층창, 삼중창, 사중창의 경우 한면만 로이유리를 사용한 경우, 로이유리를 적용한 것으로 인정한다.
주7) 삼중창, 사중창의 경우 하나의 창호에 아르곤을 주입한 경우, 아르곤을 적용한 것으로 인정한다.

○ 방습층의 설치

- 위의 규정에 의한 단열조치를 하여야 하는 부위(창호 및 공동주택의 층간 바닥을 제외한다)에는 방습층을 설치하여야 함.

○ 열손실방지 조치 및 방습층 설치 제외대상

1. 차고·기계실 등으로서 거실의 용도로 사용하지 아니하고, 난방 또는 냉방시설을 설치하지 아니하는 건축물
2. 공장·창고시설·위험물저장 및 처리시설·자동차관련시설·동물 및 식물관련시설 또는 분뇨 및 쓰레기 처리시설에 해당하는 건축물로서 냉·난방 설비를 설치하지 아니하고 용도 특성상 건축물 내부를 외기에 개방시켜 사용하는 등 열손실 방지조치를 하여도 에너지절약의 효과가 없는 건축물

2) 점검세부항목별 점검기준

가) 단열성능 유지여부 (출입구, 창호, 외벽 등)

- 출입구, 창호, 외벽 등의 훼손, 변경으로 개선이 요구되는 경우에는 2점(불량) 이하로 판단한다.
- 출입구, 창호, 외벽 등의 유지관리가 잘 되고 있는 경우에는 에너지 성능의 유지관리 정도에 따라 3점(보통) 이상으로 판단한다.

나) 결로 발생 여부

- 건축물의 내벽에 결로가 발생하여 지하층의 기능을 상실한 경우에는 2점(불량) 이하로 판단한다.

- 지하층의 기능에 지장이 없는 경우에는 3점(보통)으로 판단하고 결로가 발생되지 않는 경우에는 4점(양호)으로 판단한다.

다) 창호 기밀성 성능 유지여부

- 건축물의 노후화로 창틀과 창호간의 틈새가 발생되어 개선이 요구 되는 경우에는 2점(불량) 이하로 판단한다.
- 창틀과 창호의 틈새가 없는 경우에는 에너지성능의 정도에 따라 3점(보통) 이상으로 판단한다.

3) 개선방안에 대한 의견

※ 설계도서와 일치하는 경우라도 점검세부항목이 현행 에너지절약 관련 기준에 부적합한 경우 반드시 성능개선 방안을 구체적으로 제안한다.

가) 단열성능 유지여부 (출입구, 창호, 외벽 등)

- 출입구, 창호 등에서 열손실이 있는 경우에는 방풍실의 설치, 창호 의 교체(창호코킹 재시공 포함), 이중창호 설치, 단열재 보강 등을 제안한다.

나) 결로 발생 여부

- 건축물의 외벽에 결로가 발생한 경우 방습벽을 설치하거나, 환기 설비를 보완하여 기능이 유지될 수 있도록 제안한다.

다) 창호 기밀성 성능 유지여부

- 건축물의 노후화로 창호의 기밀성을 확보하지 못한 경우 기밀성 확보를 위한 개선방안을 제안한다.

※ 창호 기밀성 확보방안 예시
1) 복층유리/삼중유리 또는 이중 창문/삼중 창문의 사용
2) Low-e(로이) 코팅
3) 열을 잘 전달하지 않는 기체(아르곤, 크립톤 등)의 충진
4) 유리와 창틀이 접합되는 곳에 실링재를 기밀하게 시공
5) 열이 잘 전달되지 않는 창틀 재료 및 창틀 구조
ex) 합성수지(PVC) 또는 목재계통, 금속재 창틀인 경우 열교차단재가 적용된 창틀인지 확인

2.10.2 친환경건축물 인증(現 녹색건축 인증)

1) 규정 주요내용

- 현행 : 녹색건축물 조성지원법 제16조(녹색건축의 인증)

  녹색건축 인증에 관한 규칙 전문

  녹색건축 인증기준 전문(국토교통부, 환경부 고시)

법령 주요내용	비고
○녹색건축 인증의 유효기간 - 녹색건축 인증서를 발급받은 날부터 5년 ○녹색건축 인증 의무취득 대상 - 공공기관에서 건축하는 연면적 합계가 3,000㎡ 이상인 공공건축물 ※ 이에 해당하지 않는 건축물은 건축주 또는 발주자가 원하는 경우 인증 신청	녹색건축 인증에 관한 규칙 제9조 제13조

2) 점검세부항목별 점검기준

가) 친환경건축물 인증(녹색건축 인증)의 유지여부

- 친환경건축물 인증(녹색건축 인증)을 받은 건축물이 해당 기간 내에 재인증을 받은 경우에는 5점(매우양호)으로 판단하여 '인증'에 체크 하고, 받지 않은 경우에는 3점(보통)으로 판단하여 '미인증'에 체크한다.
- 친환경건축물 인증(녹색건축 인증)을 받지 않은 건축물은 '해당없음' 에 체크한다.

3) 개선방안에 대한 의견

가) 친환경건축물 인증(녹색건축 인증)의 유지관리 여부

- 친환경건축물 인증(녹색건축 인증)을 받은 건축물이 재인증을 받지 않은 경우 재인증을 유도하여 친환경건축물로서의 기능이 유지될 수 있도록 한다.

2.10.3 지능형건축물 인증

1) 규정 주요내용

- 현행 : 건축법 제65조의2

  지능형건축물의 인증에 관한 규칙 전문

  지능형건축물 인증기준 전문

법령 주요내용	비고
○지능형건축물 인증의 재인증 관련 규정 - 인증기관의 장은 인증 유효기간(인증일부터 5년) 만료 6개월 전까지 건축주 등에게 인증기간 만료일을 알려야 하며, 건축주 등이 인증 유효기간의 연장을 신청하는 경우에는 기간 만료일 3개월 전까지 연장신청을 하여야 함. ○지능형건축물 인증가능 대상 (의무취득대상 아님) - 공동주택, 문화 및 집회시설, 판매시설, 교육연구시설, 업무시설, 숙박시설, 방송통신시설	지능형건축물 인증기준 제2조, 제6조제2항 및 제3항

2) 점검세부항목별 점검기준

가) 지능형건축물 인증의 유지여부

- 지능형건축물 인증을 받은 건축물이 해당 기간 내에 재인증을 받은 경우에는 5점(매우양호)으로 판단하여 '인증'에 체크하고, 받지 않은 경우에는 3점(보통)으로 판단하여 '미인증'에 체크한다.
- 지능형건축물 인증을 받지 않은 건축물은 '해당없음'에 체크한다.

3) 개선방안에 대한 의견

가) 지능형건축물 인증의 유지여부

- 지능형건축물 인증을 받은 건축물이 재인증을 받지 않은 경우 재인증을 유도하여 지능형건축물로서의 기능이 유지될 수 있도록 한다.

2.10.4 에너지효율등급 인증

1) 규정 조문

- 현행 : 녹색건축물 조성지원법 제17조
  건축물 에너지효율등급 인증에 관한 규칙 전문
  건축물 에너지효율등급 인증기준 전문

법령 주요내용	비고
○건축물 에너지효율등급 인증의 유효기간 - 에너지효율등급 인증서를 발급받은 날부터 10년 ○건축물 에너지효율등급 인증 신청 가능대상 - 신축 단독주택, 공동주택, 기숙사, 업무시설 - 기타용도 냉난방 면적이 500제곱미터 이상인 건축물	녹색건축 인증에 관한 규칙 제9조 제13조

2) 점검세부항목별 점검기준

가) 에너지효율등급 인증의 유지여부

- 건축물 에너지효율등급 인증내용을 유지하고 있는 경우에는 5점(매우 양호)으로 판단하여 '인증'에 체크하고, 유지하고 있지 않은 경우에는 3점(보통)으로 판단하여 '미인증'에 체크한다.
- 에너지효율등급 인증을 받지 않은 건축물은 '해당없음'에 체크한다.

3) 개선방안에 대한 의견

가) 에너지효율등급 인증의 유지여부

- 에너지효율등급 인증을 받은 건축물이 인증내용을 유지하고 있지 않은 경우 일정수준의 에너지 효율성능이 유지될 수 있도록 유도한다.

※ 점검기준 요약표

〈표〉 계량적 평가 기준 (5점 척도)

점수	건축물의 상태
1 (매우불량)	- 사용승인도서에 부적합하고 시급한 성능 개선이 요구되는 경우 - 안전성에 문제가 있어 시급한 개선이 요구되는 경우
2 (불량)	- 사용승인도서에 적합하나, 성능이 개선이 요구되는 경우 - 사용승인도서에 부적합하나, 성능이 보통으로 유지되는 경우 - 안전성에 문제가 있는 것으로 우려되는 경우
3 (보통)	- 사용승인도서에 적합하고 성능이 보통으로 유지되는 경우
4 (양호)	- 사용승인도서에 적합하고 성능이 우수하게 유지되는 경우
5 (매우양호)	- 사용승인도서에 적합하고 성능이 매우 우수하게 유지되는 경우 (최근 5년 이내 리모델링·보수·보강 또는 설비교체 등을 통해 안전 및 성능개선을 한 경우)

〈표〉 점검세부항목별 점검기준

점검 대항목	점검 소항목	점검세부항목	점검기준
대지	대지의 안전 등	- 옹벽과 건축물과의 안전 확인	- 옹벽이 훼손되었거나 균열이 진행 중인 경우에는 2점(불량) 이하 - 옹벽의 훼손 또는 균열의 정도가 옹벽과 건축물의 안전에 영향이 없는 경우에는 그 상태에 따라 3점(보통) 이상
		- 지반침하 여부	- 건축물과 구조물의 기울기가 변화되었거나 균열이 발생한 경우에는 2점(불량) 이하 - 지반침하가 발생되었거나 진행 중인 경우에는 2점(불량) 이하 - 지반침하가 없는 경우에는 4점(양호)
	대지의 조경	- 조경면적 확보 여부	- 조경면적이 건축물의 사용승인도면을 기준으로 감소되었을 경우 에는 2점(불량) 이하 - 조경면적이 건축물의 사용승인도면대로 유지되고 있는 경우에는 4점(양호)
		- 조경시설 성능 유지여부	- 조경시설의 성능이 상실된 경우에는 2점(불량) - 조경시설로서의 성능이 유지되는 경우에는 그 성능의 유지관리 정도에 따라 3점(보통) 이상
	공개공지 등의 확보	- 공개공지 성능 유지여부	- 공개공지의 성능을 상실한 경우에는 2점(불량) 이하 - 공개공지의 성능을 유지하고 있는 경우에는 성능유지 정도에 따라 3점(보통) 이상
		- 공개공지 면적확보 여부	- 공개공지의 위치 및 면적이 변경된 경우에는 2점(불량) 이하로, 사용승인도서대로 유지하고 있는 경우에는 4점(양호)

대지	대지와 도로의 관계	- 대지가 도로와 접하고 있는지 여부	- 대지가 건축법상 도로(4m 도로)에 2m 이상 접하지 않은 경우에는 2점(불량) 이하 - 대지가 현황도로 등에 접하여 대지의 출입에 지장이 없는 경우에는 그 정도에 따라 3점(보통) 이상
	건축선에 따른 건축제한	- 건축물, 캐노피, 발코니, 노대 및 담장의 건축선 내 유지여부	- 건축물, 캐노피, 발코니, 노대 및 담장 등이 건축선에 저촉되어 보행을 방해하거나 공공성을 침해하는 경우에는 2점(불량) 이하 - 건축물의 성능향상을 위해 설치된 캐노피, 발코니(테라스 포함) 등이 건축선을 침해하지 않는 경우에는 4점(양호)
높이 및 형태	건폐율	- 건폐율 유지여부	- 캐노피 설치, 불법증축 등으로 사용승인도면의 건폐율을 초과 하였을 경우에는 2점(불량) 이하 - 사용승인도면의 건폐율을 유지하고 있는 경우에는 4점(양호)
	용적률	- 용적률 유지여부	- 불법 증축 등에 따라 사용승인도면의 용적률을 초과된 경우 2점(불량) 이하 - 사용승인도면의 용적률을 유지하고 있는 경우에는 4점(양호)
	대지 안의 공지	- 공지의 폭 유지 여부	- 사용승인도면을 기준으로 공지가 축소되거나 없어진 경우에는 2점(불량) 이하 - 공지의 폭이 사용승인도면대로 유지되고 있는 경우에는 4점(양호)
		- 공지성능 유지 여부	- 공지 내 가설건축물, 적치물 등이 있어 공지의 성능을 상실한 경우 에는 2점(불량) 이하 - 공지 내 적치물 등으로 성능저하는 있으나 즉시 시정이 가능한 경우에는 성능유지의 정도에 따라 3점(보통) 이상
	높이 제한	- 높이제한 유지 여부	- 사용승인도서를 기준으로 높이제한을 초과한 경우에는 2점(불량) 이하 - 사용승인도서를 기준으로 높이제한을 유지하고 있는 경우에는 4점(양호)
	일조 등의 확보를 위한 높이 제한	- 지붕변경, 증축으로 인한 일조권 유지여부	- 사용승인도서를 기준으로 일조권 확보를 위한 높이제한을 초과한 경우에는 2점(불량) 이하 - 사용승인도서를 기준으로 일조권 확보를 위한 높이제한을 유지하고 있는 경우에는 4점(양호)
	외부형태의 원형유지	- 광고물 등에 의한 디자인 훼손 여부	- 건축물 외벽의 광고물부착 등으로 개선이 요구되는 경우에는 2점(불량) 이하 - 건축물 외벽 등 외부형태가 사용승인도면대로 유지되고 있는 경우에는 정도에 따라 3점(보통) 이상
		- 미관지구 안에서의 외관변경 여부	- 미관도로에 면한 벽의 외장재료 및 색상 변경이 사용승인도서와 일치하지 않는 경우에는 2점(불량) 이하 - 미관도로에 면한 벽의 외장재료 및 색상이 사용승인도면대로 유지하고 있는 경우에는 정도에 따라 3점(보통) 이상
구조 안전	구조 내력 등	- 주요 구조부 변경 및 균열 여부 (육안점검 가능 부분)	- 주요구조부 균열(마감재 건조수축에 따른 균열 제외)이나 구조체의 손상 등으로 개선이 요구되는 경우에는 2점(불량) 이하, 그렇지 않은 경우 4점(양호)
		- 옥상의 구조적 안전여부	- 옥상광장에 중량물의 설치로 옥상바닥에 균열이 발생하였거나 (수축 팽창에 의한 마감재 균열은 제외), 하중이 증가되어 안전에 문제가 있을 것으로 판단되는 경우에는 2점(불량) 이하, 그렇지 않은 경우에는 4점(양호)

구조 안전	구조 내력 등	- 내진설계 적용 여부	- 내진설계 적용대상 건축물이 아니고 ①번 점검세부항목 점검결과 구조 관련 개선이 요구되는 경우에는 2점(불량)으로, 내진설계 적용 대상 건축물은 아니나 ①번 점검세부항목 점검결과 구조적 안전성이 양호한 경우에는 3점(보통) - 내진설계 적용대상 건축물인 경우에는 4점(양호)
화재 안전	복도 · 계단 · 출입구	- 복도, 계단, 출입구의 성능 유지 여부	- 사용승인도서와 일치하지 않는 경우에는 2점(불량) 이하 - 사용승인도서와 일치하는 경우 피난성능의 유지 정도에 따라 3점(보통) 이상
	옥상 광장	- 옥상광장의 피난 성능 유지여부	- 옥상난간의 높이가 기준보다 낮거나 변형되어 안전성 확보를 위해 개선이 요구되는 경우에는 2점(불량) 이하 - 옥상광장으로의 피난이 용이하도록 상시개방(문이 닫혀 있더 라도 시건장치로 잠가놓지 않은 경우를 포함한다.)이 되어 있지 않은 경우에는 2점(불량) 이하 - 옥상광장의 피난성능이 유지되고 있는 경우에는 3점(보통) 이상 (옥상광장 설치 의무대상이 아닌 경우에도 적용)
	방화 구획	- 방화문, 방화셔터 등의 성능 유지여부	- 방화문 및 방화셔터를 변경 또는 철거하였을 경우 2점(불량) 이하 - 방화문의 도어체크장치가 없거나 도어체크 작동이 불량한 경우에는 2점(불량) 이하 - 사용승인도서대로 성능이 유지되고 있는 경우에는 4점(양호)
		- 방화구획 적합 여부	- 층간방화구획이 되어있지 않은 경우에는 2점(불량) 이하 - 면적별 방화구획이 되어있지 않은 경우에는 2점(불량) 이하 - 사용승인도서대로 유지되고 경우에는 4점(양호)
	경계벽 · 칸막이벽	- 경계벽 및 칸막이벽의 변경 등 방화성능 유지 여부	- 경계벽 또는 칸막이벽의 변경 및 철거 등으로 방화성능이 유지되지 않는 경우에는 2점(불량) 이하 - 경계벽 또는 칸막이벽이 사용승인도면대로 유지되고 있는 경우에는 정도에 따라 3점(보통) 이상
	그 밖의 피난설비	- 배연설비의 성능 유지여부	- 배연창 및 배연그릴이 파손되었거나 철거된 경우 2점(불량) 이하 - 배연설비의 성능이 유지되고 있는 경우에는 3점(보통) 이상
	내화 구조	- 내화구조의 성능 유지여부	- 내화성능을 상실하여 개선이 요구되는 경우에는 2점(불량) 이하 - 내화구조가 사용승인도면대로 유지되어 내화성능에 지장이 없는 경우에는 경우에 따라 3점(보통) 이상
	방화벽	- 방화벽의 성능 유지여부	- 방화벽이 파손되었거나 변경되어 방화기능을 상실한 경우에는 2점(불량) 이하 - 방화벽이 사용승인도면대로 유지되어 성능에 지장이 없는 경우에는 경우에 따라 3점(보통) 이상
	방화 지구 안의 건축물	- 외벽의 성능 유지여부	- 외벽에 설치된 방화문과 방화설비가 파손되었거나 성능을 상실한 경우에는 2점(불량) 이하 - 외벽에 설치된 방화문과 방화설비가 사용승인도면대로 유지되어 방화성능에 지장이 없는 경우에는 정도에 따라 3점(보통) 이상
		- 창호의 성능 유지여부	- 외벽에 설치된 창호의 구조나 드렌처가 파손되었거나 변경된 경우에는 2점(불량) - 외벽에 설치된 창호의 구조나 드렌처가 사용승인도면대로 유지되어 방화성능에 지장이 없는 경우에는 정도에 따라 3점(보통) 이상

화재 안전	내부 마감재료	- 내부마감의 방화 성능 유지여부	- 최종 마감부분이 불연성 및 난연성을 확보하지 못한 경우에는 2점(불량) 이하 - 방화성능을 유지하는 경우에는 정도에 따라 3점(보통) 이상으로
	외벽 마감재료	- 외부마감의 노후화 및 마감재 탈락 여부	- 마감재가 노후화되고 탈락되어 화재시의 방화성능을 상실한 경우에는 2점(불량) 이하 - 마감재의 방화성능을 유지하고 있는 경우에는 정도에 따라 3점(보통) 이상
	지하층	- 지하층의 소방설비 성능 유지여부	- 소방설비 시설이 훼손되었거나 변경되어 개선이 요구되는 경우에는 2점(불량) 이하 - 소방설비의 성능이 유지되고 있는 경우에는 정도에 따라 3점(보통) 이상
		- 지하층 피난구, 피난계단의 성능 유지여부	- 피난구와 피난계단이 철거되었거나 적치물로 인해 피난성능을 상실한 경우에는 2점(불량) 이하 - 피난구와 피난계단이 성능을 유지하고 있는 경우 그 정도에 따라 3점(보통) 이상
건축 설비	급수 설비	- 급수설비 성능 유지여부	- 외관검사 결과 노후화 또는 관리소홀 등으로 성능에 있어 시급한 개선요구사항이 있는 경우에는 1점(매우불량) - 사용승인도서와 상이한 부분이 있고 성능이 저하된 경우에는 2점(불량) - 외관검사 결과 부분적인 개선요구사항이 있지만, 설비의 위치, 개소 등이 사용승인도서와 일치하는 경우와 사용승인도서와 상이한 부분이 있지만 성능저하가 없는 경우에는 3점(보통) - 외관검사 결과 설비의 위치, 개소 등이 사용 승인 도면과 일치하고 성능저하가 없는 경우에는 4점(양호), 이 경우 최근 5년 이내에 주요설비를 교체한 경우에는 5점(매우양호) - 오피스텔, 공동주택 등 집합건축물의 내부세대를 점검하지 못하는 경우에는 기계실 내의 외관검사 결과와 관리주체로부터의 의견청취 결과를 종합하여 성능유지에 지장이 없는 것으로 판단된 경우에 3점(보통)
	배수 설비	- 배수설비 성능 유지여부	- 외관검사 결과 노후화 또는 관리소홀 등으로 성능에 있어 시급한 개선요구사항이 있는 경우에는 1점(매우불량) - 사용승인도서와 상이한 부분이 있고 성능이 저하된 경우에는 2점(불량) - 외관검사 결과 부분적인 개선요구사항이 있지만, 설비의 위치, 개소 등이 사용승인도서와 일치하는 경우와 사용승인도서와 상이한 부분이 있지만 성능저하가 없는 경우에는 3점(보통) - 외관검사 결과 설비의 위치, 개소 등이 사용 승인 도면과 일치하고 성능저하가 없는 경우에는 4점(양호), 이 경우 최근 5년 이내에 주요설비를 교체한 경우에는 5점(매우양호) - 오피스텔, 공동주택 등 집합건축물의 내부세대를 점검하지 못하는 경우에는 기계실 내의 외관검사 결과와 관리주체로부터의 의견청취 결과를 종합하여 성능유지에 지장이 없는 것으로 판단된 경우에 3점(보통)
	냉방 설비	- 냉방설비 성능 유지여부	- 외관검사 결과 노후화 또는 관리소홀 등으로 성능에 있어 시급한 개선요구사항이 있는 경우에는 1점(매우불량) - 사용승인도서와 상이한 부분이 있고 성능이 저하된 경우에는 2점(불량) - 외관검사 결과 부분적인 개선요구사항이 있지만, 설비의 위치, 개소 등이 사용승인도서와 일치하는 경우와 사용승인도서와 상이한 부분이 있지만 성능저하가 없는 경우에는 3점(보통) - 외관검사 결과 설비의 위치, 개소 등이 사용 승인 도면과 일치하고 성능저하가 없는 경우에는 4점(양호), 이 경우 최근 5년 이내에 주요설비를 교체한 경우에는 5점(매우양호) - 오피스텔, 공동주택 등 집합건축물의 내부세대를 점검하지 못하는 경우에는 기계실 내의 외관검사 결과와 관리주체로부터의 의견청취 결과를 종합하여 성능유지에 지장이 없는 것으로 판단된 경우에 3점(보통)

<table>
<tr><td rowspan="6">건축
설비</td><td>난방
설비</td><td>- 난방설비 성능
유지여부</td><td>- 외관검사 결과 노후화 또는 관리소홀 등으로 성능에 있어 시급한 개선요구사항이 있는 경우에는 1점(매우불량)
- 사용승인도서와 상이한 부분이 있고 성능이 저하된 경우에는 2점(불량)
- 외관검사 결과 부분적인 개선요구사항이 있지만, 설비의 위치, 개소 등이 사용승인도서와 일치하는 경우와 사용승인도서와 상이한 부분이 있지만 성능저하가 없는 경우에는 3점(보통)
- 외관검사 결과 설비의 위치, 개소 등이 사용 승인 도면과 일치하고 성능저하가 없는 경우에는 4점(양호), 이 경우 최근 5년 이내에 주요설비를 교체한 경우에는 5점(매우양호)
- 오피스텔, 공동주택 등 집합건축물의 내부세대를 점검하지 못하는 경우에는 기계실 내의 외관검사 결과와 관리주체로부터의 의견청취 결과를 종합하여 성능유지에 지장이 없는 것으로 판단된 경우에 3점(보통)</td></tr>
<tr><td rowspan="3">환기
설비</td><td>- 환기설비 외관
유지여부</td><td>- 외관검사 결과 노후화 또는 관리소홀 등으로 시급한 개선요구사항이 있는 경우에는 1점(매우불량)으로 판단한다.
- 설비의 위치, 개소 등이 사용승인도서와 상이한 부분이 있는 경우 에는 2점(불량)
- 설비의 위치, 개소 등이 사용승인도서와 일치하는 경우에는 3점(보통)으로 하되 지속적인 관리가 되고 있는 경우에는 4점(양호)</td></tr>
<tr><td>- 환기설비 성능
유지여부</td><td>- 검사결과 환기설비가 정상적으로 작동되지 않는 경우에는 1점 (매우불량)
- 작동은 하지만 결로 또는 이상소음이 발생한 경우에는 2점(불량)
- 공기여과기(필터)의 교체 또는 덕트내부 등의 청소가 주기적으로 이루어지지 않았지만 환기설비가 정상적으로 작동되면 3점(보통)
- 환기설비가 정상적으로 작동되면서 공기여과기 교체와 청소 중 어느 하나만 주기적으로 실시되는 경우에는 4점(양호), 두 가지 모두 주기적으로 실시되는 경우에는 5점(매우양호)
- 오피스텔, 공동주택 등 집합건축물의 내부세대를 점검하지 못하는 경우에는 기계실 내의 외관검사 결과와 관리주체로부터의 의견청취 결과를 종합하여 성능유지에 지장이 없는 것으로 판단된 경우에 3점(보통)</td></tr>
<tr><td>- 공기조화 설비의
설치 적합여부</td><td>- 외관검사 결과 노후화 또는 관리소홀 등으로 성능에 있어 시급한 개선요구사항이 있는 경우에는 1점(매우불량)
- 사용승인도서와 상이한 부분이 있고 성능이 저하된 경우에는 2점(불량)
- 외관검사 결과 부분적인 개선요구사항이 있지만, 설비의 위치, 개소 등이 사용승인도서와 일치하는 경우와 사용승인도면과 상이한 부분이 있지만 성능저하가 없는 경우에는 3점(보통)
- 외관검사 결과 설비의 위치, 개소 등이 사용승인 도면과 일치하고 성능저하가 없는 경우에는 4점(양호), 이 경우 최근 5년 이내에 주요설비를 교체한 경우에는 5점(매우양호)
- 오피스텔, 공동주택 등 집합건축물의 내부세대를 점검하지 못하는 경우에는 기계실 내의 외관검사 결과와 관리주체로부터의 의견청취 결과를 종합하여 성능유지에 지장이 없는 것으로 판단된 경우에 3점(보통)</td></tr>
<tr><td>피뢰
설비</td><td>- 피뢰설비 성능
유지여부</td><td>- 노후화 또는 관리소홀 등으로 성능에 있어 시급한 개선요구사항이 있는 경우에는 1점(매우불량)
- 사용승인도서와 상이한 부분이 있고 성능이 저하된 경우에는 2점(불량)
- 부분적인 개선요구사항이 있지만, 설비의 위치, 개소 등이 사용승인도서와 일치하는 경우와 사용승인도서와 상이한 부분이 있지만 성능저하가 없는 경우에는 3점(보통)
- 설비의 위치, 개소 등이 사용승인 도서와 일치하고 성능저하가 없는 경우에는 4점(양호), 이 경우 최근 5년 이내에 주요설비를 교체한 경우에는 5점(매우양호)</td></tr>
</table>

건축 설비	방송 수신 설비	- 방송설비 성능 유지여부	- 노후화 또는 관리소홀 등으로 성능에 있어 시급한 개선요구사항이 있는 경우에는 1점(매우불량) - 사용승인도서와 상이한 부분이 있고 성능이 저하된 경우에는 2점(불량) - 부분적인 개선요구사항이 있지만, 설비의 위치, 개소 등이 사용승인도서와 일치하는 경우와 사용승인도서와 상이한 부분이 있지만 성능저하가 없는 경우에는 3점(보통) - 설비의 위치, 개소 등이 사용 승인 도면과 일치하고 성능저하가 없는 경우에는 4점(양호), 이 경우 최근 5년 이내에 주요설비를 교체한 경우에는 5점(매우양호)
	전기 설비 설치 공간	- 전기설비 설치공간 확보 여부	- 외관검사 결과 노후화 또는 관리소홀 등으로 성능에 있어 시급한 개선요구사항이 있는 경우에는 1점(매우불량) - 사용승인도서와 상이한 부분이 있고 성능이 저하된 경우에는 2점(불량) - 외관검사 결과 부분적인 개선요구사항이 있지만, 설비의 위치, 개소 등이 사용승인도서와 일치하는 경우와 사용승인도서와 상이한 부분이 있지만 성능저하가 없는 경우에는 3점(보통) - 외관검사 결과 설비의 위치, 개소 등이 사용 승인 도면과 일치하고 성능저하가 없는 경우에는 4점(양호), 이 경우 최근 5년 이내에 주요설비를 교체한 경우에는 5점(매우양호) - 오피스텔, 공동주택 등 집합건축물의 내부세대를 점검하지 못하는 경우에는 기계실 내의 외관검사 결과와 관리주체로부터의 의견청취 결과를 종합하여 성능유지에 지장이 없는 것으로 판단된 경우에 3점(보통)
	승강기	- 승강기 성능 유지여부	- 승강기 안전점검을 정기적으로 받지 않은 경우에는 2점(불량) 이하 - 승강기 안전점검을 정기적으로 받은 경우에는 4점(양호) (승강기 안전점검 필증을 확인할 것)
에너지 및 친환경 관리 등	열손실 방지	- 단열성능 유지여부 (출입문, 창호, 외벽 등)	- 출입구, 창호, 외벽 등의 훼손, 변경으로 개선이 요구되는 경우에는 2점(불량) 이하 - 출입구, 창호, 외벽 등의 유지관리가 잘 되고 있는 경우에는 에너지 성능의 유지관리 정도에 따라 3점(보통) 이상
		- 결로 발생 여부	- 건축물의 내벽에 결로가 발생하여 지하층의 기능을 상실한 경우에는 2점(불량) 이하 - 지하층의 기능에 지장이 없는 경우에는 3점(보통), 결로가 발생되지 않는 경우에는 4점(양호)
		- 창호 기밀성 성능 유지여부	- 건축물의 노후화로 창틀과 창호간의 틈새가 발생되어 개선이 요구 되는 경우에는 2점(불량) 이하 - 창틀과 창호의 틈새가 없는 경우에는 에너지성능의 정도에 따라 3점(보통) 이상
	친환경 건축물 인증	- 친환경 건축물 인증 의 유지관리 여부	- 친환경건축물 인증을 받은 건축물이 해당 기간 내에 재인증을 받은 경우에는 5점(매우양호)으로 판단하여 '인증'에 체크, 받지 않은 경우에는 3점(보통)으로 판단하여 '미인증'에 체크 - 친환경건축물 인증을 받지 않은 건축물은 '해당없음'에 체크
	지능형 건축물 인증	- 지능형 건축물 인증 의 유지관리 여부	- 지능형건축물 인증을 받은 건축물이 해당 기간 내에 재인증을 받은 경우에는 5점(매우양호)으로 판단하여 '인증'에 체크, 받지 않은 경우에는 3점(보통)으로 판단하여 '미인증'에 체크 - 지능형건축물 인증을 받지 않은 건축물은 '해당없음'에 체크

	에너지 효율등급 인증	- 에너지효율 등급 인증의 유지관리 여부	- 건축물 에너지효율등급 인증내용을 유지하고 있는 경우에는 5점(매우양호)으로 판단하여 '인증'에 체크, 유지하고 있지 않은 경우에는 3점(보통)으로 판단하여 '미인증'에 체크 - 에너지효율등급 인증을 받지 않은 건축물은 '해당없음'에 체크
장애인편의시설		관계법령에 따라 의무적으로 설치하는 시설	

2.11 세움터 시스템 이용

2.11.1 건축물 유지·관리 점검 지원시스템 도입배경

가. 목표

- 세움터를 통한 유지·관리 점검 절차 정보화
- 건축물 유지관리 통합시스템 구축을 위한 기반 마련

나. 주요내용

점검결과 보고 및 처리	소유자의 점검 결과 보고 점검결과 검토 및 처리 등	점검시행자 공지	점검 시행자 현황 조사 위반내용 관리 등
점검대상 건축물 관리	점검 시기 안내 등	점검 관련자료 홍보	점검 세부기준, 메뉴얼 등 제공

다. 필요성

- 점검 결과 보고 의무화 제도 시행에 따른 업무 지원
- 점검시행자 정보 제공을 통한 소유자 및 관리주체의 정보열람 편의성 제공
- 점검결과의 효율적 관리 및 온라인 처리를 통한 민원 편의성 제공

2.11.2 업무처리 절차도

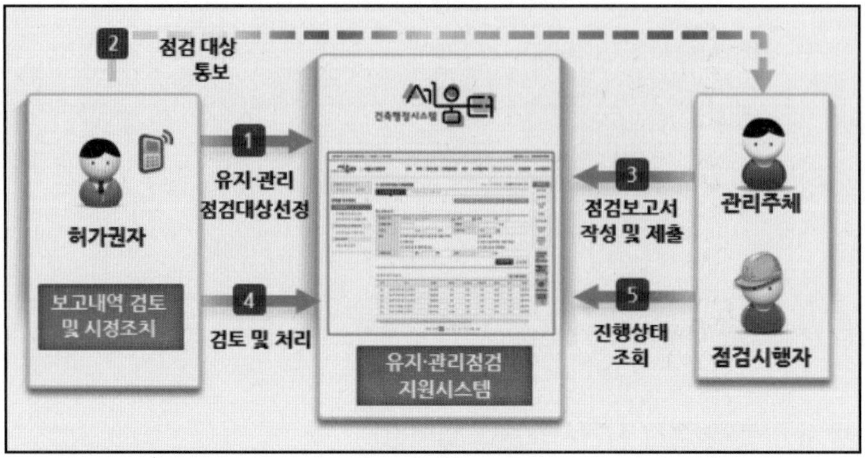

2.11.3 주요업무내용 (세움터 따라하기)

가. 점검자(업체) 신청

○ 점검업무를 수행하기 위한 관할 시군구에 점검업체 등록 신청 절차입니다.

① 세움터 메인화면 좌측 하단에 건축물 유지·관리 점검을 클릭하면 건축물 유지·관리 팝업 창이 생성됩니다.

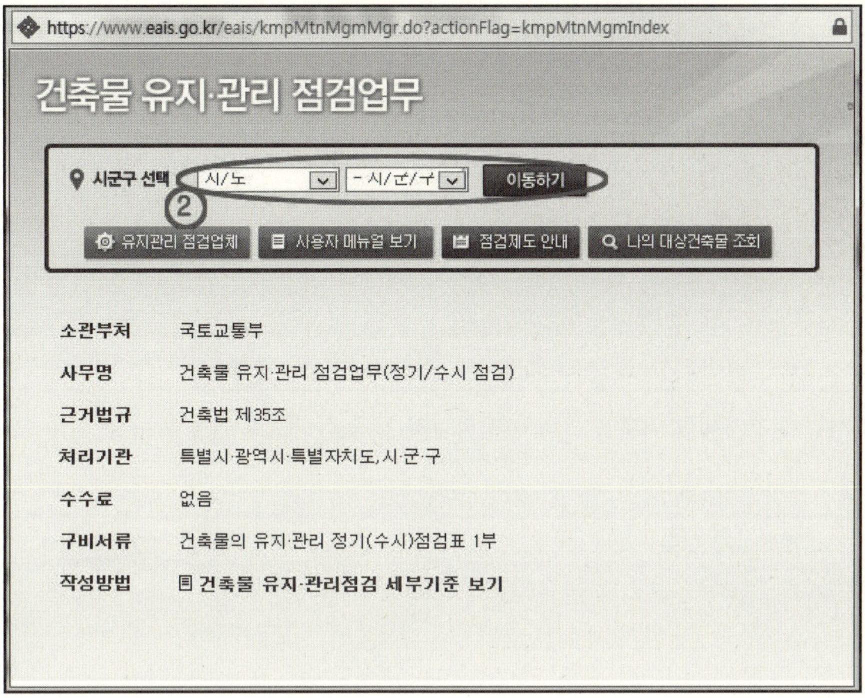

② 주소지 기준 허가관청의 시군구 선택 후 [이동하기] 버튼을 클릭하면 해당 시군구 건축물 유지·관리 화면으로 이동합니다.

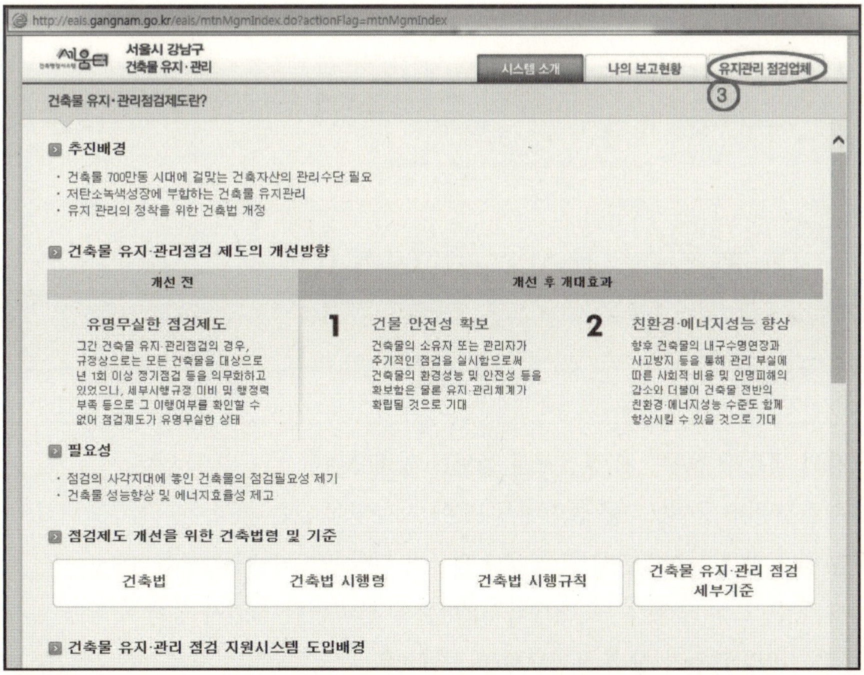

③ 시군구 유지관리 팝업에서 우측상단의 [유지관리 점검업체] 탭을 클릭합니다.

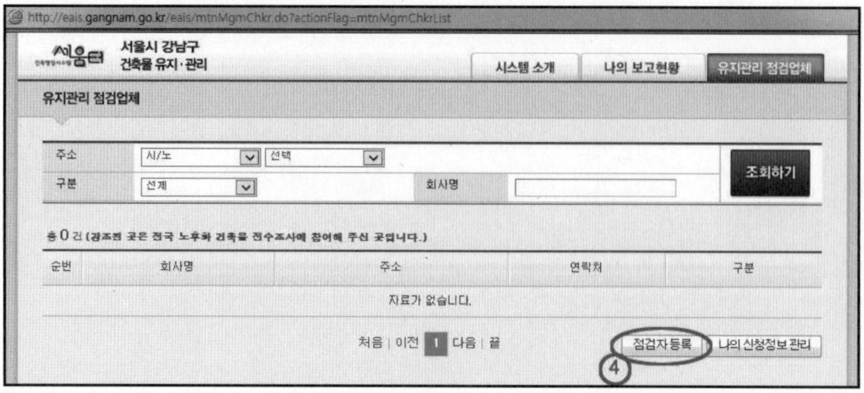

④ 우측하단 점검자등록 버튼을 클릭하여 점검자 등록 화면으로 이동 합니다

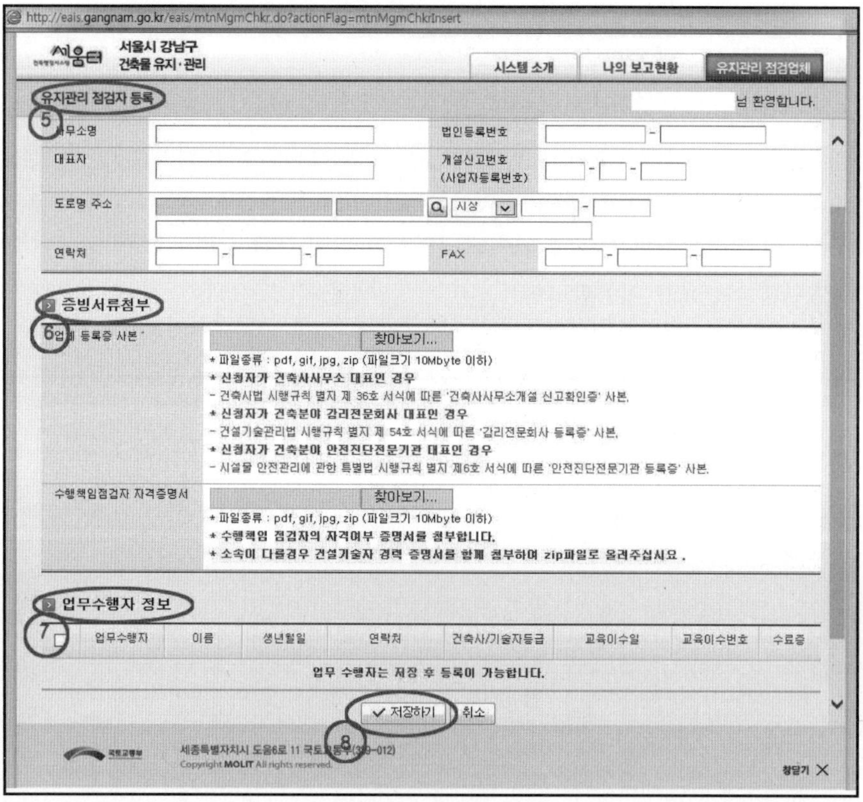

⑤ 유지관리 점검자 등록란에 점검자의 정보를 입력합니다.

⑥ 증명서첨부란에 찾아보기를 클릭해서 PC에 저장되어 있는 증명서를 첨부합니다.

⑦ 업무수행자 정보를 입력합니다. 업무수행자는 저장 후 등록이 가능합니다.

⑧ 등록 사항을 모두 작성한 후 [저장하기] 버튼을 클릭하면 점검자 등록 사항이 임시 저장 되며 유지관리 점검자 상세 화면으로 이동합니다.

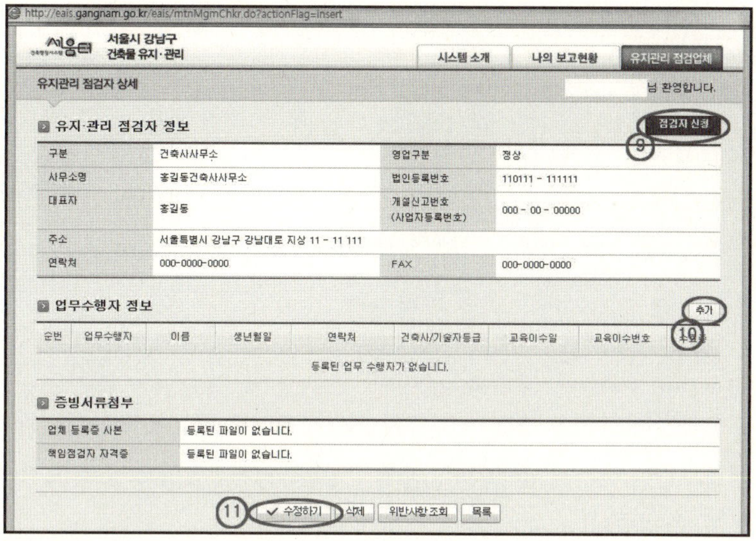

⑨ 우측상단 [점검자신청]버튼을 클릭하면 유지·관리 점검자 등록 신청서를 제출 하고 해당 시군구의 승인을 요청하고 최종적으로 점검자 신청을 완료할 수 있습니다.

⑩ [추가]버튼을 클릭하면 업무수행자 등록 팝업을 보여줍니다.

⑪ [수정하기]버튼을 클릭하면 점검자 등록을 최종적으로 등록합니다.

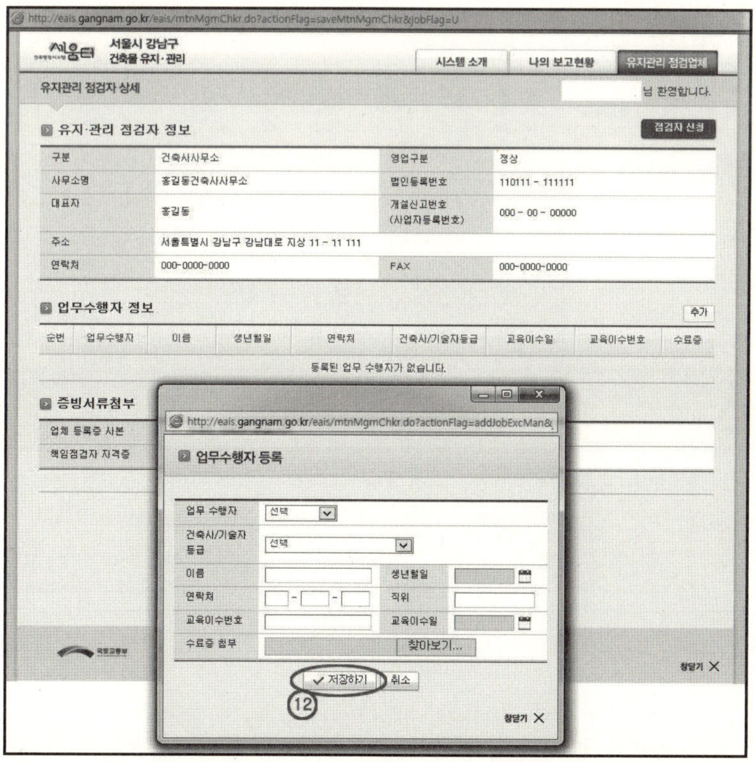

⑫ 업무수행자등록 팝업창에서 [저장하기]버튼을 클릭하면 등록이 완료됩니다.

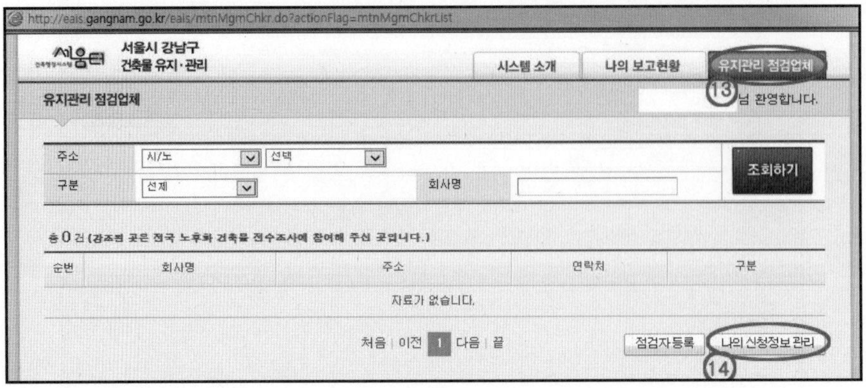

⑬ [유지관리 점검업체]버튼을 클릭하여, 유지관리 점검업체 메뉴로 이동합니다.

⑭ [나의 신청정보관리]버튼을 클릭하여, 현재 작성된 나의 점검업체 등록 요청서를 조회하거나 수정 할 수 있습니다.

나. 점검업체 조회

○ 허가권자로부터 승인된 유지·관리 점검자 내역을 조회할 수 있는 기능입니다.

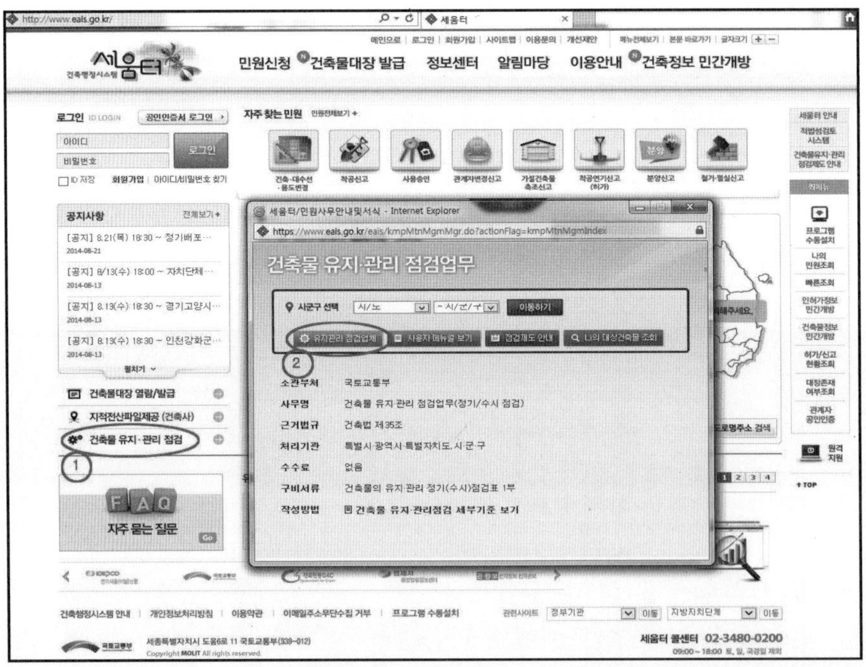

① 세움터 메인화면 좌측하단에 건축물 유지·관리 점검을 클릭하면 건축물 유지·관리 팝업창으로 이동합니다.

② 팝업창에서 [유지관리 점검업체] 버튼을 클릭하면 건축물 유지·관리점검업체 조회 화면으로 이동합니다.

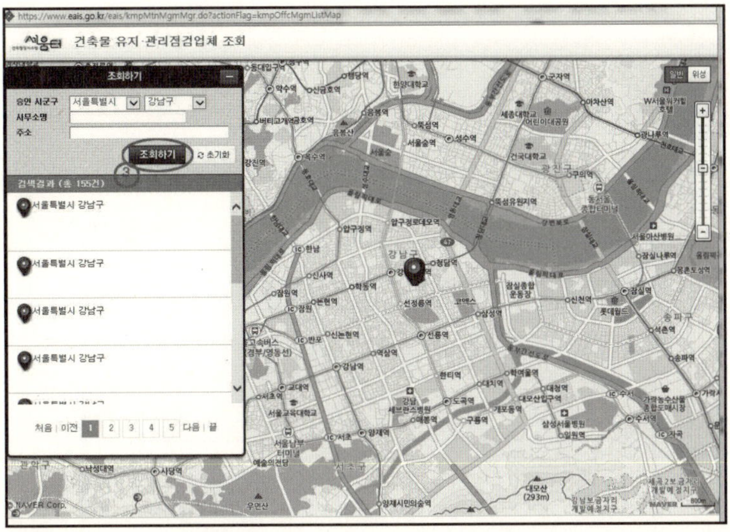

③ 검색할 유지관리 업체의 구분, 시군구, 사무소명 등을 입력하고 [조회하기]버튼을 클릭하면 해당 업체의 정보를 조회할 수 있으며, 검색된 업체의 지도상 좌표아이콘을 클릭하면 각 업체의 상세정보를 조회할 수 있습니다.

다. 나의 대상건축물 조회

○ 소유자가 자신의 건축물이 유지관리 대상 건축물인지 조회할 수 있는 기능입니다.

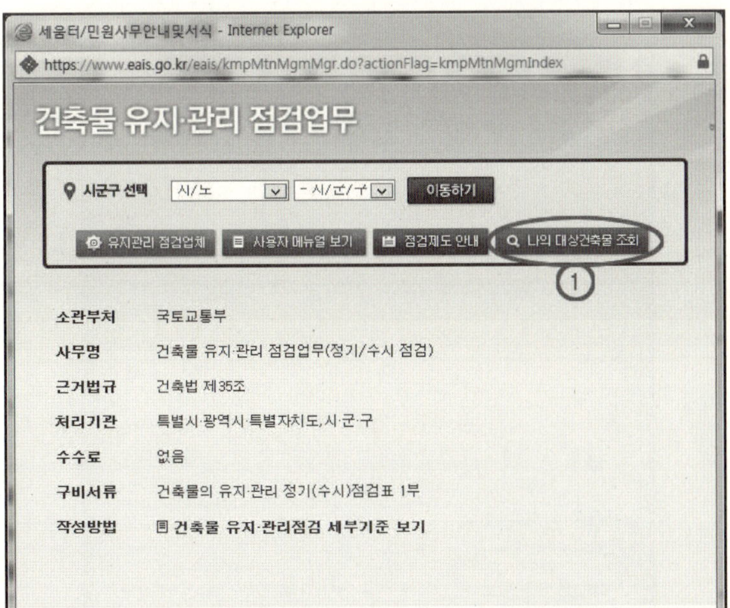

① 우측상단 [나의 대상건축물 조회] 버튼을 클릭하면 유지관리 대상 건축물 조회 페이지로 이동합니다.

※ 기능설명

[사용자 매뉴얼 보기] 사용자 매뉴얼을 다운로드 받을 수 있습니다.

[점검제도 안내] 점검제도 안내문을 새 창으로 확인 하실 수 있습니다.

[건축물 유지관리점검 세부기준 보기] 건축물 유지관리점검 세부기준 전문을 다운로드 받을 수 있습니다.

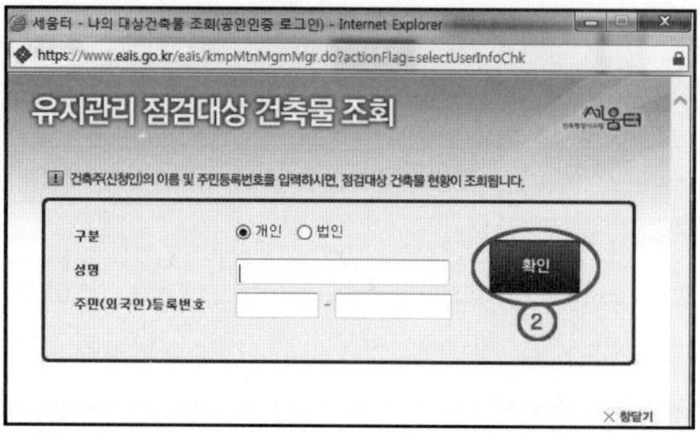

② 성명과 주민등록번호 입력 후 [확인] 버튼을 클릭하면 공인인증 페이지로 이동합니다. 법인의 경우 법인 버튼을 클릭하시고 법인명, 법인등록번호, 사업자 등록번호를 입력한 후 [확인] 버튼을 클릭하면 공인인증 페이지로 이동합니다.

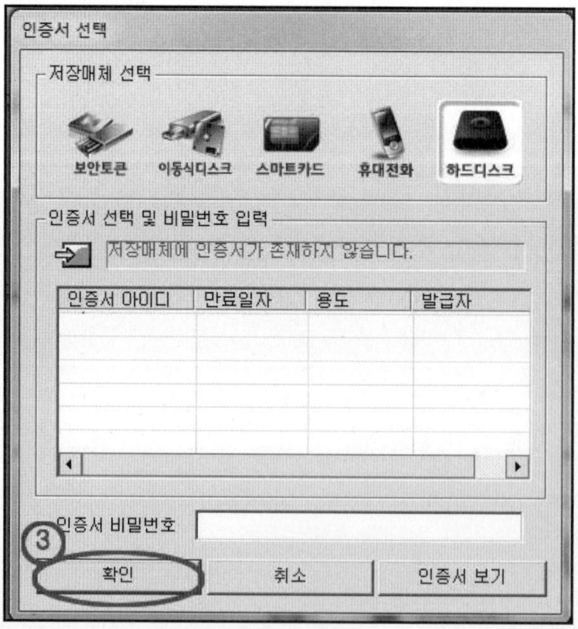

③ 개인정보 보호 및 본인 확인을 위해 공인인증서로 인증을 확인합니다. 인증서 선택 후 비밀번호 입력 후 확인 버튼을 클릭하면 인증이 완료 됩니다.

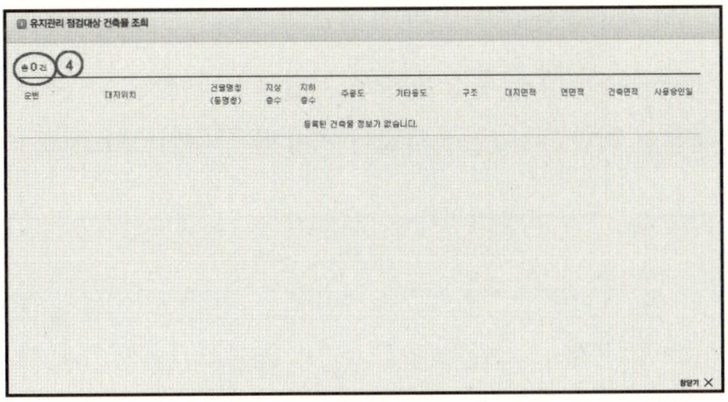

④ 인증 완료 후 나의 점검대상 유지관리 건축물을 확인 할 수 있습니다.

라. 점검결과 입력 및 보고서 제출

○ 점검을 마친 후 점검자는 점검보고서를 작성하여 해당 점검대상 건축물에 대한 점검보고서를 시군구 담당자에게 제출합니다.

○ 보고서 제출 후 내용 수정이 불가합니다.(보완상태 제외)

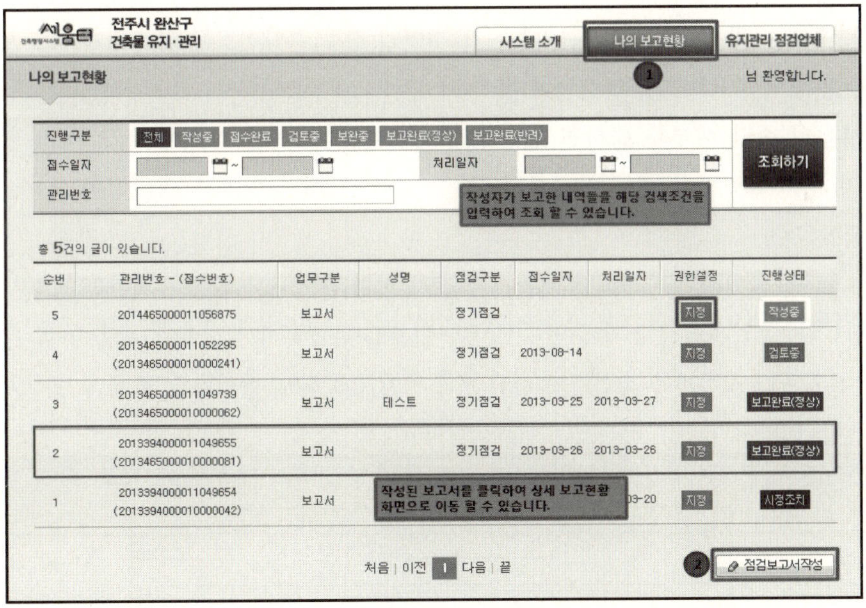

① 시군구 유지관리 팝업에서 [나의 보고현황] 탭을 클릭합니다.

② [점검보고서 작성]을 선택하여 점검보고서 등록 화면으로 이동합니다.

※ 진행상태

[작성 중] 현재 보고서가 작성중인 상태입니다(최초저장)

[검토 중] 공무원이 현재 보고서를 열람하고 검토중인 상태입니다.

[보고완료(정상)] 보고서가 정상적으로 처리되어 완료된 상태입니다.

[보완요청] 보고서의 보완사항이 생겨 수정이 필요한 상태입니다.

[시정조치] 보고서의 내용이 적합하지 않아 시정이 필요한 상태입니다.

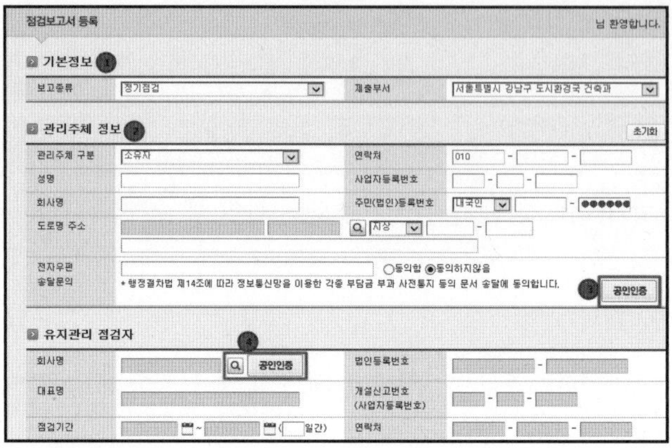

① 보고종류 및 제출부서를 선택합니다.(정기점검, 수시점검)

② 관리주체(소유자 포함)는 로그인 정보에서 가져오며, 미 입력 부분에 대해서는 해당 하는 항목에 대해 입력합니다. 관리주체가 개인일 경우 주민번호를 입력해 주시고 법인일 경우는 법인 등록번호를 입력합니다.

③ 전자우편 송달 여부를 원하면 전자우편 송달여부에 대해 확인 및 동의하고, 공인인증 버튼을 클릭하여 해당 사용자의 공인인증서에 대한 암호를 입력하여 본인인증을 실행합니다.

④ 버튼을 클릭하면 아래의 유지관리 점검자 현황 팝업에서 해당 유지관리 점검자를 선택합니다. 유지관리 점검자가 반드시 공인인증을 완료해야 보고서를 제출 할 수 있습니다. 유지관리 점검자가 작성자가 아니면 협업지정을 통해 협업자로 지정 후 공인인증이 가능합니다.

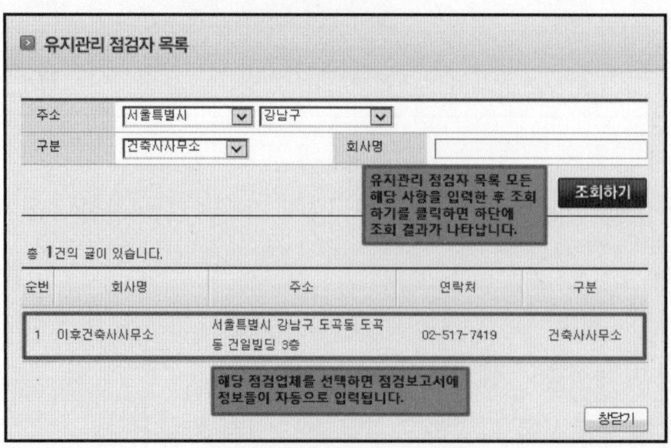

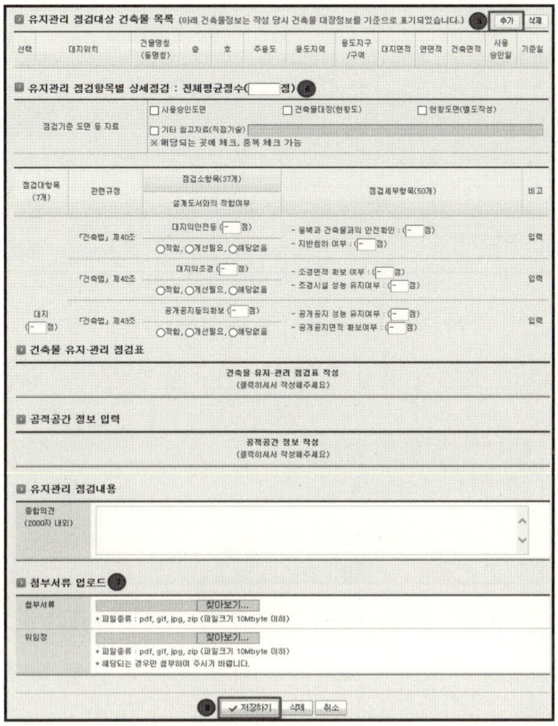

⑤ 유지관리대상건축물을 입력하기 위해 추가/삭제 버튼을 클릭하여 해당 건축물 정보를 입력 검색하여 해당 건축물 선택을 하거나 선택된 건축물을 삭제 합니다. (대상건축물이 조회되지 않으면 해당 자치단체에서 유지관리대상 건축물로 선정했는지를 확인해야 합니다).

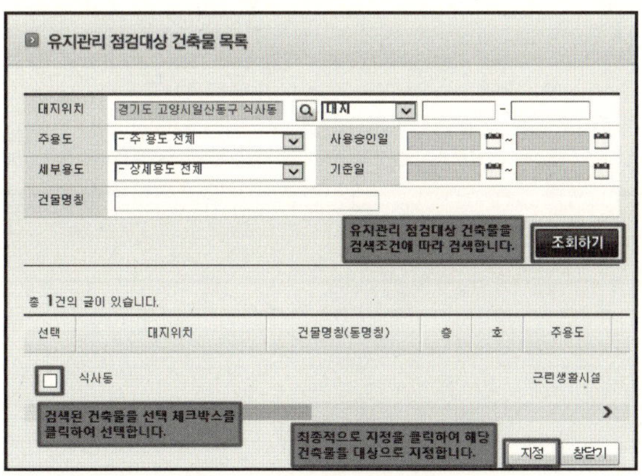

⑥ 유지관리 점검항목별 상세점검 내용을 작성합니다.

⑦ 첨부서류(구비서류)를 업로드 할 수 있습니다.

⑧ 저장하기 버튼을 클릭하면 입력한 내용이 저장됩니다. 취소버튼을 누르면 작성 목록 페이지로 돌아갑니다.

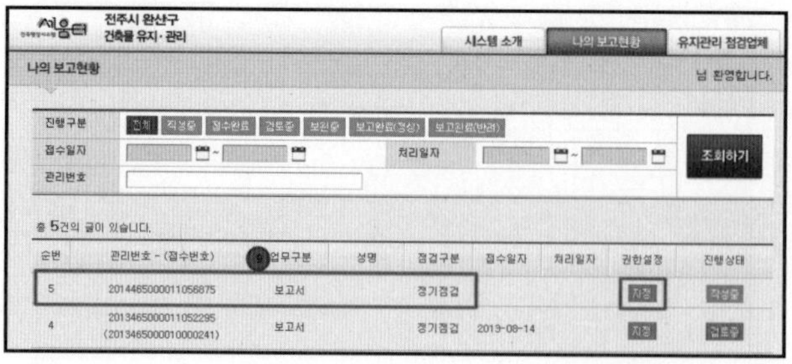

⑨ [민원신청] 버튼을 클릭하여 저장된 보고서를 수정합니다.

[지정] 버튼을 클릭하면 협업자 지정 팝업에서 권한을 설정할 수 있습니다.

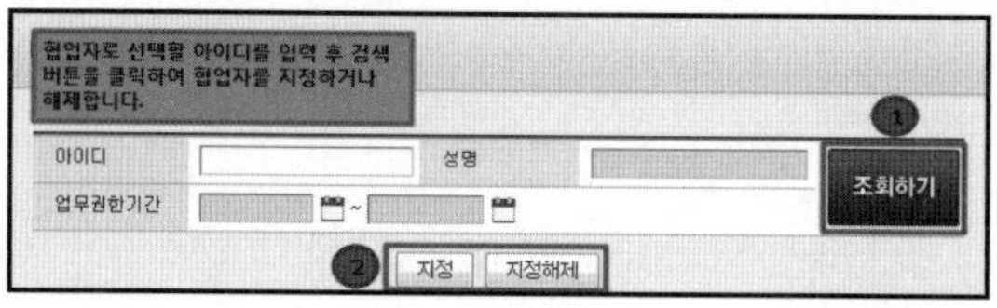

① 협업자로 설정할 아이디를 입력하고 [조회하기] 버튼을 클릭합니다.

② 아이디에 매칭되는 성명이 화면에 표시되면 업무 권한 기간에 해당 협업자가 보고서를 수정할 기간을 입력하고 [지정] 버튼을 클릭하면 협업자로 지정됩니다.

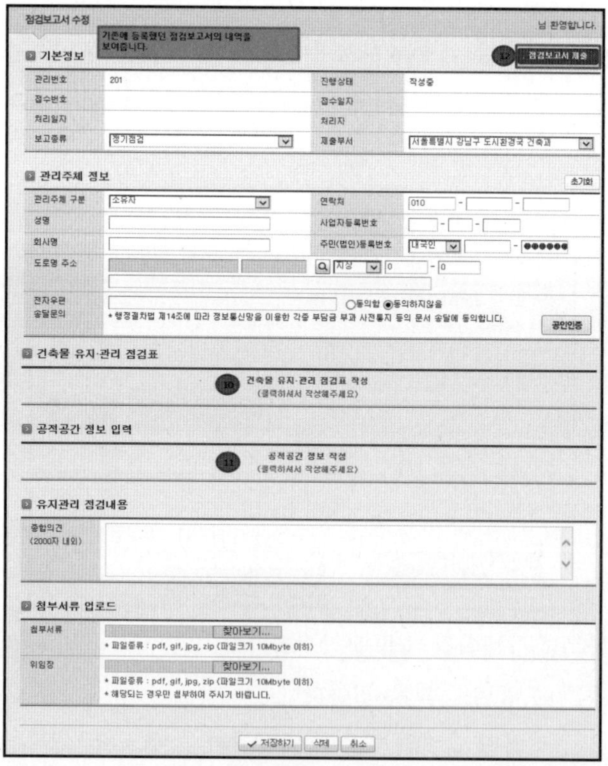

⑩ [건축물 유지관리 점검표 작성] 버튼을 클릭하여, 아래의 유지관리 점검표를 작성합니다.

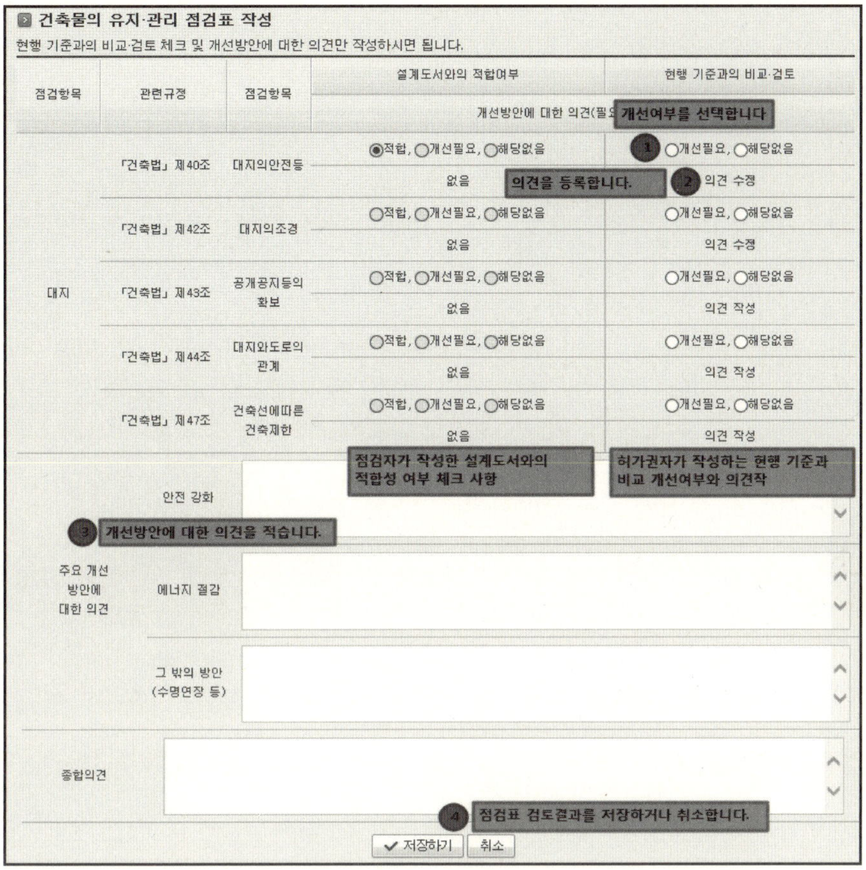

⑪ [공적공간 정보 작성] 버튼을 클릭하여 아래의 공적공간 정보를 입력합니다.

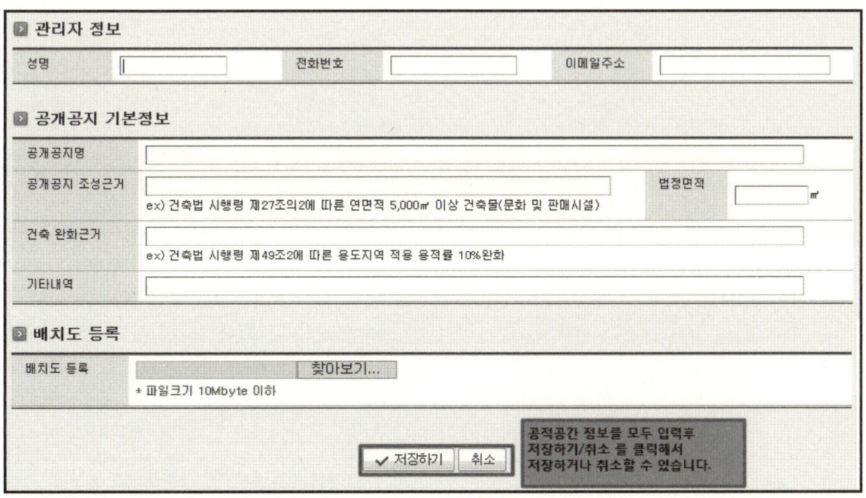

⑫ [점검보고서 제출]을 클릭하여 최종 완료된 점검보고서를 해당 시군구 담당 공무원에게 제출합니다.

제 3 장

보수공사 및 관리방안

3.1 보수공사 방법 및 효과

3.1.1 보수 교체의 개념 정리

1) 보수 교체공사의 일반사항

구분	리모델링 및 보수 교체공사
공사기간	단기(약 1~6개월)
공사비용	신축비용보다 저렴 (부위 및 개소에 따라 상이)
자산 가치	가치 상승
건물가치	안전과 미를 충족하는 공간 활용 가능
인허가	간편(신고제 전환)
민원발생	적음

2) 보수 교체공사의 효과

가.경제성

건물 기본 골격과 기초를 그대로 사용하기 때문에 신축건물보다 저렴하다.

나. 법규에서의 장점

기존 건물 신축 당시의 법규를 적용받기 때문에 법규개정에 따른 불이익이 없다.

다. 임대수요 보장

건물의 수명 및 노후화에 따른 개선을 통하여 임대 수요의 보장은 물론 건물의 가치를 향상시킬 수 있다.

3) 보수 교체공사의 진행순서

가. 유지관리점검 결과보고 개선사항 협의

나. 보수 교체공사 계획수립

다. 구조검토 및 안전진단 (필요시)

라. 설계 (필요시)

마. 인허가 및 신고 (필요시)

바. 공사 견적 요청

사. 시공

아. 준공

4) 보수 교체공사의 종류

가. 대수선 공사 (범위)

① 내력벽 → 증설 or 해체, 30m2이상 수선or변경

② 기둥 → 증설, 해체, 3개 이상 수선, 변경(예 : 엘리베이터 신설)

③ 보 : 증설, 해체, 3개 이상 수선 or 변경

④ 지붕틀 : 증설, 해체, 3개 이상 수선 or 변경(한옥에서 서까래는 제외)

⑤ 방화벽 또는 방화구획 : 바닥 또는 벽을 증설 or 해체 or 수선 or 변경

⑥ 주 계단, 피난계단, 특별피난계단 : 증설, 해체, 수선, 변경

⑦ 미관지구에서 건물 외부형태 변경 (담장 포함)

⑧ 다가구주택의 가구 간 경계 벽 증설, 해체, 수선, 변경

나. 증개축 공사 허가/신고 구분

① 증축 바닥면적 합계 85m2 초과 → 허가

② 증축 바닥면적 합계 85m2 미만 → 신고

③ 개축 바닥면적 합계 85m2 미만 → 신고

다. 성능개선공사

① 화장실 리모델링 및 위치 변경

② 엘리베이터 신설 및 교체

③ 노후 배관 교체

④ 출입구 변경, 방풍실 설치 등

3.1.2 보수 교체공사 절차

1) 건축주의 보수 교체공사 절차

가. 견적 의뢰 및 미팅

나. 현장파악 및 실측

다. 건축주 요구사항 협의(실용성, 안전성, 공기, 디자인, 공사금액, 법검토 등)

라. 견적서 접수 및 비교 (설계도면, 시방서, 예산산출서등)

마. 계약체결 (예산범위)

바. 시공 및 준공

사. 유지보수

2) 보수 교체 공사 시 고려사항

가. 타입별 고려사항

구분	건물을 증축하는 경우	건물 외장을 변경하는 경우	용도를 변경하는 경우	내부 구조를 변경하는 경우	엘리베이터 설치 시	
					내부에 설치 시	외부에 설치 시
대수선 포함여부	●	● (미관지구만 해당)		●	●	●
허용가능용도			●			
건폐율	●					●
용적률	●					●
사선제한	●					●
주차대수	●		●			●
대지안 공지	●					●
소방시설	●		●			●
정화조	●		●			●
구조안전	●	● (미관지구만 해당)		●	●	●
에너지절약설계	●	● (미관지구만 해당)				●
대지 안 조경	●					●

나. 대수선(구조변경)시 고려사항

① 미관심의지역 : 미관지구의 지정목적에 위배되지 않는 범위 안에서 도시계획조례가 정하는 기준에 적합하다고 인정하며 해당 지방자치단체에 설치된 도시계획위원회의 심의를 거친 후 외관공사가 가능하다.

② 구조 안전검토가 필요한 건물인지 확인

③ 내진설계 검토대상 : 층수가 3층 이상인 건물, 연면적이 1천 제곱미터 이상인 건축물(다만, 창고, 축사, 작물재배사 및 표준설계도서에 따라 건축하는 건축물은 제외), 높이가 13m 이상인 건축물, 처마 높이가 9m 이상인 건축물, 기둥과 기둥 사이의 거리(기둥의 중심선 사이의 거리를 말하며, 기둥이 없는 경우에는 내력벽과 내력벽의 중심선 사이의 거리를 말합니다.)가 10m 이상인 건축물, 국토교통부령으로 정하는 지진구역의 건축물, 국가 문화유산으로 보존할 가치가 있는 건축물로서 국토교통부령으로 정하는 것

3) 에너지 절약 설계

가. 에너지 절약 계획서 제출대상

- 건축법 제11조에 따른 건축허가를 신청하는 경우 (대수선, 증축, 신축 등)
- 건축법 제19조 제2항에 따라 용도변경의 허가신청 또는 신고하는 경우
- 건축법 제19조 제3항에 따라 건축물 대장 기재 내용의 변경을 신청하는 경우

나. 에너지 절약 계획서 제출 예외대상

- 건축물 중 냉난방을 하는 공간의 연면적의 합계가 500㎡미만인 경우
- 열손실의 변동이 없는 증축, 대수선, 용도변경, 기재내용 변경의 경우
- 운동시설, 위락시설, 관광휴게시설 중 냉방, 난방 설비를 설치하지 아니하는 건축물(단, 증축이나 용도변경, 건축물대장의 기재내용을 변경하는 경우 이 기준을 해당부분에만 적용할 수 있으며, 연면적 500㎡ 미만인 건물의 허가와 신고사항을 변경하는 경우 기존 면적에 변경되는 부분을 합산하여 계산한다.)

다. 에너지 절약설계 시 외부 단열재 허용두께

구분	에너지 절약 설계 시행 전	에너지 절약 설계 시행 후
외벽	85MM	120MM
지붕	150MM	180MM
바닥	100MM	140MM

라. 전기 분야

① 에너지 효율증대를 위해 고효율 제품 및 장비를 사용하여야 하며 전기관련 자동 제어설비를 구축 하여 에너지의 손실을 최소화 하여야 한다.

② 고효율 제품 및 장비를 사용하여야 한다. (고효율 변압기, 역률 개선용 콘덴서, LED조명, 대기전력 자동 차단장치 등

마. 설비분야

① 에너지 효율증대를 위해 고효율 제품 및 장비를 사용하여야 하며 설비관련 자동 제어설비를 구축 하여 에너지의 손실을 최소화 하여야 한다.

② 고효율 지열, 축열 시스템 및 고효율 부스터 펌프 등의 장비를 사용하여야 한다.

3.1.3 보수 교체공사의 효율적 방안

1) 보수 교체공사의 절차

가. 유지관리 점검 결과보고서 분석

나. 부위별 조사 : 누수, 마모, 풍화, 침하, 박리, 균열, 처짐, 마모, 설계변경, 용도변경 등

다. 보수 교체공사 작업분석 : 구조적 요건, 구조물에 미치는 영향분석, 시공성, 환경, 안전등

라. 발주자의 요구사항 : 공사의 긴급성, 공사비, 기술적 요구 성능, 미관 등

마. 보수 교체공사 계획수립 및 착수

바. 공법 및 재료의 선정, 외관의 보수공사, 구조의 보수공사

사. 준공검사, 현장정리, 인도

2) 보수 교체공사의 효율적 관리방안

가. 해당 부위의 조사 실시 및 결과정리

나. 건축주와 착수계획 및 일정협의

다. 공정 및 투입인력의 산출

라. 건축주의 요구사항 이해 및 조율

마. 구조 체의 내구연한 분석 및 요구 성능 설정

바. 단위 작업별 공사계획 수립

사. 건축주와 착수계획 및 일정협의

아. 공정 및 투입일력의 산출 및 공사 착공

자. 공법 및 재료의 선정과 재료 구매 및 장비도입 및 공사 진행

차. 단위작업에 대한 품질 및 성능 확인

카. 공사 완료 및 준공검사

타. 건축주와 공사완료사항 합동 점검

파. 성능검측 및 공사완료 보고서 제출

3.2 주요 공종의 유지관리 및 보수공사 사례

3.2.1 방수공사

1) 일반사항

방수공사는 물이 통하지 않게 하고, 침투되지 않게 하기 위하여 여러 종류를 사용하여 방수기능을 형성시키거나, 도포하거나, 부착하여 만든 것을 방수공사라 한다.

방수공사에는 방수재료를 사용해서 건물의 지하실, 지붕 및 바닥에 방수층을 구성하는 것, 콘크리트, 모르터르에 방수용 혼화재를 혼입해서 방수성을 가지게 하는 것, 또 외벽에 발수성의 재료를 도포해서 발수성을 가지게 하는 것 등이 있다.

철근콘크리트 건물에서는 지붕과 외벽부분의 누수현상이 발생하는데 이는 구조채에 결함이 있는 경우, 실링재, 방수재료의 정년노후화, 개구부 주변의 틈새와 균열, 파라펫에서 처올린 부분의 균열, 차양과 벽면의 접합부 마무리 등 여러 가지 원인이 있는데 이는 실제 또는 시공에서 기인하는 결함에 크게 기인한다.

2) 방수 유지관리 절차

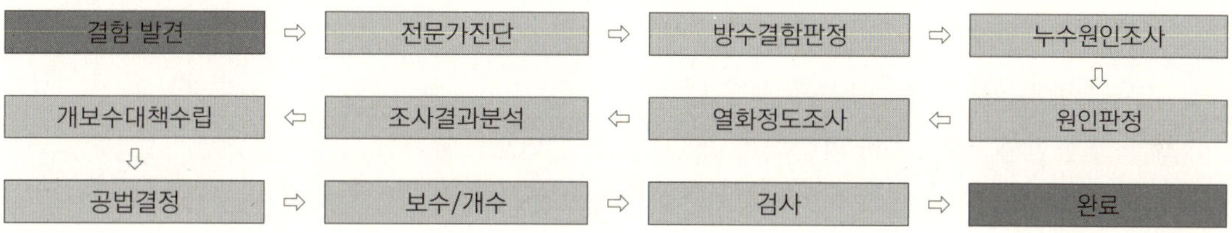

3) 건축물 방수결함의 유형파악

가. 시간경과에 따른 방수결함

방수공법과 방수재료에 관계없이 순수하게 준공 후 연도별 방수결함 발생율은 전체발생율을 100%로 보고 준공 후 1년내내 발생하는 결함이 62%를 차지하는 것을 볼 때 방수결함의 주원인은 시간경과에 따른 방수재료의 품질이상보다는 시공불량, 관리소홀 등에 기인한다.

나. 방수재료별 결함유형

각 방수공법에 따른 방수재료별 결함발생비율은 방수재료로 가장 많이 쓰이고 있는 아스팔트 방수가 전체 67.6%를 차지하고 있으며 그 다음으로 시트계 재료인 고무시트방수가 16.7%를 차지하고 있는 것으로 연구보고 되고 있다. 한편 방수재료의 결함유형별 현황을 살펴보면 부풀음이 가장 많으며 이것은 콘크리트구조체가 완전히 경화되지 않은 상태에서 방수시공을 한 것에 기인한다.

다. 결함유형에 따른 원인

방수의 결함을 초래하는 것으로는 방수시공불량, 바탕의 미건조, 끝단의 고정상태불량, 바탕면 균열등이 주요요인이다. 각 결함유형별로 원인을 살펴보면 부풀음을 일으키는 첫 번째 원인으로는 바탕의 미건조가 거의 절반을 차지하고 방수시공불량이 약 25%를 차지하고 있다. 반면 방수층의 파단을 일으키는 첫 번째 요인은 바탕의 균열이 32%를 차지하고 방수층의 박리에 있어서는 끝단고정의 불량이 36.2%이 첫 번째 발생요인으로 나타났다. 그러나 이들 세 가지의 결함에 대해 방수시공불량이 모두 높은 비중의 관련성을 나타내고 있다.

4) 방수 적용부위별 하자유형 및 개보수

가. 옥상방수의 특성

옥상방수는 강우로 인한 물의 침입을 방지하는 것이 주목적이며, 수압은 지하에 비해 비교적 약하다. 그러나 온도차, 풍압, 자외선, 오존등의 외부영향을 직접 받기 때문에 방수층의 노화는 다른 곳에 비해 빠르다는 특성이 있다.

나. 지붕자체에서 발생하는 결함의 유형

① 옥상방수층의 손상에 의한 누수 (외단열 방수)

- 결함현황 : 방수층이 파손되어 하부층의 천장면으로 누수
- 결함원인 : 외단열방수공법에 사용된 경질우레탄폼(15mm)은 외기온도에 따른 안전성이 저하되어 휨변형에 의해 방수층에 영향을 주거나, 바탕면의 건조가 불충분한 경우, 지붕면의 복사열에 따른 구조체의 수분이 기화된 경우 등이 있다.
- 방지대책 : 단열재는 경질우레탄폼+아스팔트루핑을 선택하고, 콘크리트면으로부터 수증기를 차단하기 위해 단열재 하부에 방습시트를 1층 부착한다.

② 옥상방수층의 손상에 의한 누수 (냉각탑)

- 결함현황 : 아스팔트 노출방수마감의 옥상에 설치된 쿨링타워 주변에서 아래층의 천장으로 누수
- 결함원인 : 쿨링타워의 냉각수받이에서 항상 냉각수가 흘러 넘쳐 바닥에 고이는 상태가 장기화되면서 방수층이 노후화되고, 방수층이 손상되어 아래층에 누수현상이 발생될 수 있다.
- 방지대책 : 노출방수인 경우, 쿨링타워 하부 주변만이라도 방수층의 보호대책으로 물방울 낙하보호용 콘크리트를 타설한다.

③ 아스팔트 노출방수의 물고임

- 결함현황 : 노출방수층에서 방수층이 중첩되는 부위에 물고임이 발생하여 문제를 일으킴
- 결함원인 : 옥상의 아스팔트 노출방수에서 방수층의 중첩부에 소량의 물이 고였을 경우와 옥상 배수구의 물매가 완만하여 방수층이 중첨된 부분에 비가 온 후, 며칠간 물이 고인경우를 들 수 있다.

- 방지대책 : 비보행 노출방수인 경우 물이 건조하는 과정에서 반나절 정도는 물고임에 의해 방수기능에 문제가 발생하지 않지만, 같은 색의 아스팔트 피치를 사용하여 보수하고, 아스팔트 노출방수층에 보호 및 마감이 없는 경우 또는 도장인 경우는 바탕면의 물매를 1/0~1/20으로 한다.

④ 시트방수층의 벗겨짐에 의한 누수

- 결함현황 : 강풍에 의해 RC조의 방수시트(비접착공법)가 떨어짐
- 결함원인 : RC바탕인 경우 핀주위의 접합부가 파열되어 방수층이 벗겨지는 경우와 시트의 강도부족등이 있다.
- 방지대책 : 비접착공법인 경우는 덧판으로 고정시키고, 고정핀의 설치개수는 안전율을 2배로 잡아서 박는다.

⑤ 옥상바닥의 물고임

- 결함현황 : 루프드레인의 매립높이가 마감레벨보다 높아서 비가 오면 며칠간 물이 고이게 되어 방수층의 노화를 촉진시켜서 하부층 실내로의 누수위험이 있음
- 결함원인 : 드레인이 보, 슬라브에 배근된 철근과의 간섭으로 규정된 높이에 묻히지 않을때와 콘크리트의 장기 침하현상으로 인해 슬라브가 처져 있는 경우 그리고 옥상슬라브의 마무리상태가 좋지 않고 원래보다 평탄하지 않은 경우가 있다.
- 방지대책 : 응급조치로는 물이 고인 높이를 실측하여 철망모르터로 높이를 조절한 후 루핑재를 낀다. 근본대책으로는 방수마감의 구체바탕 레벨이 있어서 물고임이 생길 만한 곳은 방수 전에 보수하고, 루프드레인이 매립된 도면을 작성하며, 평지붕의 노출방수의 물매는 1/50이상으로 한다. 슬라브의 높이를 약간 올려서 루프드레인을 충분히 낮출 수 있다.

⑥ 옥상 아스팔트 방수의 파손에의한 누수

- 결함현황 : 아래층의 천장으로 누수됨
- 결함원인 : 시공된지 오래된 경우 내구수명이 다된 경우와 노출된 부위로 빗물이 유입되고 태양의 복사열을 직접 받아 부분적으로 균열이 발생하면서 방수층이 약해져 파손된 경우가 있을 수 있다.
- 방지대책 : 방수층 위에 싱글시멘트류를 사용함으로서 콩자갈의 이동을 막는 것이 하나의 방법이 될 수 있다.

5) 방수공사의 사례 및 비용

공종명칭	규격	단위	단가
무기질 방수공사	옥상기준	3.3m2 (평)	60,000원
우레탄 방수공사	옥상기준	3.3m2 (평)	10,000원
시트 방수공사	옥상기준	3.3m2 (평)	150,000원
균열/크렉 방수공사	천장/벽면 기준	1m	80,000원

* 주기

- 방수공사의 단가는 평당 평균공사비이며, 기존 방수재료의 철거공사에 따라서 약 10~30%의 공사비가 추가될 수 있다.
- 옥상방수공사는 일반적으로 하도, 중도, 상도의 3차례 도포를 실시한다.
- 공사비는 시공업체 및 건축물 상태에 따라서 달라질 수 있다.

방수사례	
면적	약 700m2
비용	12,000,000원

3.2.2 창호 및 유리공사

1) 일반사항

창호는 외벽과 함께 외부의 침입으로 보호와 출입, 환기, 채광등의 역할을 담당하는 공동주택의 중요한 부분이다. 창호류는 대부분 창호, 유리, 부속철물로 구성되어 있으며 재료별로 보면 철재, 알루미늄, 프라스틱, 목재등이 사용된다.

창호는 경과 년수와 함께 열화하여 기능의 저하에 따라서 성능도 저하해 간다. 특히 강재창호는 밑틀과 물끊기재의 녹 발생에 의한 부식을 수반하여 구체의 마감면에도 영향을 미치게 된다. 알루미늄 창호의 경우에는 일상적인 유지관리로 어느 정도의 표면 열화는 방지할수 있다. 하지만 항상 움직이는 부속품들인 정첩, 호차, 도어클로저, 모헤어, 게스켓등에 발생하는 열화는 많은 주의가 필요하다.

창호의 구성재인 유리의 파손은 온도 응력에 의한 균열등을 제외하고는 창호의 변형이나 열화에 의한 경우나 물리적 외력에 의하여 파손이 발생하므로 사용에 유의하여야 한다.

2) 창호·유리 유지관리 절차

결함 발견 ⇨ 전문가진단 ⇨ 결함판정 ⇨ 결함종류조사
⇩
조사결과분석 ⇨ 개보수대책수립 ⇨ 보수공법결정 ⇨ 개수공법결정
⇩
재료선정 ⇨ 보수/개수 ⇨ 검사 ⇨ 완료

3) 주요열화 유형

가. 창호류

① 목재창호

목재창호의 하자는 소재 즉, 나무의 건조에 의한 휨, 고습도에 의한 팽창에서 기인하는 틀과 문의 틈새에 의해 생기는 경우가 많다. 또 장부와 장부구멍사이에 틈이 생겨 창호가 변형하기도 한다.

② 강재창호

주로 틀안쪽의 녹이나 부식으로 발생하는 하자가 많다. 특히 틀의 안쪽 부분에 생기는 녹이 원인이 되기 때문에 보수가 곤란한 경우가 많다.

③ 알루미늄제 창호

주로 봉합부분의 헐거워짐이 원인이 된다. 대부분의 알루미늄 창호는 나사봉합이 주류를 이루며 대부분 나사조임을 하기 때문에 장기간의 사용으로 나사의 헐거워짐은 피할 수 없다.

나. 부속품류

① 외미닫이용 철물

호차의 형상은 창호의 종류, 레일의 형상에 따라 다양하다. 밑 바뀌는 자유자재로 움직임이 있는 레일용, 각 레일용, 홈용으로 나눠지며 각각의 목재 창호용, 강재 창호용, 알루미늄 창호용이 있다. 열화나 하자는 주로 호차 자체의 녹에 의한 회전 작동불량이 많다. 또 나사등의 헐거워짐에 의한 탈락, 베어링의 파손에 의한 회전불량 및 문의 처짐, 차축 베어링의 기름부족, 먼지에 의한 회전불량, 삐걱거리는 소리등이 있다.

② 여닫이용 철물

사용빈도가 많은 문은 정첩, 둘쩌귀 철물(피봇힌지)등의 축의 마찰, 연결관 부분의 마찰등에 의한 창호의 하자가 많이 발생한다. 또 피봇힌지의 베어링 케이스도 자주 파손된다.

③ 개폐장치(도어클로저, 플로어힌지)

외관으로 봐서 기름이 새지 않거나 닫히는 속도가 너무 빠른 경우에는 속도조정밸브(나사형)을 조여보고 정상적인 속도로 조정할 수 없는 것은 충전유가 더러워져 있거나 유량이 감소하고 있다.

다. 온도응력에 의한 유리 균열

① 결함내용

유리의 균열은 외력이나 고의적인 파손을 제외하면 온도응력에 의한 균열이 가능성이 상당히 높다.

② 검사

유리 설치시공 상세를 검토하고 창호틀 자재의 종류 등 전체적인 상태를 점검한다. 유리의 종류를 확인하고, 유리의 색이 배합색인지 코팅색인지 살펴본 후 이중창일 경우 어떤 유리층에 균열이 발생했는지 조사한다. 균열을 일으킨 유리창의 절단 단면을 검사하고 유리창의 일부가 짙은 그림자에 가려지는 경우가 있는지 조사한다. 균열이 발생할 당시의 외기온도를 조사하여 온도응력이 발생되었는지 확인한다.

③ 진단과 보수대책

온도응력에 의한 유리의 파손은 유리에 특히 강한열이 가해질 때 그리고 이중창을 광범위하게 사용했을때 가능성이 높다. 유리 틀이 너무 강하게 고정되었거나 유리가 온도에 의해 팽창될 것을 고려하지 않고 설치한 경우 유리에 균열이 발생하기 쉽다. 청소상태가 불량한 유리창에 먼지가 쌓여 먼지가 태양열을 축열하면서 온도팽창에 의해 균열이 나타나기도 한다. 따라서 유리청소를 정기적으로 시행하는 것이 필요하다.

유리는 부분적인 보수가 불가능할 경우에는 다른 창호유형으로 교체하는 것이 바람직하다. 이 경우 창호의 방화성, 안전성등에 관한 기준에 부합하는지 여부를 확인하도록 한다.

3) 창호·유리공사의 사례 및 비용

공종명칭	규격	단위	단가
단창 일반유리 22mm	외벽기준	1,000 × 1,000mm	400,000원
단창 로이유리 22mm	외벽기준	1,000 × 1,000mm	500,000원
이중창 일반유리 16mm	외벽기준	1,000 × 1,000mm	600,000원
이중창 로이유리 16mm	외벽기준	1,000 × 1,000mm	800,000원
단창 일반유리 22mm	외벽기준	3,000 × 2,100mm	1,000,000원
단창 로이유리 22mm	외벽기준	3,000 × 2,100mm	1,400,000원
이중창 일반유리 16mm	외벽기준	3,000 × 2,100mm	2,000,000원
이중창 로이유리 16mm	외벽기준	3,000 × 2,100mm	2,800,000원

* 주기

- 창호크기가 작을 경우 수량 및 시공업체에 따라서 가격의 편차가 크다는 점에 유의해야 한다.
- 일반적으로 로이유리는 단열과 결로 방지 효과가 크다. 다만, 창호크기가 작을 경우 로이유리를 사용하더라도 열손실율의 차이는 크지가 않다.
- 이중창이란 창문을 2번 여는 것이라고 생각하면 알기 쉬울 것이다.
- 창호는 1㎡의 크기로 견적을 산출하기 어렵다는 점을 인지하여야 한다.
- 로이유리 이중창호와 일반유리 이중창호는 단열성능이 있으나 로이유리가 우수하다고 할 수 있다. 다만, 단가가 높은 것이 단점이다.
- 기존 외벽창호의 새시로는 이중창호 유리공사를 하기에는 두께의 한계로 어려움이 있어, 새시를 같이 시공해야 하는 경우가 대부분이다.
- 창호코킹 및 단열재 보강공사로는 단열성능을 강화시키기에는 한계가 있다.

창호.유리사례	
면적	단창 로이유리 약 70m2
비용	35,000,000원

3.2.3 도장 공사 (페인트칠공사)

1) 일반사항

도장에 사용되는 도료는 1회 바름 두께가 약 30㎛ 정도의 아주 얇은 막이며, 이를 2~3회 도포하여 도막으로서의 성능을 발휘하도록 한다.

도장에서 발생하는 노후화 현상은 도막의 대부분이 합성고분자계의 소재이므로 주로 대기중의 자외선, 기온, 습도 등의 영향을 받아 변·퇴색, 도막두께의 감소, 도막의 들뜸 등과 같은 형태로 나타나게 된다.

2) 도장 유지관리 절차

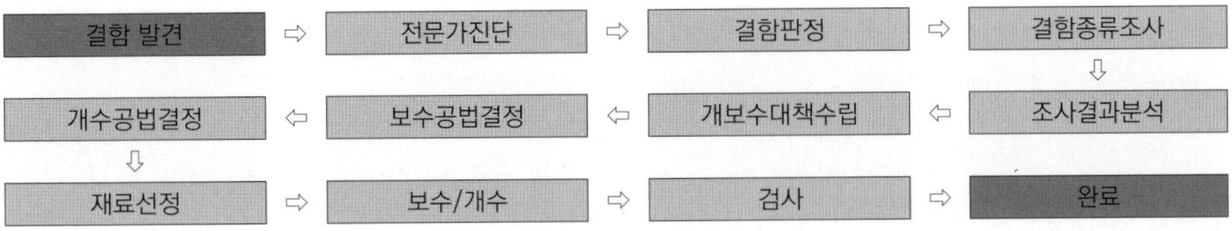

3) 노후화 현상의 점검 및 판정

가. 점검 방법

노화현상	점검방법	관찰방법
변퇴색	경과년수 산정	육안관찰
광택	경과년수 산정	육안관찰
백아화(Chalking)	표준판정사진	-
오염(먼지, 녹)	표준판정사진	-
혼재(부풀음,들뜸,갈라짐)	표준판정사진	-
마모	표준판정사진	-

나. 판정 방법

① 1단계 : 유지관리가 필요하지 않은 상태 (평균 1~4년 경과)

② 2단계 : 유지관리를 위해 보수를 준비해야 하는 상태 (평균 5~6년 경과)

③ 3단계 : 유지관리를 위해 보수를 해야하는 상태 (평균 7~8년 경과)

④ 4단계 : 보수 할 시기를 지나 상당히 노후화된 상태 (평균 9년이상 경과)

4) 도장공사의 개보수공법

도장의 보수시공의 순서는 시공계획 → 색견본 확인 → 가설작업(설치) → 바탕조정작업 → 도장작업 → 양생 → 가설작업해체 → 완료ㅕ의 순서로 실시한다.

보수도장에 있어서는 도장재의 사용경력에 대한 조사 특히 재료, 부재에 대하여 조사한 후 그 재료와 호환성이 있는 재료는 선정하고 도장전 구도막의 노후상태나 바탕의 노후상태를 확인하여 바탕의 보수작업을 확인하여야 한다. 또한, 도장이외의 작업으로 시공시 거주자를 고려한 작업조건과 작업환경 등 신축도장과 비교하여 복잡하고, 작업이 곤란한 경우가 많이 있다.

벽도장의 개수공사는 건물의 노후도 진단, 개수설계를 기준으로 시공이 진행되고, 시공이 진행되기 전 필요에 따라 시공조사를 실시한다. 기존도막, 바탕의 노후된 정도와 작업조건등의 확인을 거치

고 그 위에 개수도장목적과 합치되는 최적의 시공계획을 세우고 시공하는 것이 중요하다.

5) 도장공사의 사례 및 비용

공종명칭	규격	단위	단가
외벽 친환경 수성페인트	외벽기준	3.3m2 (평)	5,000원
내부 친환경 수성페인트	내부(내벽,천장,계단)	3.3m2 (평)	3,000원
내부 친환경 광택스 페인트	내부(내벽,천장,계단)	3.3m2 (평)	8,000원

* 주기

- 고층은 스카이 작업을 해야 한다.
- 외벽은 2회 도장을 원칙으로 하며, 1회 도장이 가능 할 수도 있다. (1회 도장일 경우 4,000원까지 가능하다) 아이보리, 베이지 등 도색 색상과 금액은 편차가 없다고 할 수 있다.
- 내부는 1회칠을 원칙으로 한다. (기존에 칠이 되어 있으므로 1회 칠이 가능하다.)
- 내부도 기존의 색상에서 변경할 경우에는 2회칠을 원칙으로 하며 단가는 1000원을 가산하면 된다.
- 도장 공사 기간은 규모에 따라서 다르지만 1주일 이내에 가능하다.

도장 사례	
면적	친환경 수성페인트 약 5,000m2
비용	7,500,000원

3.2.4 균열 결로 공사

1) 일반사항

콘크리트 구조물에는 누수, 침하, 변형, 마모, 박리, 풍화, 균열, 층상박리, 박락 등 바람직하지 않은 현상이 생긴다.

균열은 콘크리트의 압축강도는 크지만 인장강도는 작기 때문에 시공중과 시공후에 일어나는 체적변화와 구속 조건 및 외력의 작용 등에 의해 균열이 쉽게 발생한다.

결로는 여러 복합적인 원인들에 의해서 발생한다. 표면결로는 실내의 습공기가 포화온도 이하의 벽과 천정 등에 저촉하는 경우 수증기가 물방울로 변하여 부착하는 현상이며, 내부결로는 해당 층의 온도가 그 부분에 있는 습공기의 노점온도보다 낮으면 해당층 부근에 결로가 발생하게 된다.

2) 균열 및 결로 유지관리 절차

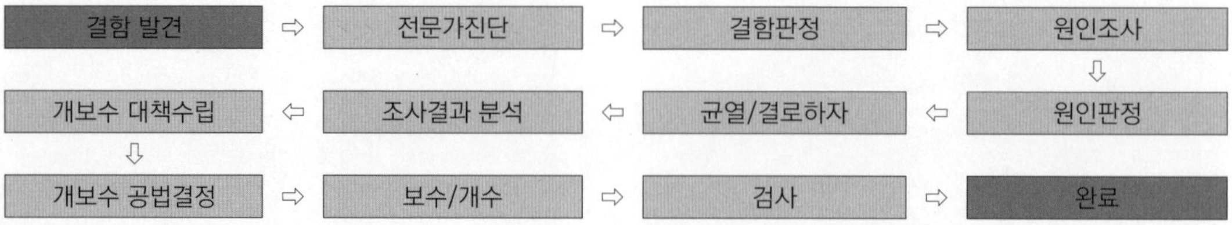

3) 균열발생 원인조사 및 보수

가. 균열발생원인 육안조사

① 균열여부 확인

② 표면의 열화(박리, 표면풍화, 쟁커, 박락) 확인

③ 누수(변위, 조인트나 균열에서의 누수) 확인

④ 변형(변위, 부풀음, 침하)확인

⑤ 강재부식(녹슬음, PC강재의노출, 철근의노출) 확인

⑥ 기타 막이나 콘팅의 부풀음, 웅덩이, 변색등의 확인

나. 균열의 보수

① 균열의 거동

콘크리트의 균열로 일어나는 문제를 해결하는 기술은 여러 가지가 있다. 균열은 구조상의 하중전달 저하를 초래하고 부재의 액체나 기체가 침투하는 길을 만든다. 더욱이 경관상의 문제도 일으킨다.

구조상의 하중전달이나 방수성을 갖추기 위해서 개선하는 균열 보수의 일반적인 방법은 균열면에 폴리머재를 주입하는 것이다. 보수는 여러 요인에 따라 성공하는지 어떤지를 정한다. 에폭시, 폴리에스텔, 아크릴등 액체의 접착제는 하중전달 개선 때문에 가장 일반적으로 사용하고 있다.

② 철근 부식 균열에 대한 에폭시수지 주입

철근 부식에 의한 균열 보수의 공통된 실수는 에폭시수지 압입의 방법에 의한다. 균열 개소를 재접착하는 에폭시수지의 압입에 의한 보수공법은 지금까지 여러 가지 행해져오고 있지만 그 문제를 해결한 보수공법은 거의 없었다. 왜냐하면 부식이 계속되고 있는 상태에서 주입하는 것은 새로운 균열의 형성을 재촉하는 결과가 되기 때문이다.

③ 접착제에 의한 파손된 콘크리트의 재접착

초음파 전파속도를 측정하는 것에 의해 파손된 콘크리트 개소에의 접착제 주입의 필요성을 빠르고 효과적으로 결정할 수 있다.

④ 파손개소의 접착제 주입공법

콘크리트의 파손개소의 그라우트 주입은 기성 콘크리트와 일체가 되도록 보수하는 공법이다. 지금까지 0.05mm 폭의 균열은 양호한 주입으로 시공되어 왔다. 코어시험으로 초음파 전파속도 측정시험은 콘크리트 거동을 모니터링 하는 편리한 도구이다.

4) 결로방지를 위한 보강공사

가. 결로 발생원인

① 실내외 온도차

- 실내에서 온도가 가장 낮은 표면에서 제일먼저 발생
- 실외온도가 낮은 경우 단열 취약부에서 발생

② 실내습기의 과다 발생

③ 환기부족

④ 구조체의 열적특성

- 테두리보, 슬라브 지붕, 발코니의 돌출부위 등 단열 불연속 부위에서 발생
- 투수성이 높은 재료 사용시 발생

⑤ 시공불량

⑥ 시공직후 미건조상태에 따른 결로

⑦ 건물의 밀집으로 일조량, 통풍 불량

나. 결로방지 보강공사 종류

① 방습층 설치

② 열교방지를 위한 단열보강

③ 단열재가 끊어지는 곳의 보강공사

④ 벽부분 코너 보강

⑤ 우각부 보강

⑥ 천장단열을 할 때는 통기구 설치

5) 균열 결로공사의 사례 및 비용

공종명칭	규격	단위	단가
균열 및 결로 공사	-	기본공사비	800,000원
주입식 균열보수	누수균열(접착)	1m	30,000원
메꿈식 균열보수	대균열(0.7~2.0mm)	1m	30,000원
기능성 균열보수	옹벽누수균열	1m	90,000원
균열 및 결로 평균	천장/벽면	1m	80,000원

* 주기

- 균열/크랙에 의한 공사는 장비의 운반과 인건비등을 고려하여 기본금액이 약 80만원으로 책정되어 있으며, 개소와 크기 그리고 시공업체에 따라서 비용의 차이가 있다.
- 균열/크랙 및 결로 공사를 실시 할 경우 방수공사까지 실시된다.

균열 사례

면적	주입식 균열보수 약 10개소
비용	800,000원

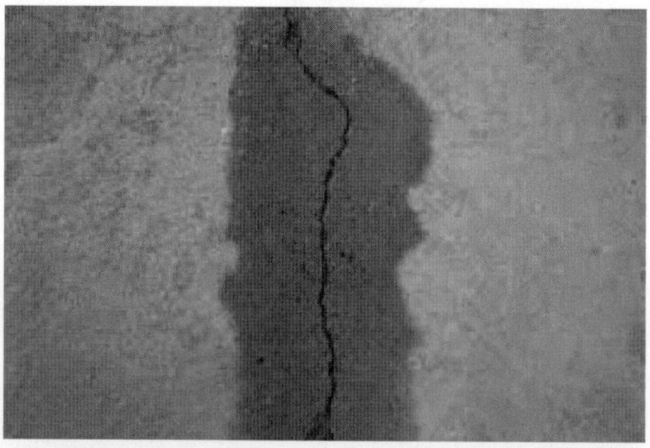

3.2.5 조명설비 공사 (LED교체)

1) 유지관리 개요

조명부하는 전체 전력량의 상당부분을 차지하는 설비로서 우리의 일상생활과 가장 밀접하다. 조명은 '조명비'라 하여 설비비, 보수비, 전력비 등으로 나누어 설명할 수 있으며, 설비비는 당초 시공비로 들어가는 비용이므로 일정한 비용이 지출 되었으나 보수비와 전력비는 유지관리 하면서 절감을 할 수 있는 항목이다.

2) 조명기구 점검

조명기구의 광원을 고정하고 배광을 하며 전원배선과 연결하여 점멸을 하는 것으로 조명기구 주위환경에 따라 의장을 결정한다.

〈표〉 조명기구 점검요령

점검항목	점검요령	대책
일반구조	- 오손, 손상 및 녹 발생유무를 점검한다. - 반사관 및 투광성 커버의 오손 및 변색유무를 점검하고 더러워져 있으면 청소한다. - 설치 볼트 및 탈락방지 장치등이 느슨해져 있지 않은지 또는 부식유무를 점검하고 만양 느슨해져 있으면 조여준다.	- 심할 경우 교환 - 청소는 월1회이상 실시 - 부식이 심할 경우 보강 또는 교환

3) 조명기구의 유지관리

가. 조명설비의 유지관리의 기본은 조도유지로서 램프교환, 청소, 정기적인 조도의 측정이다.

나. 조명기구의 기능정지에 대한 유지관리 점검사항

① 외형, 치수

② 설치상태, 텍스와의 간격

③ 안정기, 램프, 소켓의 상태

④ 전원 리드선의 여유성

⑤ 전선의 인출부분

⑥ 기구의 접지연결 상태

⑦ 기구 소켓의 이탈 또는 파손

⑧ 플라스틱 제품의 파손, 균열여부

⑨ 센서, 타이머 연결 등기구의 경우 동작 확인

4) LED 교체공사의 사례 및 비용

공종명칭	규격	단위	단가
LED 형광등 교체공사	18W램프 DC컨버터	1개	26,000원
LED 형광등 교체공사	18W램프 DC 싱글 노출	1개	39,000원
LED 형광등 교체공사	36W램프 DC 더블 노출	2개 1set	63,000원

* 주기

- 기존의 형광등을 LED형광등으로 교체할 경우 적은 개소는 직접 구매하여 설치하는 것이 저렴하다.
- 교체하고자 하는 개소가 많을 경우 공사를 의뢰하는 것이 좋으며, 개소 수와 업체에 따라서 가격의 차이가 발생할 수 있다.

조명 사례

면적	주차장18WLED교체 약170개소
비용	6,600,000원

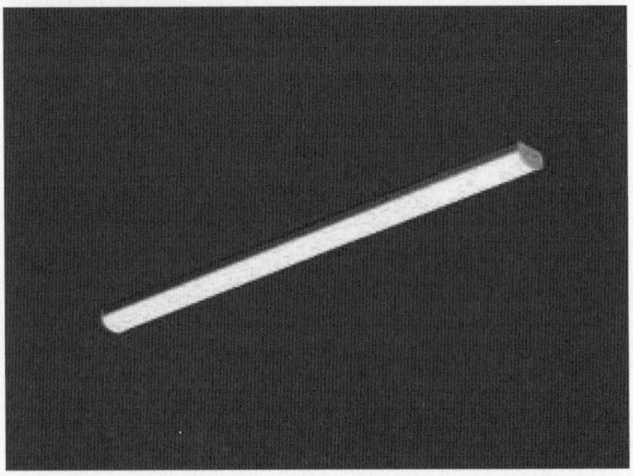

3.3 기타 공종의 유지관리 방안

3.3.1 단열공사

1) 일반사항

건축물의 바닥, 벽, 천장 및 지붕 등의 열손실 방지를 목적으로 하는 일반적인 공사를 단열공사라 한다. 건축물의 단열은 외기를 차단하는 구법을 말하며, 단열구법은 기포형, 반사형, 용량형으로 구분할 수 있다. 단열성능을 높이기 위해서는 단열재의 요구성능과 단열공법의 선정, 시공시의 품질관리가 종합적으로 이루어져야 한다. 건축물의 에너지 절약화를 위해 단열재를 두껍게 사용하고 단열기준을 준수해도 시공이 불량하므로, 효율적인 단열성능을 위해서는 최선의 시공법 선택이 중요하다.

2) 결함원인 및 대책

가. 세대 현환문 주위 결로

① 발생원인

- 현관문 단열 불량
- 현관문이 열전도가 잘되는 철재로 제작되므로 문틀 내부쪽에 결로수가 발생하여 주위 벽지로 흡수됨

② 대책

- 현관문틀 내부쪽 주위에 코킹시공을 철저히 하여 도배지와 문틀 사이를 차단하여 결로수가 벽지로 흡수되는 것을 차단한다.
- 평지붕인 경우는 최상층 천장단열을 발코니 천장과 함께 복도천장에도 시공하는 방안을 검토한다.
- 현관문 주위 단열공사 시공과정 및 시공 후의 검사를 철저히 한다.

나. 외부에 면한 문틀 및 창틀 결로

① 발생원인

- 현행 문틀주위 백업재 및 모르타르 사춤의 정밀시공이 부족하여 발생함

② 대책

- 문틀 주위 사춤을 우레탄 폼으로 시공하며, 특히 북측 외기에 면한 창과 문틀 주위에는 우레탄 폼을 사용할 경우 창호주위 결로방지에 상당한 효과가 있다.

3.3.2 미장공사

1) 일반사항

미장공사는 건축물의 내외벽, 바닥, 천장 등의 미화, 보호, 보온, 방수, 방음, 내마모 등을 적당한 두께로 발라 마무리하는 공사이다.

미장공사의 분류는 미장재료의 고결성질에 따라 크게 기경성과 수경성으로 구분할 수 있으며 미장공사는 건물의 최종단계로서 공기와 관계가 있으며 외부에 노출되는 공정이므로 요구조건에 맞는 재료의 선택과 신중한 시공이 필요하다.

2) 결함원인 및 대책

가. 균열

① 발생원인

- 바르기 뚜께가 얇은 경우
- 통풍 과대 및 급격 건조인 경우
- 불완전한 기초에 의한 부동 침하
- 바르기 두께의 고르지 않음에 의한 건조 얼룩
- 벽돌, 블록 등의 줄눈 메우기가 불량일 시에는 균열이 발생
- 콘크리트 붓기의 이음새등

② 대책

- 완전히 균열의 확대가 정지될 때까지 기다려 수리하는 방법이 좋을 수 있다.
- 모르타르 바르기할 때 노끈, 질긴여물 등을 사용하여 바르거나, 경우에 따라서는 와이어라스나 메탈라스를 펴고 바르나 이것으로도 균열을 완전히 방지할 수는 없다.
- 바르기 전에 방지의 대책을 세울수 있는 것이 있으니 가능한한 수정하고 나서 바르기를 하여야 한다.

나. 박리현상

① 발생원인

- 아래 바르기층보다 부조합으로 덧바를 때 아래 층에서 박리하는 수가 있다.
- 불순물이 섞인 모래를 사용하였을 때
- 바탕 청소의 불완전과 진동을 받았을 때
- 너무 묽게 반죽한 모르타르로 바닥을 발랐을 때
- 바르기할 때 주는 힘이 부족할 때 등

② 대책

- 바탕을 움직이지 않도록 고정하고 완전히 청소한다.
- 알맞게 물적시기를 하여 흡수를 조정하고 알맞은 조합 재료로 충분한 압력을 주어 바른다.
- 물기가 어느정도 걷힌 다음에 마무리하여야 한다.

다. 부풀어 오르는 원인

- 바를 때 재료에서 바탕으로 물기가 흡수되어 바탕의 공격 중의 공기가 뒤바뀌어 추출되고 바르는 재료에 점성이 있기 때문에 이 공기가 집결되어 공기주머니를 만든다. 이것이 그 상태대로 경화하면 부풀어 오르게 된다.
- 콘크리트면에 바를때 물적시기를 하지 않으면 쫒겨난 공기의 주머니가 바르기층과 경계면과의 부착을 방해한다고 할 수 있다.

라. 색얼룩

- 착색제를 사용하여 착색 마무리할 때 조합의 불충분으로 오는 색얼룩
- 조합비율의 불균일에서 오는 색얼룩
- 불량한 착색제를 사용한 경우등

마. 곰팡이

- 곰팡이가 발생하였을 때는 곰팡이균을 살균하고 제거한 다음 방부제나 방부제가 혼합된 칠을 바르면 된다.
- 고온 다습한 곳으리 벽면에 발생하는 곰팡이는 통풍과 환기를 하여 습도를 올라가게 하는것이 방지대책이 될 수 있다.

3.3.3 조적 및 타일공사

1) 일반사항

조적은 소규모 건축물의 구체로서 또는 칸막이벽이나 치장벽으로 근래까지 많이 발전, 보급되어온 재료였으나 균열과 누수발생 그리고 백화현상등의 문제점과 최근의 시공합리화 측면에서 그 사용이 많이 줄고 있다.k

타일은 요업제품으로 표면이 견고하고 내화, 내구성이 우수하며 색채가 미려하여 내·외장재로 많이 사용하고 있으며, 목적물에 사용하여 장기간에 걸친 골조를 보호하고 미관을 향상시킨다.

2) 조적조에 의한 결함유형

가. 균열

① 발생원인

- 기초의 지내력부족
- 집중하중, 횡력 및 충격에 대한 내력벽의 응력부족
- 국부 보강의 결여
- 벽 배치의 불균형등

② 대책

- 건축물 자중을 줄임
- 연약층, 경사지 등의 조사를 면밀히 하고 부동침하에 대한 고려
- 기초는 동일형식, 동일구조로 하고 강성을 높임
- 하중의 집중을 피하고 건축물의 중량 배분을 균일하게 함
- 벽량의 확보등

나. 누수

① 발생원인

- 벽돌, 블록 자체의 공극 투과에 의한 누수
- 줄눈의 시공불량에 의한 누수
- 이질재와의 접합부등

② 대책

- 표준 규격 제품 사용
- 투수 및 흡수율이 적은 재료 사용
- 기초의 부동침하 방지
- 방수 몰탈 시공등

2) 타일의 결함유형

가. 철근의 녹에 의한 결손

① 발생원인

- 철근의 피복두께가 부족한 장소가 뒤섞여 있어서 그 부분의 철근이 발청, 팽창하여 타일을 밀어 낼 수 있다.

② 대책

- 해당 장소의 철근이 완전히 노출할 때까지 주위를 떼어내고, 소정의 위치에 압입하여 방청처

리를 한다.

- 폴리머 시멘트 모르타르 등을 사용해서 떼어낸 장소를 되메운 후에 타일을 붙여 고친다.

나. 바탕모르타르의 지나친 바름 두께에 의한 박탈

① 발생원인

- 구체와 바탕모르타르의 경계면에서의 박리 요인으로는 여러 가지가 있으나 바탕 모르타르층의 바름두께가 지나친 것이 가장 큰 영향이라고 할 수 있다.

② 대책

- 타일붙임 마감으로 남겨진 경우에는 박락 부분 이외의 핀 병용으로 주입하거나 박락부분은 메시를 깔아 넣고 여러 층으로 나눠 모르타르를 발라서 바탕을 만들거나 전면철거하여 모르타르층에서 재시공한다.
- 타일 붙임 마감을 하지 않은 경우에는 박락부를 기존의 마감에 맞추면 바름두께가 두껍게 되고, 얇게 하면 처마 천장등 다른 부재와의 결함의 마무리가 곤란하므로 패널 등으로 커버하는 방법도 추천하다.

다. 흡수조정재의 부적합 사용으로 직접붙임타일의 박리

① 발생원인

- 타일붙임층 구체콘크리트의 거동이 크지 않을 경우 흡수조정재의 사용방법(도포량등)의 영향으로 박리됐다고 예상할 수 있다.

② 대책

- 흡수조정재의 사용방법에 문제가 있다고 하면 박락부분 이외에도 박리의 가능성이 있으므로 전면적으로 박리의 유무를 조사하여 박리장소는 앵커피싱 수지주입공법을 시공한다.

라. 샤시 부착철물의 녹에 의한 타일의 균열과 박리

① 발생원인

- 샤시 주변을 따라서 연속해서 발행하여서 스틸 샤시의 설치철물의 발청팽창이 원인이라고 할 수 있다.

② 대책

- 샤시의 설치철물이 노출할 때까지 떼어내고 방청처리를 한다.
- 샤시를 알루미늄제로 교체한다.
- 샤시 주변의 타일을 다시 붙인다.

3.3.4 수장공사

1) 일반사항

수장재는 내부의 바닥, 벽, 천정으로 구성되어 있으며 대부분의 벽과 천정의 마감재는 동일한 재질로서 구성되는 경우가 대부분이다.

대부분의 수장재중 바닥재는 합성고분자계, 바닥타일류 및 시트류가 대부분이며 벽 및 천정은 도배지등이 주류를 이룬다.

수장재의 개보수의 필요성은 열화에 의한 기능저하 및 사용자 변경, 요구기능의 변경, 환경변화등에 의해서 교체될 수 있으며, 주요 수장재의 열화는 오염, 변색, 광택도저하, 들뜸, 박리, 변형, 화학변화등이 있을 수 있다.

2) 수장공사 중 도배공사

가. 도배공사 준비작업

① 시공전 72시간, 시공후 48시간 경과시 까지는 온도가 16℃ 이상 유지

② 바탕면 건조상태 확인

③ 녹발생 예상부위는 방청도료 등으로 바탕처리 실시

④ 각종 몰딩 시공시 본드 오염 주의

⑤ 이음부위, 갓둘레 부위 들뜸 방지조치 및 풀칠 제거

나. 도배공사 시공

① 초배지 시공

- 초배지는 한지(침지, 벽지, 피지) 또는 양지(갱지, 모조지, 마분지)로서 질기며 풀을 발라 붙이기가 용이해야 한다.
- 도어록 손잡이 보양
- 몰딩, 걸레받이, 재료분리대 시공여부 확인
- 초배지 이음은 10mm이상 겹침이음 시공
- 초배지 완전 경조 후 요철면 정리
- 벽 및 천장 갓둘레 띄움거리는 30~50mm 정도 유지 (정배지 말림 방지)

② 정배지 시공

- 발포벽지 선정시 유광이나 두께가 두꺼운 것을 선정하고 특히, 실크벽지는 유광을 선택한다.(미세한 요철면이 노출됨)
- 밀가루 풀이 변질된 것이나 동해르 입지 않은 것을 사용한다.
- 도배지는 맞댄이음 방식으로, 색상 결정시 선정토록 유도한다.

- 문틀, 반자돌림, 커튼박스 등에서 벽지가 끝나는 경우에는 2~3mm 정도 감싸바르고 일직선이 되도록 칼질하는 것이 시공에 유리하다.

3.3.5 BEMS 공사 (건물에너지관리시스템)

1) BEMS는 빌딩 내에서 소비되는 전력 및 에너지 사용정보를 바탕으로 전체 에너지 사용현황을 파악하고 데이터를 분석하여 에너지 비용을 절감할 수 있게 도와주는 "건물에너지 관리 시스템" 이다.

2) 고효율 에너지 설비 교체공사의 종류 (BEMS 공사)

냉.난방설비	전기	신재생에너지
보일러, 냉동기	LED Lamp 및 조명제어	태양광 발전
빙축열, 수축열	재실센서, 온·습도 센서	태양열 급탕
Heat Pump, 공조, 고효율펌프	인버터	지열 에너지

3) BEMS 공사 유형

EMS는 IT업체를 선두주자로 공사가 진행되고 있다.

사업추진 유형은 BEMS 운영회사가 선투자 후 에너지 절감 성과 부분을 공유하는 모델과 건축주가 전체 솔루션을 구매하는 모델로 구분할 수 있다.

가. BEMS 운영회사의 선투자 방식

- BEMS를 설치 및 시공하는데 필요한 공사비를 운영회사가 선투자하고 일정금액 이상 절감성과 달성 시 절감된 비용 이내에서 일정금액을 회수한다.
- 운영서비스 비용 정액제 지급 기간을 설정한다.
- 특징
  : 건축주의 투자비 부담이 없다.
  : BEMS의 구축 이후 에너지절감비용에 따라서 고객부담 부담금이 일정하여 예산운영이 수월하다.

나. 건축주 구매 방식

- BEMS를 설치 및 시공하는데 필요한 공사비를 건축주가 100% 투자한다.
- 서비스 비용만 정액제로 지급하며, 지급 기간을 단축시킬 수 있다.

- 특징

: Data분석 및 에너지 절감 컨설팅과 현장 적용기술을 무상으로 받을 수 있다.

: BEMS의 구축 이후 에너지절감비용은 고객의 이익으로 즉시 창출될 수 있다.

: 에너지비용의 예상 절감 비율이 높을 경우 투자 가치가 있다.

4) BEMS 적용이 가능한 건물

구분	적용가능 건물	기타
건물 소유형태	자가 빌딩	임대건물일 경우 관리 불가
건물 임대현황	건물에 임대해준 층의 비중이 20% 이하	임대해준 영역은 절감해도 효과 없음
에너지 사용비용	전기·가스 합이 연간 5억원 이상	연간 10억원 일 때, 사업성 극대화 가능
냉난방 방식	중앙 냉난방 시스템으로 운영	개별 냉난방적용을 고수할 경우 절감방안 없음
건물 사용기간	준공 후 10년 이상 경과 건물	노후화 건물이 절감아이템 적용에 유리

부록

(1) 건축물 유지관리점검 법령 및 세부기준

건축법 [시행 2014.8.7.] [법률 제11998호, 2013.8.6., 타법개정]

제3장 건축물의 유지와 관리

제35조(건축물의 유지·관리)

① 건축물의 소유자나 관리자는 건축물, 대지 및 건축설비를 제40조부터 제50조까지, 제50조의2, 제51조부터 제58조까지, 제60조부터 제64조까지, 제65조의2, 제67조 및 제68조와 「녹색건축물 조성 지원법」 제15조부터 제17조까지의 규정에 적합하도록 유지·관리하여야 한다. 이 경우 제65조의2 및 「녹색건축물 조성 지원법」 제16조·제17조는 인증을 받은 경우로 한정한다. 〈개정 2011.5.30., 2014.1.14., 2014.5.28.〉

② 건축물의 소유자나 관리자는 건축물의 유지·관리를 위하여 대통령령으로 정하는 바에 따라 정기점검 및 수시점검을 실시하고, 그 결과를 허가권자에게 보고하여야 한다. 〈신설 2012.1.17.〉

③ 제1항 및 제2항에 따른 건축물 유지·관리의 기준 및 절차 등에 관하여 필요한 사항은 대통령령으로 정한다. 〈개정 2012.1.17.〉

건축법 시행령 [시행 2014.7.29.] [대통령령 제25509호, 2014.7.28., 타법개정]

제3장 건축물의 유지와 관리 〈개정 2008.10.29.〉

제23조(건축물의 유지ㆍ관리) 건축물의 소유자나 관리자는 건축물, 대지 및 건축설비를 법 제35조제1항에 따라 유지·관리하여야 한다.

[전문개정 2012.7.19.]

건축법 시행규칙 [시행 2014.4.25.] [국토교통부령 제90호, 2014.4.25., 일부개정]

제23조(건축물의 유지ㆍ관리 점검 등)

① 영 제23조의2제6항 각 호의 어느 하나에 해당하는 자는 영 제23조의2제1항에 따른 정기점검(이하 "정기점검"이라 한다) 또는 영 제23조의2제5항에 따른 수시점검(이하 "수시점검"이라 한다) 업무를 수행한 후 건축물의 소유자나 관리자에게 별지 제24호의3서식의 건축물 유지·관리 정기(수시) 점검표를 제출하여야 한다.

② 영 제23조의5제1항에 따라 건축물의 소유자나 관리자가 정기점검 또는 수시점검의 결과를 보고하는 경우에는 특별자치도지사 또는 시장·군수·구청장에게 별지 제24호의4서식의 건축물 유지·관리 정기(수시) 점검보고서에 별지 제24호의3서식의 건축물 유지·관리 정기(수시) 점검표를 첨부하여 제출하여야 한다.

건축물 유지·관리점검 세부기준

[국토해양부 고시 제2012-800호(2012. 11. 20. 제정)]

제1조 목적

이 지침은 「건축법」 제35조 및 같은 법 시행령 제23조의6에 따라 건축물의 성능 향상 및 기능 유지를 위하여 필요한 유지·관리점검(정기점검 및 수시점검 등)의 실시에 관한 세부기준을 정하는 것을 목적으로 한다.

제2조 적용범위 등

이 지침은 「건축법 시행령」(이하 "영"이라 한다) 제23조의2에 따른 정기점검 및 수시점검(이하 "유지·관리점검"이라 한다) 대상 건축물(부속 건축물을 포함한다)의 점검방법, 점검절차 등과 점검 수행과 관련된 관리주체, 유지·관리 점검자, 관련 기관, 특별자치도지사 또는 시장·군수·구청장(이하 "시장·군수 등"이라 한다)의 업무 등에 대하여 적용한다.

제3조 용어의 정의

3.1 건축물의 유지·관리

건축물의 소유자나 관리자가 건축물 사용자의 안전 및 편의 확보 등을 위하여 사용 승인된 건축물의 대지, 구조, 설비 및 용도 등을 지속적으로 유지하고 개선하는 행위를 말한다.

3.2 관리주체

관리주체란 건축물의 소유자나 관리자로서 이 법령에 따른 유지·관리점검 및 개선 등 조치에 대한 책임을 가진 자를 말한다.

3.3 유지·관리 점검자

유지·관리 점검자란 영 제23조의2 제6항에 따라 전문적인 지식과 경험 등을 바탕으로 관리주체의 유지·관리점검 대행요청에 따라 점검을 수행하는 자를 말한다.

3.4 책임점검자 및 점검원

가. 책임점검자란 유지·관리 점검자에 소속된 자로서 점검업무를 총괄하여 수행하고, 「건축법 시행규칙」 별지 제24호의3 서식에 따른 "건축물의 유지·관리(정기, 수시) 점검표"를 작성하는 자로서 다음 각 호에 따른 자격을 가진 자를 말한다.

1) 건축사법에 의한 건축사

2) 건설기술 관리법에 의한 건축분야 감리사 및 특급 기술자 이상의 자격을 가진 자

나. 점검원이란 유지·관리 점검자에 소속된 자로서 책임점검자를 보조하여 유지관리 점검업무를 수행하는 자를 말한다.

3.5 정기점검

건축물의 기능 및 안전 확보 등을 위하여 사용 승인 일을 기준으로 10년이 지난날로부터 2년마다 한 번씩 건축물이 설계도서 등에 적합하게 유지·관리되고 있는지를 확인하는 점검을 말한다.

3.6 수시점검

건축물의 기능 및 안전 확보 등을 위하여 사용 승인 일을 기준으로 10년이 지난 건축물 중에 화재, 침수 등 재해나 재난으로부터 건축물의 안전을 확보하기 위하여 필요한 경우로서 건축조례로 정하는 바에 따라 수행하는 점검을 말한다.

3.7 기준일

영 제23조의2에 따른 해당건축물의 사용 승인 일을 기준으로 10년이 지난날(사용승인일 기준으로 10년이 지난 날 이후 정기점검과 같은 항목과 기준으로 수시점검을 실시한 경우에는 그 수시점검을 완료한 날을 말한다.

제4조 유지·관리 점검절차

4.1 점검절차

① 점검대상 건축물 통보(시장·군수 등 → 관리주체)

② 유지관리 점검자 선정(관리주체)

③ 관리주체와 유지관리 점검자 간 점검계약 체결(표준계약서 이용)

④ 자료수집 및 점검계획 수립 등 점검 준비(유지관리 점검자)

⑤ 영 제23조3에 따른 점검항목별 점검 실시(유지관리 점검자)

⑥ 점검결과 확인 및 필요시 개선조치(관리주체)

⑦ 점검결과 보고(관리주체 → 시장·군수 등)

⑧ 점검결과 확인 및 필요시 시정명령 등의 조치(시장·군수 등)

제5조 유지·관리 점검 관계자의 업무 등

5.1 시장·군수 등

가. 시장·군수 등은 2개월 마다 유지관리 점검자 중 건축물의 유지·관리 점검업무를 수행하고자 하

는 자에 대한 신청을 받아 자격여부 등을 확인한 후, 「건축법」 제31조에 따른 건축행정 전산화 시스템에 공지하여야 한다.

나. 시장·군수 등은 영 제23조의2에 따라 관할 지역 내 점검대상 건축물 현황을 파악하고, 대상 건축물의 기준일로 부터 매 2년이 되는 날의 3개월 전까지 점검대상 건축물의 관리주체에게 유지·관리점검 대상 건축물이라는 사실과 점검실시 절차, 표준계약서 및 점검대가 등을 문서, 팩스, 전자우편, 휴대전화에 의한 문자메시지 등으로 미리 알려야 한다.

다. 시장·군수 등은 관리주체로부터 해당 건축물의 점검결과를 보고 받은 후, 필요하다고 인정되는 경우에는 시정명령 등 필요한 조치를 하여야 한다.

라. 시장·군수 등은 규칙 별지 제24조의4 서식에 따른 "건축물 유지、관리(정기, 수시) 점검보고서"를 당해 건축물의 "건축물대장"에 첨부하여 관리하여야 한다.

5.2 관리주체

가. 관리주체는 유지·관리점검에 필요한 설계도서 및 건축물 이력자료 등을 유지관리 점검자에게 성실하게 제공하여야 한다.

나. 관리주체는 유지·관리점검에 필요한 경우 시장·군수 등에게 해당 건축물의 설계도서 등 관련정보의 제공을 요청할 수 있다.

다. 관리주체는 점검이 종료된 날로부터 30일 이내에 점검대상 건축물의 점검결과를 시장·군수 등에게 보고하여야 한다.

5.3 유지·관리 점검자

가. 유지·관리 점검자는 점검대상 건축물의 충실한 점검을 위해 관련자료의 수집 및 사전 조사 등을 실시하고 이를 기초로 점검계획을 수립하여야 한다.

나. 유지·관리 점검자는 설계도서 및 건축물의 유지·관리 이력자료(용도변경, 증축, 대수선, 기존 점검결과 등) 등을 고려하여 점검범위 및 점검방법 등을 마련하여야 한다.

다. 유지·관리 점검자는 영 제23조의3에 따른 유지·관리점검의 항목별 점검업무를 충실하게 수행하고, 건축물에 대한 개선 및 조치방안을 제시하여야 하며, 그 결과를 관리주체에게 제출하여야 한다.

라. 책임점검자 및 점검원은 유지·관리점검을 수행하기 위해서는 다음의 어느 하나에 해당하는 교육기관에서 운영하는 사이버교육 등을 이용한 교육과정 중 "건축물 유지·관리 점검분야"의 교육을 받아야 한다. 이 경우 책임점검자는 8시간 점검원은 4시간 이내의 교육을 이수하여야 한다.

1) 「건축사법」 제31조에 따른 건축사 협회
2) 「건설기술 관리법 시행령」 제25조에 따른 건설기술 인력의 교육훈련기관
3) 「시설물의 안전관리에 관한 특별법」 제4조에 의한 책임기술자 교육기관

제6조 유지·관리 점검의 실시

6.1 관련 자료의 수집

가. 유지·관리 점검자는 유지·관리점검에 사용하기 위하여 관리주체에게 설계도서 등 아래의 관련 자료를 제공받을 수 있다.

1) 사용승인 설계도서(「시설물의 안전관리에 관한 특별법」상 점검대상 건축물인 경우 준공도면)
   - 사용승인 이후 변경(허가 또는 신고)된 사항에 대한 자료(설계도서) 포함

2) 건축물 관련 각종 인증(친환경 건축물 인증, 지능형 건축물 인증. 에너지 효율등급 인증 자료, 건축물 에너지효율등급 인증) 관련자료

3) 건축물관리대장

4) 과거 유지·관리점검 결과 보고서 등

나. 시장·군수 등은 점검에 필요한 설계도서 등이 존재하지 않을 경우에는 관리주체에게 점검기간 내에 현황도면(건축 기본설계도면 : 배치도, 평면도 등)을 준비하도록 권고할 수 있으며, 이 경우 관리주체에게 상세한 안내 및 준비에 필요한 충분한 기간을 두도록 하여야 한다.

6.2 점검계획의 수립

유지·관리 점검자는 관리주체가 제공한 설계도서 및 관련 자료를 이용하여 점검범위를 정하고, 다음의 사항을 포함한 점검계획을 수립하여야 한다.

가. 책임점검자 및 점검원 인적사항

나. 건축물 개요 및 소유 형태 파악(구분소유자 등)

다. 건물유형(용도/규모/형태 등)별 조사범위 선정

라. 점검항목별 조사대상 개소 선정

마. 점검개소별 조사방법 결정 등

6.3 점검항목별 점검방법 등

유지·관리 점검자는 다음 사항을 참고하여 대상 건축물에 대한 점검을 수행하여야 한다. 다만, 6.1.'나'와 같이 설계도서가 없는 건축물의 경우에는 현장 실측을 통하여 점검을 수행하여야 한다.

6.3.1 대지

대지가 빗물 배출 및 배수 등으로 인한 문제가 있는지 여부 및 붕괴 우려 등 안전에 위험한 요소가 있는지 여부 등를 확인하며, 대지 내 조경 및 건축물 출입구 등이 설계도서에 부합한 상태로 유지되고 있는지 여부 등을 점검한다.

6.3.2 높이·형태

건축물의 높이와 형태가 준공당시의 기준에 적합하게 유지되고 있는지와 「국토의 계획 및 이용에 관한 법률」에 따른 건폐율 및 용적률 등에 적합한지 여부 등을 확인하며, 일조확보 등을 위한 건축물의 이격거리가 설계기준에 적합하게 유지되고 있는지를 점검한다.

6.3.3 구조안전

건축물의 수선 및 용도변경 등에 따른 건축물 하중의 변화여부와 구조의 변경에 따른 주요구조부의 심각한 균열발생 여부 등 안전성 적합여부를 점검한다.

6.3.4 화재(피난 및 방화)안전

화재 등 재난 및 재해로부터 재실자의 안전한 피난과 인명피해를 감소시킬 수 있는 적합한 피난설비의 설치여부와 계단、복도、출구, 옥상광장 등의 피난통로상의 적재물 등 통행을 방해하는 요소가 존재하는지를 점검한다.

또한 방화구획, 경계 벽、칸막이벽, 내화구조, 내부마감재료, 지하층 등이 당초 설계기준대로 유지되어 화재확산을 방지하고, 인명의 피해를 최소화 할 수 있는 구조와 재료로 유지되고 있는 지를 점검한다.

6.3.5 건축설비

냉난방, 급수, 배수, 배연, 환기, 피뢰, 방송수신, 전기, 승강기 등 각종 설비가 준공당시 설계기준에 적합하게 건축물의 규모(연면적과 높이 등) 및 방화 등 안전에 적법한 구조 및 재료로 유지되고 있는지를 점검한다.

6.3.6 에너지 및 친환경 관리

건축물의 노후화, 균열 및 창호의 재료열화 등에 따른 열손실로 에너지가 새어나가거나, 에너지 사용효율이 현저히 떨어질 것으로 우려되는 부위가 존재하는지 점검하고, 친환경 건축물 인증 등 점검대상 건축물의 인증유지여부 및 에너지 효율 개선필요성을 제시하여야 한다.

6.3.7 개선의견 제시

유지·관리 점검자는 항목별 점검결과에 기초하여 에너지절감 방안, 건축물 수명연장방안, 재해 및 재난 예방 및 안전강화 방안 등에 대한 개선의견을 제시하여 지속적인 건축물의 유지·관리 및 점검이 수행 가능하도록 하여야 한다.

6.3.8 종합의견

유지·관리점검자는 조사대상 건축물의 사용승인 당시 설계도서와의 적합여부를 파악하고, 현행 건축물 유지관리 기준에 대한 비교검토 등을 통해 개선 필요사항을 도출하는 등 점검항목별 점검결과를 전문가적인 식견을 반영한 종합의견을 제시하여야 한다.

제7조 점검대가 및 표준계약서

7.1 점검대가의 산출

가. 점검대가는 실비정액가산 식에 따라 산출함을 원칙으로 하며, 현황도면의 작성은 별도 실비로 계상한다.

[실비정액가산 식] 점검대가=직접비(직접인건비+직접경비)+제경비+기술료

1) 직접인건비는 당해업무에 직접 종사하는 점검수행자의 인건비로서 투입된 인원수에 노임단가를 곱하여 계산하되, 직접인건비의 기준인원수는 아래와 같이 적용하여 산출한다. 단, 노임단가는 「엔지니어링기술진흥법」 제12조의 규정에 따라서 조사·공표한 가격으로 한다.

〈 단위 : 인·일 〉

건축물의 연면적	정기점검(수시점검)	
	책임점검자	점검원
5,000㎡ 미만	1	0
5,000㎡ 이상 10,000㎡ 미만	1	1
10,000㎡ 이상 30,000㎡ 미만	1	2
30,000㎡ 이상 100,000㎡ 미만	2	3
100,000㎡ 이상	2	4

2) 직접경비는 당해업무 수행에 필요한 여비 및 차량운행비, 현장소요경비, 위험수당 등을 포함한 비용으로 일괄적으로 10만원으로 설정한다.

3) 제경비는 당해업무의 직접비에 포함되지 아니하는 간접비용을 말하며, 직접인건비의 110%로 계산한다.

4) 기술료는 당해업무에 점검수행자가 개발, 보유한 기술의 사용 및 이윤 등을 말하며, 직접인건비와 제경비를 합한 금액의 20%로 계산한다.

나. 점검대가의 산출시 점검대상 건축물의 용도 및 사용승인 후 경과 년수 등을 고려하여 "가"항에서 산출한 점검대가에 아래의 조정비를 적용할 수 있다.

<table>
<tr><th colspan="2">경과 년수에 따른 조정</th><th colspan="2">건축물 용도별 조정</th></tr>
<tr><th>경과년수</th><th>조정비</th><th>용 도</th><th>조정비</th></tr>
<tr><td>15년 이내</td><td>1.00</td><td rowspan="5">공동주택(오피스텔)
근린생활시설
판매 및 영업시설</td><td rowspan="5">1.00</td></tr>
<tr><td>15년 초과 25년 이내</td><td>1.05</td></tr>
<tr><td>25년 초과 35년 이내</td><td>1.10</td></tr>
<tr><td>35년 초과 55년 이내</td><td>1.15</td></tr>
<tr><td>55년 초과</td><td>1.20</td></tr>
<tr><td>15년 이내</td><td>1.00</td><td rowspan="5">관광숙박시설
종합병원
문화 및 집회시설</td><td rowspan="5">1.20</td></tr>
<tr><td>15년 초과 25년 이내</td><td>1.05</td></tr>
<tr><td>25년 초과 35년 이내</td><td>1.10</td></tr>
<tr><td>35년 초과 55년 이내</td><td>1.15</td></tr>
<tr><td>55년 초과</td><td>1.20</td></tr>
</table>

7.2 표준계약서의 적용

관리주체가 유지·관리점검을 유지관리 점검자에게 의뢰하고자 할 때에는 별지 제1호 서식에 따른 "건축물의 유지·관리점검 표준계약서"를 적용한다.

제8조 행정사항

8.1 재검토기한

「훈령·예규 등의 발령 및 관리에 관한 규정」(대통령훈령 제248호)에 따라 이 훈령 발령 후의 법령이나 현실여건의 변화 등을 검토하여 이 훈령의 폐지, 개정 등의 조치를 하여야 하는 기한은 2015년 11월 일까지로 한다.

부 칙

① 이 지침은 고시한 날부터 시행한다.

② 본 지침에서 규정하지 아니하는 건축물의 유지관리 및 점검실시의 방법, 절차 등 구체적인 사항에 대해서는 「건축물의 유지·관리 및 점검 매뉴얼」에 따른다.

[별표1] 규모·년수·용도별 대가 산정표

<table>
<tr><th>연면적</th><th>경과년수</th><th>공동주택(오피스텔)
근린생활시설
판매 및 영업시설</th><th>관광숙박시설
종합병원
문화 및 집회시설</th></tr>
<tr><td rowspan="5">5,000㎡ 미만</td><td>15년 이내</td><td>932,000</td><td>1,118,000</td></tr>
<tr><td>15년 초과 25년 이내</td><td>979,000</td><td>1,175,000</td></tr>
<tr><td>25년 초과 35년 이내</td><td>1,025,000</td><td>1,230,000</td></tr>
<tr><td>35년 초과 55년 이내</td><td>1,072,000</td><td>1,286,000</td></tr>
<tr><td>55년 초과</td><td>1,118,000</td><td>1,342,000</td></tr>
<tr><td rowspan="5">5,000㎡ 이상
10,000㎡ 미만</td><td>15년 이내</td><td>1,389,000</td><td>1,667,000</td></tr>
<tr><td>15년 초과 25년 이내</td><td>1,458,000</td><td>1,750,000</td></tr>
<tr><td>25년 초과 35년 이내</td><td>1,528,000</td><td>1,834,000</td></tr>
<tr><td>35년 초과 55년 이내</td><td>1,597,000</td><td>1,916,400</td></tr>
<tr><td>55년 초과</td><td>1,667,000</td><td>2,000,000</td></tr>
<tr><td rowspan="5">10,000㎡ 이상
30,000㎡ 미만</td><td>15년 이내</td><td>1,846,000</td><td>2,215,000</td></tr>
<tr><td>15년 초과 25년 이내</td><td>1,938,000</td><td>2,326,000</td></tr>
<tr><td>25년 초과 35년 이내</td><td>2,031,000</td><td>2,437,000</td></tr>
<tr><td>35년 초과 55년 이내</td><td>2,123,000</td><td>2,548,000</td></tr>
<tr><td>55년 초과</td><td>2,215,000</td><td>2,658,000</td></tr>
<tr><td rowspan="5">30,000㎡ 이상
100,000㎡ 미만</td><td>15년 이내</td><td>3,136,000</td><td>3,763,000</td></tr>
<tr><td>15년 초과 25년 이내</td><td>3,293,000</td><td>3,952,000</td></tr>
<tr><td>25년 초과 35년 이내</td><td>3,450,000</td><td>4,140,000</td></tr>
<tr><td>35년 초과 55년 이내</td><td>3,606,000</td><td>4,327,000</td></tr>
<tr><td>55년 초과</td><td>3,763,000</td><td>4,516,000</td></tr>
<tr><td rowspan="5">100,000㎡ 이상</td><td>15년 이내</td><td>3,593,000</td><td>4,312,000</td></tr>
<tr><td>15년 초과 25년 이내</td><td>3,773,000</td><td>4,528,000</td></tr>
<tr><td>25년 초과 35년 이내</td><td>3,952,000</td><td>4,742,000</td></tr>
<tr><td>35년 초과 55년 이내</td><td>4,162,000</td><td>4,994,000</td></tr>
<tr><td>55년 초과</td><td>4,312,000</td><td>5,174,000</td></tr>
</table>

※ 1. 실비정액가산식 적용

가. 직접인건비 : 본 세부기준 7.1.가.1) 직접인건비 기준

나. 직접경비 : 일괄 10만원으로 설정

다. 제경비 : 직접인건비 × 110%

라. 기술료 : (직접인건비 + 제경비) × 20%

2. 용도 및 경과 년수에 따라 본 세부기준 7.1.나의 조정비 적용

[별지 제1호 서식]

건축물의 유지·관리점검 표준계약서

1. 건축물명칭 :
2. 대지 위치 :
3. 층 수 : 지하 층 지상 층
4. 연 면 적 : m²
5. 용 도 :
6. 계 약 기 간 : 년 월 일 ~ 년 월 일
7. 계약(업무)범위 :

업 무 내 용			비고
기본	대지 관련 현황 점검	대지 관련 현황이 사용승인도서와 비교하여 적합한지 여부를 점검하고 필요한 경우 현행기준과 비교하여 개선방안 제시	
	높이 및 형태 유지여부 점검	건축물의 용도 및 형태가 사용승인도서와 비교하여 적합한지 여부를 점검하고 필요한 경우 현행기준과 비교하여 개선방안 제시	
	구조 변경여부 점검	주요 구조가 사용승인도서와 비교하여 적합한지 여부를 점검하고 필요한 경우 현행기준과 비교하여 개선방안 제시	
	피난 및 방화 관련 현황 점검	건축물의 피난 및 방화 관련 사항이 사용승인도서와 비교하여 적합한지 여부를 점검하고 필요한 경우 현행기준과 비교하여 개선방안 제시	
	건축물의 기능 및 성능 유지여부 점검	각종 건축설비가 사용승인도서와 비교하여 적합한지 여부를 점검하고 필요한 경우 현행기준과 비교하여 개선방안 제시	
	친환경 및 에너지 관련 사항 점검	- 열손실 방지 관련 사항이 사용승인도서와 비교하여 적합한지 여부를 점검하고 필요한 경우 현행기준과 비교하여 개선방안 제시 - 친환경건축물 인증, 지능형건축물 인증, 에너지효율등급 인증 관련 사항이 유지되고 있는지 여부 점검(인증을 받은 경우에 한함)	
	에너지 절감방안 제시	건축물의 에너지를 절감할 수 있는 방안 제시	
	안전강화 방안	건축물의 안전을 강화할 수 있는 방안 제시	
	기타 보완 방안	기타 건축물의 위법사항개선 및 성능향상 방안 제시	
선택	설계도서 작성	해당 건축물의 설계도서 등이 구비되어 있지 않은 경우 건축물 현황에 대한 설계도서 작성	

8. 계약 금액 : 일금 원정(\ ): 부가세 별도

계약 시(50%)	완료 시(50%)	계(100%)

※ 금액산정 : 계약조건 제2조에 따라 산정

20 년 월 일

"갑"과"을"은 상호 신의와 성실을 원칙으로 이 계약서에 의하여 유지·관리 점검업무 계약을 체결하고 각1부씩 보관한다.

소유자(관리자) "갑"
상 호 / 성 명 : (서명 또는 인)
사업자등록번호/주민등록번호 :
주 소 :
전 화 / Fax :

점검자 "을"
상호 / 대표자 : (서명 또는 인)
사업자등록번호 :
주 소 :
전 화 / Fax :

제1조(총　　칙) 상기 건축물의 유지관리 정기·수시점검업무를 수행하기 위하여 소유자 또는 관리자(이하 "갑" 이라한다.)가 「건축법」제35조제2항 및 같은 법 시행령 제23조의2 제4항 각 호의 유지·관리 점검자(이하 "을" 이라한다.)에게 위탁한 유지관리 점검업무의 수행에 필요한 상호간의 권리와 의무 등을 정한다.

제2조(계약금액의 산정 및 변경)

① 계약금액의 산정은 국토해양부장관이 고시한 「건축물의 유지관리점검 지침」제7조 및 [별표1]에 따른다.

② 「건축물의 유지관리점검 지침」제7조 7.1 가목에 따라 '을'이 건축물 현황에 대한 설계 도서를 작성하는 경우 실비정액가산식에 따라 별도로 대가를 산정하여 계약금액에 포함하여야 한다.

③ 제2항의 사항 외에 계약기간 중 유지·관리점검 업무의 증·감사유가 발생하였을 때는 "갑"과 "을"은 협의하여 계약금액을 변경할 수 있다.

④ 제2항 및 제3항의 사유에 따라 대가가 증감한 경우 이에 대한 정산은 계약완료시 반영한다.

제3조(유지·관리 점검자의 의무)

① "을"은 제1조에서 규정한 목적을 수행하기 위하여 모든 지식과 기술을 활용, 신의와 성실의 원칙에 입각하여 계약을 이행한다.

② "을"은 영 제23조의2제4항에 따른 「건축물 유지·관리점검 세부기준」에 따라 유지·관리점검을 성실하게 실시하고 점검으로 파악할 수 있는 건축물 정보를 최대한 제공하기 위해 노력하여야 한다.

③ "을"은 유지·관리점검을 실시하면서 간단한 조치로 개선될 수 있는 사항에 대해서는 즉시 "갑"에게 통보하여 조치할 수 있도록 하여야 하며, 일부 항목에 대한 상세한 검사가 필요한 경우 지체 없이 "갑"에게 통보하고 점검표에 적시하여야 한다.

제4조(소유자 또는 관리자의 의무)

① "갑"은 "을"이 유지·관리 점검을 공정하게 실시할 수 있도록 자료를 제공하고 업무수행에 필요한 제반여건을 조성하여야 한다.

② "갑"은 "을"이 유지·관리점검을 육안으로 실시하므로, 건축물의 대지, 구조, 설비 등의 실질적 내부결함에 대해 알 수 없어 분명하게 드러나지 않는 문제가 있을 수 있음을 인정한다.

③ "갑"은 유지·관리점검 결과가 계약 당시 또는 이후의 상태나 적합성을 보증하는 성격이 아닌 점을 감안하여 건축물의 상태, 결함, 효율과 관련한 책임을 "을"에게 지도록 하지 않는다.

④ "을"이 책임져야할 사항이 발생한 경우, "갑"은 "을"에게 계약금액 범위 내에서 책임지도록 한다.

제5조(분쟁조정)

① 이 계약과 관련하여 업무상 분쟁이 발생한 경우에는 관계기관의 유권 해석이나 관례에 따라 “갑”과 “을”이 협의하여 정한다.

② “갑”과 “을”이 협의하여 정하지 못한 경우에는「건축법」제88조에 따른 “건축분쟁전문위원회”에 신청하여 이의 조정에 따른다.

③ 건축분쟁조정위원회의 결정에 불복이 있는 경우에는 “갑” 소재지의 관할법원의 판결에 따른다.

제6조(특약사항) 이 계약에서 정하는 사항 외에 “갑”과 “을”은 특약사항을 정할 수 있다.

[별표2] 유지관리 점검절차 개요도

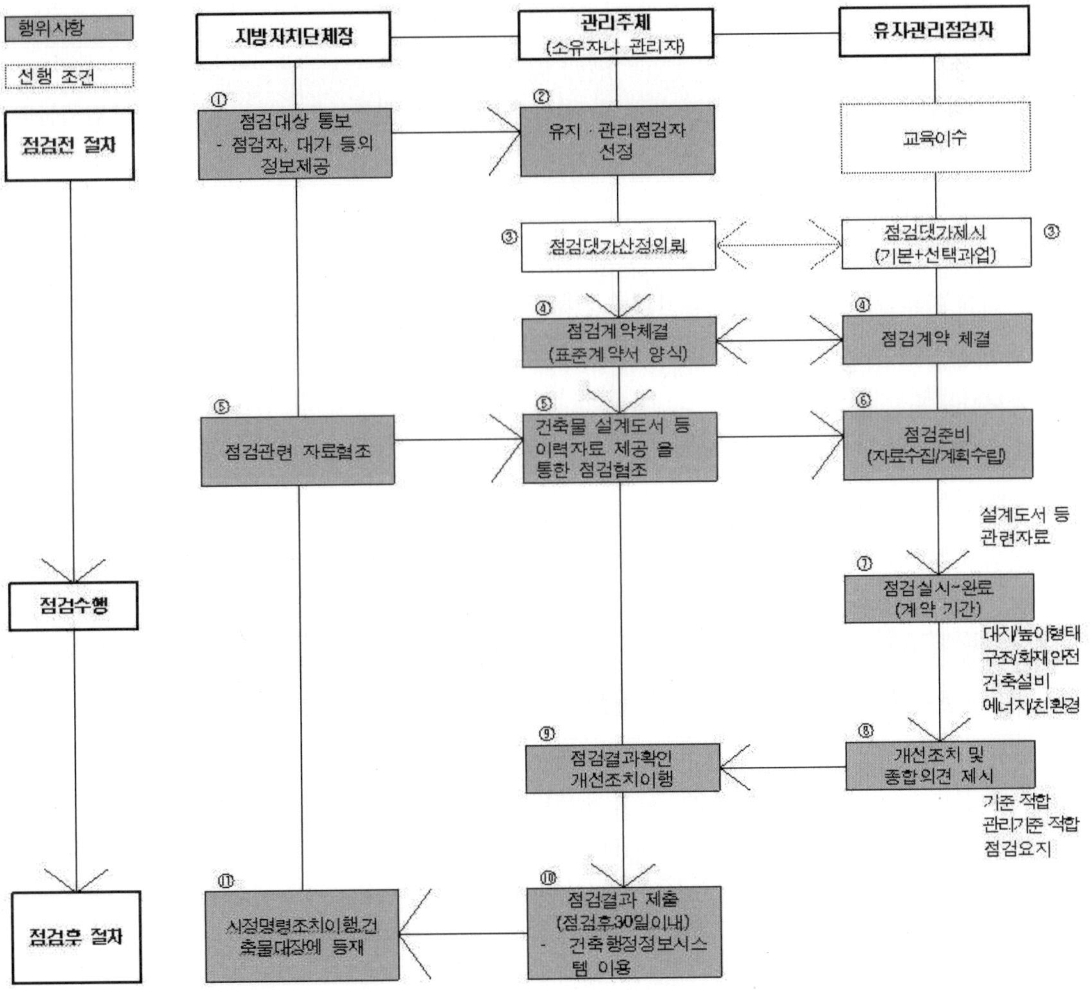

(2) 건축물 유지관리점검 매뉴얼_주요내용

「건축물 유지·관리 점검 매뉴얼」제정시행 (국토교통부 보도자료 2013.8.7)

□ 국토교통부(장관 서승환)는 건축물 유지·관리 점검제도의 객관성 및 실효성을 확보 하기 위하여 「건축물 유지·관리점검 매뉴얼」을 새로 제정하여 시행한다.

□ 작년 7월 개정된 건축법시행령에 따라 다중이용건축물 등의 소유자나 관리자는 사용승인후 10년이 지난날부터 2년마다 점검을 하고 그 결과를 허가권자에게 보고* 하도록 규정하고 있다.

※점검결과를 허가권자에게 보고하지 않는 경우 30만원의 과태료가 부과되며, '12.7월법 시행당시 사용승인 후 20년 이상 건축물은 '14.7.19까지 점검을 받아야 함

□ 점검 방법은 국토부장관이 유지·관리 및 점검세부기준을 정하도록 하여 '12.11.20, 「건축물의 유지·관리점검 세부기준」을 제정하였고 동 기준에 따라 구체적인 사항을 「건축물 유지·관리점검 매뉴얼」에서 정하였다.

□ 금번에 만든 매뉴얼은 점검 전문기관이 건축법령 위반여부와 함께 건축물의 구조·에너지 성능 등을 종합적으로 점검 할 수 있도록 점검 절차, 기준 등을 규정하여 점검업무의 통일성과 객관성을 확보하도록 하였다.

- 또한 본 매뉴얼에서는 점검항목을 더욱 세분화(36개 항목→50개 항목)하고, 항목별 평가결과를 계량화(1점~5점) 하는 한편,
- 점검자는 객관화된 평가결과와 함께 에너지절감, 안전강화 및 기타성능 향상을 위한 개선방안을 제시하여 건축물 장수명화 및 경제적 가치 제고를 위한 컨설팅 서비스를 제공토록 하였다.

□ 국토교통부는 매뉴얼을 마련하는 과정에서 대한건축사협회와 함께 협조하여 실제 표본 점검을 실시함으로써 예상되는 문제점을 보완하고, 지자체 담당공무원 워크숍과 수차례 전문가 자문 등을 거쳐 점검의 실효성을 제고할 수 있도록 하였다.

- 특히, 시행착오를 줄이기 위해 서울 양천구 소재 5개 용도의 건물을 표본 선정, 각 건축물별로 3명의 건축사가 동시에 점검을 실시하여 점검사례집을 작성하고 매뉴얼의 문제점을 보완 하였다.

□ 금번 매뉴얼이 본격 시행될 경우 건축물 관리부실에 따른 사고방지 등을 통해 사회적 비용과 인명피해 감소를 줄이기 위한 유지·관리점검 제도의 체계적 운영에 많은 도움이 될 것으로 기대된다.

• 향후 국토교통부는 본 점검 제도를 조기에 정착시키고, 실효성을 높이기 위해 건축물 소유자 등에 대한 팜플렛 등의 홍보물을 제작하여 점검제도의 취지와 필요성에 대하여 널리 알릴 예정이다.

참고1　건축물 유지·관리 점검 매뉴얼 주요내용

건축물 유지·관리점검 절차 (온라인 처리)

□ 건축물 유지·관리 점검 절차

A-① 대상건축물 확인·통보	대상건축물 확인 및 통보	허가권자
A-② 점검계약	점검자 선정 및 계약	관리주체 ↔ 점검자
A-③,④ 점검자료요청·제공	건축도면 등 자료요청 및 제공	허가권자 ↔ 관리주체
A-⑤ 점검결과 통보	점검 수행 및 결과 제출	점검자 ↔ 관리주체
A-⑥ 결과보고	점검결과를 허가권자에게 보고	관리주체 ↔ 허가권자
A-⑦ 건축물대장 기재·관리	점검결과 건축물대장 기재	허가권자

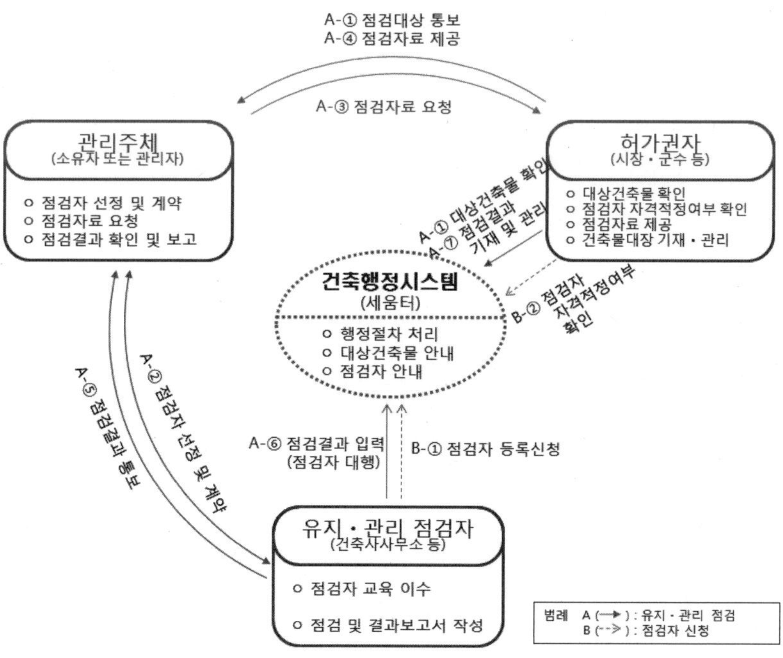

□ 유지·관리 점검자 등록 절차

B-① 점검자 신청	점검자는 교육이수 후 신청	점검자
B-② 확인	점검자 신청정보 확인	허가권자

점검항목별 점검방법

□ 점검원칙 및 고려사항

- (점검원칙) 육안점검을 원칙으로 하나, 문제 확인 시 점검 장비 등을 사용
- (녹색건축물 유도) 녹색건축물 조성을 위한 유지·관리 방안을 제시하여 에너지 절감 및 쾌적한 건축물 조성 유도
- (중복점검 배제) 타 법령에서 점검한 사항은 참고로 활용
- (공적공간 관리) 공개공지 · 건축선후퇴 면적 등에 대한 현황을 사용승인도면 등에 영역 표시도 작성 제출
- (구조 안전 확인) 건축법시행령 제32조 '구조 안전의 확인' 대상 건축물 확인점검 (시특법상 1·2종 건축물의 안전점검 대상은 제외)

  ※ '09.7.16 건축법시행령 개정 내진설계기준이 강화된 3층 이상 건축물
- (환기설비 점검) 실내 환기의 적정수준 유지를 위해 환기설비 점검결과 개선이 필요한 경우, 의견 제시

점검항목별 세분화 내용

□ 세부항목별 점검기준 및 계량적 평가

- (세부항목 구분) 36개 점검항목을 50개 항목으로 세분하고 점검기준을 명시하여 점검의 객관성 확보
- (평가 계량화) 50개 세부항목별로 매우양호 5점, 양호 4점, 보통 3점, 불량 2점, 매우불량 1점의 5단계 평가
- (적합여부 평가) 36개 점검항목별 평균점수가 3점 이상 '적합' 평가, 항목별 법령 위반인 경우와 성능개선이 필요한 경우 2점 이하 '불량' 평가

□ 개선사항 제시 방법

- (세부항목 개선) 50개 세부 항목별 개선방안에 대한 의견 제시
- (주요 개선방안) 세부항목별 개선방안에 대한 의견을 구조·화재안전, 에너지 절감 및 기타 성능개선으로 구분하여 문제점에 대한 개선방안을 제시
- (종합의견) 건축물 사용승인 당시와 현행 유지·관리기준 비교검토를 통해 개선필요 사항을 도출하고 세부항목별 점검결과, 개선방안에 대한 의견에 근거하여 종합의견제시

□ 관련 규정, 서식 등 부록 첨부

• 점검 관련 건축법령 및 세부기준

• 점검보고서·점검표 및 점검 관련 자료제공 요청서

• 점검항목별 건축법령 연혁자료

점검소항목 (36개)	점검세부항목 (50개)
예시) - 대지의 안전 등 (평균3.5점) [√] 적합, [ ]개선필요 [ ] 해당없음	예시) - 옹벽과 건축물과의 안전 확인 (4점) - 지반침하 여부 (3점)
- 대지의 조경	- 조경면적 확보 여부, - 조경시설 성능 여부
- 공개 공지 등의 확보	- 공개공지 유지 여부, - 공개공지 면적확보 여부
- 대지와 도로의 관계	- 대지가 도로와 접하고 있는지 여부
- 건축선에 따른 건축제한	- 건축물, 케노피, 발코니, 노대 및 담장의 건축선 내 유지여부
예시) - 건폐율 (평균4점) [√]유지, [ ]변경, [ ]해당없음	예시) - 건폐율 유지 여부 : [4점]
- 용적률	- 용적률 유지 여부
- 대지 안의 공지	- 공지폭 유지 여부, - 공지기능 유지 여부
- 높이 제한	- 높이제한 유지여부
- 일조 등의 확보를 위한 높이 제한	- 지붕변경, 증축으로 인한 일조권 유지여부
- 외부형태의 원형 유지	- 광고물 등에 의한 디자인 훼손 여부 - 미관지구 안에서의 외관변경여부
- 구조내력 등	- 주요 구조부 변경 및 균열여부 (육안점검 가능부분) - 옥상 구조적 안전여부, - 내진설계적용 여부
- 복도 · 계단 · 출입구	- 복도, 계단, 출입구의 성능 유지 여부
- 옥상광장	- 옥상광장의 피난성능 유지 여부
- 방화구획	- 방화문, 방화셔터 등의 성능 유지 여부 - 방화구획 적합 여부
- 경계벽 · 칸막이벽	- 경계벽 및 칸막이벽의 변경 등 방화성능 유지 여부
- 그 밖의 피난설비	- 배연설비의 성능 유지 여부
- 내화구조	- 내화구조의 성능 유지 여부
- 방화벽	- 방화벽의 성능 유지 여부
- 방화지구 안의 건축물	- 외벽의 성능 유지 여부, - 창호의 성능 유지 여부

- 내부 마감재료	- 내부마감의 방화 성능 유지 여부
- 외벽 마감재료	- 외부마감의 노후화 및 마감재 탈락 여부
- 지하층	- 지하층의 소방설비 성능 유지 여부 - 지하층 피난구, 피난계단의 성능 유지 여부
- 급수설비	- 급수설비 성능 유지 여부
- 배수설비	- 배수설비 성능 유지 여부
- 냉방설비	- 냉방설비 성능 유지 여부
- 난방설비	- 난방설비 성능 유지 여부
- 환기설비	- 환기설비 외관 유지 여부 - 환기설비 성능 유지 여부 - 공기조화설비 외관 유지 여부
- 피뢰설비	- 피뢰설비 성능 유지 여부
- 방송수신설비	- 방송설비 성능 유지 여부
- 전기설비 설치공간	- 전기설비 설치 공간 확보 여부
- 승강기	- 승강기 성능 유지 여부
- 열손실 방지	- 단열성능 유지 여부(출입문, 창호, 외벽 등) - 결로 발생여부 - 창회 기밀성 성능 유지 여부
예시) - 친환경건축물 인증 (평균-점) [ ]인증, [ ]미인증, [√]해당없음	예시) - 친환경건축물 인증의 유지관리 여부(-점)
- 지능형건축물 인증	- 지능형건축물 인증의 유지관리 여부
- 에너지 효율등급 인증	- 에너지효율등급 인증의 유지관리 여부

참고2 건축물 유지·관리 점검제도 개요

□ 제도 도입 목적

- 건축물의 노후화로 유지·관리의 필요성이 증대되고 있으나 일부 건축물은 유지·관리가 전무, 안전사고 위험 및 에너지성능·도시미관 저해

※안산의 불법오락실 화재사건(사망5명, 부상1명), 천호동 상가 붕괴사고(사망2명), 부산 진구 부전동 시크노래방 화재사건(사망9명), 동작구 여관붕괴사고 등

- 건축물의 소유자 등은 스스로 정기적인 점검을 통해 안전성·에너지 효율 확보 등 성능유지 및 개선을 통한 유지·관리체계의 확립 유도

□ 점검제도 주요내용

• 건축법시행령 및 동 규칙 개정 ('12.7.19)

- (점검대상) 다중이용건축물, 연면적 3천㎡이상 집합건축물(주택법령에 의거 관리되는 공동주택 제외), 다중이용업소 등 조례로 정하는 건축물
- (점검시기) 사용승인일 부터 10년 후 2년 마다 1회 정기점검
- (점검자·점검항목) 점검자* 는 구조·화재안전, 건축설비, 에너지 및 친환경 등 항목과 안전강화·에너지 절감방안 등 개선방안 및 종합의견 제시

※건축사사무소(건축사), 건축분야 감리전문회사(감리사), 건축분야 안전진단전문기관(특급기술자)

- (점검정보 제공) 시장·군수 등은 대상건축물의 소유자 등에게 점검결과를 보고하여야함을 알리고 점검에 필요한 도면 등 정보 제공

□ 기대효과

• 건축물의 장수명화, 경제적 가치 상승, 안전사고방지를 통해 관리부실에 따른 사회적 비용과 인명피해를 감소, 친환경·에너지성능 등을 개선

(3) 이해관계자별(건축주, 점검자, 정부) 유지관리 업무

1) 용어의 정의

가. 관리주체

관리주체란 건축물의 소유자나 관리자로서 이 법령에 따른 유지·관리점검 및 개선등 조치에 대한 책임을 가진 자를 말한다.

나. 유지·관리 점검자

유지·관리 점검자란 영 제23조의2 제6항에 따라 전문적인 지식과 경험 등을 바탕으로 관리주체의 유지·관리점검 대행요청에 따라 점검을 수행하는 자를 말한다.

다. 책임점검자 및 점검원

- 책임점검자란 유지·관리 점검자에 소속된 자로서 점검업무를 총괄하여 수행하고, 「건축법 시행규칙」 별지 제24호의3 서식에 따른 "건축물의 유지·관리(정기, 수시) 점검표"를 작성하는 자로서 다음 각 호에 따른 자격을 가진 자를 말한다.

  ① 건축사법에 의한 건축사

② 건설기술관리법에 의한 건축분야 감리사 및 특급기술자 이상의 자격을 가진 자

- 점검원이란 유지·관리 점검자에 소속된 자로서 책임점검자를 보조하여 유지관리 점검업무를 수행하는 자를 말한다.

2) 이해관계자별 유지관리 업무

가. 시장·군수 등

- 시장·군수 등은 2개월 마다 유지관리 점검자 중 건축물의 유지·관리 점검업무를 수행하고자 하는 자에 대한 신청을 받아 자격여부 등을 확인한 후, 「건축법」 제31조에 따른 건축행정 전산화 시스템에 공지하여야 한다.
- 시장·군수 등은 영 제23조의2에 따라 관할 지역 내 점검대상 건축물 현황을 파악하고, 대상 건축물의 기준일로 부터 매 2년이 되는 날의 3개월 전까지 점검대상 건축물의 관리주체에게 유지·관리점검 대상 건축물이라는 사실과 점검실시 절차, 표준계약서 및 점검대가 등을 문서, 팩스, 전자우편, 휴대전화에 의한 문자메시지 등으로 미리 알려야 한다.
- 시장·군수 등은 관리주체로부터 해당 건축물의 점검결과를 보고 받은 후, 필요하다고 인정되는 경우에는 시정명령 등 필요한 조치를 하여야 한다.
- 시장·군수 등은 규칙 별지 제24조의4 서식에 따른 "건축물 유지、관리(정기, 수시)점검보고서"를 당해 건축물의 "건축물대장"에 첨부하여 관리하여야 한다.

나. 관리주체(건축주)

- 관리주체는 유지·관리점검에 필요한 설계도서 및 건축물 이력자료 등을 유지관리 점검자에게 성실하게 제공하여야 한다.
- 관리주체는 유지·관리점검에 필요한 경우 시장·군수 등에게 해당 건축물의 설계도서 등 관련정보의 제공을 요청할 수 있다.
- 관리주체는 점검이 종료된 날로부터 30일 이내에 점검대상 건축물의 점검결과를 시장·군수 등에게 보고하여야 한다.

다. 유지·관리 점검자

- 유지·관리 점검자는 점검대상 건축물의 충실한 점검을 위해 관련자료의 수집 및 사전 조사 등을 실시하고 이를 기초로 점검계획을 수립하여야 한다.
- 유지·관리 점검자는 설계도서 및 건축물의 유지·관리 이력자료(용도변경, 증축, 대수선, 기존 점검결과 등) 등을 고려하여 점검범위 및 점검방법 등을 마련하여야 한다.
- 유지·관리 점검자는 영 제23조의3에 따른 유지·관리점검의 항목별 점검업무를 충실하게 수행

하고, 건축물에 대한 개선 및 조치방안을 제시하여야 하며, 그 결과를 관리주체에게 제출하여야 한다.

- 책임점검자 및 점검원은 유지·관리점검을 수행하기 위해서는 다음의 어느 하나에 해당하는 교육기관에서 운영하는 사이버교육 등을 이용한 교육과정 중 “건축물 유지·관리 점검분야”의 교육을 받아야 한다. 이 경우 책임점검자는 8시간 점검원은 4시간 이내의 교육을 이수하여야 한다.
  ① 「건축사법」 제31조에 따른 건축사 협회
  ② 「건설기술관리법 시행령」 제25조에 따른 건설기술인력의 교육훈련기관
  ③ 「시설물의 안전관리에 관한 특별법」 제4조에 의한 책임기술자 교육기관

(4) 유지관리 질의회신

[질의회신사례 1]

제목 : 건축물 유지관리점검제도와 관련한 질의

질의내용 :

1. 건축법시행령 제23조의2 제 1항 제2호에 의거하여 집합건축물로서 연면적의 합계가 3천제곱미터 이상인 건축물은 유지관리 점검대상으로 분류됩니다. 관리주체 등이 관리하는 공동주택의 상가건축물인 경우, 관리주체에 의해 관리되는 부분에 상가부분은 제외되므로 연면적이 3천제곱미터 이상인 경우는 유지관리대상에 속할 것입니다. 그러면, 같은 대지 상에 상가부분이 여러동으로 되어 각각의 동은 3천제곱미터 미만이나, 그 동의 합이 3천제곱미터인 경우에도 정기점검 대상에 포함되는지에 대해 문의드립니다.
2. 또한 정기점검 대상으로 지정된 경우, 점검이 사용승인 도면을 기준으로 이루어지는 바, 준공 후 오랜세월이 지나 사용승인 도면이 없는 경우에는 의무적으로 사용승인 도면을 별도로 생성하여 점검해야 하는 것인지, 점검자의 실측으로만 점검을 하는 것인지에 대해서도 문의드립니다.

회신내용 :

안녕하십니까? 평소 국토교통행정에 관심과 애정을 가져 주신 점 깊이 감사드리며, 귀 하께서 보내주신 민원사항에 대하여 아래와 같이 답변 드립니다.

1. 질의 내용(질의요지)

• 건축물 유지·관리점검 대상건축물 여부 및 설계도면 관련사항

2. 답변내용

[질의1]

• 건축법 시행령 제23조의2(정기점검 및 수시점검 실시) 제1호에 따라 각 호(다중이용 건축물, 주택법에 의한 관리주체 등이 관리하는 공동주택을 제외한 집합건축물로서 연면적의 합계가 3천제곱미터 이상인 건축물, 다중이용업의 용도로 쓰는 건축물로서 특별자치도 또는 시·군·구의 건축조례로 정하는 건축물)의 어느 하나에 해당하는 건축물의 소유자나 관리자는 해당 건축물의 사용승인일을 기준으로 10년이 지난 날부터 2년마다 한 번 정기점검을 실시하여야 함을 알려드립니다.
• 따라서, 집합건축물로서 각 동의 건축물 연면적의 합계가 3,000㎡ 이상인 경우 건축법 제23조의2(정기점검 및 수시점검 실시)①항에 따라 정기점검 및 수시점검 대상건축물에 포함되는 것으로 사료됩니다.

[질의2]

• 「건축법」시행령 제23조의4(건축물 점검 관련 정보의 제공)에 따라 건축물의 소유자나 관리자는 정기점검이나 수시점검을 실시하는데 필요한 경우에는 특별자치도지사 또는 시장·군수·구청장에게 해당 건축물의 설계도서 등 관련 정보의 제공을 요청할 수 있으며, 이 경우 해당 특별자치도지사 또는 시장·군수·구청장은 특별한 사유가 없으면 관련 정보를 제공하여야 함을 알려드립니다. 따라서 해당 건축물에 대한 인허가도면 등 설계도서와 관련한 사항은 해당 시군구에 문의하여 주시기 바랍니다.
• 또한, 관계법령에서는 유지관리점검을 위한 설계도서가 특별한 사유 등으로 인하여 없는 경우, 설계도면의 작성을 강제하고 있지는 않습니다. 따라서 관리주체는 건축물 유지관리의 체계적인 관리와 효율성 등을 고려하여 설계도서의 작성 여부와 범위를 판단할 수 있는 것으로 사료됩니다.

[질의회신사례 2]

제목 : 건축물 유지관리를 위한 정기점검 대상건축물

질의내용 :

저희 아파트는 20년이상 경과한 건축물로서 오는 7월18까지 정기점검을 실시하고 8월18일까지 군청에 보고 하라는 공문을 받았습니다. 알아본바에 의하면 의무관리대상 아파트는 제외된 것으로 알고 있습니다. 주택관리사보 이상이 관리하는 아파트인경우라서 제외 된것인지 그러면 저희 아파트

는 비관리 대상인데도 소장으로 근무중인 저는 현재 주택관리사로서 시특법에의한 점검자격도 있는데 정기점검을 받아야 한다면 도무지 납득이 가지 않습니다. 소규모 아파트라 금전적으로 어려운점도 많고 정부에서 보조해주는것도 없이 안전의 문제로 점검하여 보고하지 않으면 과태료등 불이익을 받을수 있다니 한번더 재검토 하신후 현명한 업무 처리를 부탁드리겠습니다. 근거자료와 함께 답변 부탁합니다.

회신내용 :

1. 질의요지

- 주택법에 따른 주택관리업자 등에 의한 의무관리대상 공동주택은 아니나, 주택관리업자가 관리하고있는 경우 점검을 받아야 하는지 여부?

2. 답변내용

- 「건축법」시행령 제23조의2(정기점검 및 수시점검 실시) 제1항 각 호(다중이용 건축물, 주택법에 의한 관리주체 등이 관리하는 공동주택을 제외한 집합건축물로서 연면적의 합계가 3천제곱미터 이상인 건축물, 다중이용업의 용도로 쓰는 건축물로서 특별자치도 또는 시·군·구의 건축조례로 정하는 건축물)의 어느 하나에 해당하는 건축물의 소유자나 관리자는 해당 건축물의 사용승인일을 기준으로 10년이 지난 날부터 2년마다 한 번 정기점검을 실시하여야 함을 알려드립니다.
- 또한, 주택법 제43조에 따른 주택관리업자 등에 의한 의무관리대상 공동주택은 아니나, 주택관리업자 등에 의해 관리되고 있는 공동주택이라 할지라도 이는 대상 공동주택의 관리방법 및 내용, 관리주체의 책임한계 등이 상이하게 적용될 수 있으므로 점검대상에서 포함될 것으로 사료됩니다.
- 아울러, 건축법 제35조(건축물의 유지·관리) 및 같은 법 시행령 제23조에 따른 점검의 내용은 건축법 시행령 제23조의3(정기점검 및 수시점검)에서 규정하고 있으며, 이는 항목별로 대지, 높이 및 형태, 화재안전, 구조안전, 건축설비, 에너지 및 친환경 관리 등으로 분류되며, 시특법 제2조제2호 또는 제3호에 따른 1종시설물 또는 2종시설물인 건축물에 대하여는 구조안전 항목의 점검을 생략할 수 있음을 알려드립니다.

[질의회신사례 3]

제목 : 건축물 유지관리 점검 관련 문의

질의내용 :

건축물의 유지관리 점검업무과 관련하여 건축물 규모별로 점검수행자의 자격이 정해져 있는 것인지에 대해서 문의 드립니다.

유지관리 점검 세부 기준의 점검대가의 산출표를 보면 5000제곱미터미만은 책임점검자 1인으로 되어 있고 5,000~10,000제곱미터까지는 책임점검자1인+점검원1인으로 되어 있는 데 만약 연면적 9,000제곱미터의 건축물을 유지점검하려면 책임점검자 1인만 있는 건축사사무소에서는 점검을 못하는 것인지요? 즉 책임점검자 1인만 있는 사무소에서는 5,000제곱미터 미만의 건축물만 유지점검이 가능한 것인지요?

감사합니다.

회신내용 :

1. 질의 내용(질의요지)

• 건축물 규모별 점검수행 요건

2. 답변내용

• 귀 하께서 언급하신 표의 내용은 점검 대가(직접인건비) 산정을 위하여 해당 점검에 투입되는 책임점검자 및 점검원의 인·일 수를 건축물의 연면적에 따라 분류한 것임을 알려드립니다.
• 또한, 동 기준 제3조에서는 책임점검자와 점검원에 대하여 아래와 같이 정의하고 있으며, 책임점검자와 점검원은 「건축법」 제23조의2 제6항에 따른 점검자에 소속된 자여야 하므로 귀 하께서 질의하신 바와 같이 건축사 1인으로 구성된 건축사사무소의 경우 점검수행 대상건축물에 일부 제한될 수 있을 것으로 사료됩니다.

※관계법령 「건축물 유지·관리점검 세부기준」[국토부 고시 제2012-800('12. 11. 20.)호]

3.4 책임점검자 및 점검원

가. 책임점검자란 유지·관리 점검자에 소속된 자로서 점검업무를 총괄하여 수행하고, 「건축법 시행규칙」 별지 제24호의3 서식에 따른 "건축물의 유지·관리(정기, 수시) 점검표"를 작성하는 자로서 다음 각 호에 따른 자격을 가진 자를 말한다.

1) 건축사법에 의한 건축사

2) 건설기술관리법에 의한 건축분야 감리사 및 특급 기술자 이상의 자격을 가진 자

나. 점검원이란 유지·관리 점검자에 소속된 자로서 책임점검자를 보조하여 유지관리 점검업무를 수행하는 자를 말한다.

1. 질의 내용(질의요지)

• 건축물 규모별 점검수행 요건

2. 답변내용 [요 약]

- 귀 하께서 언급하신 표의 내용은 점검 대가(직접인건비) 산정을 위하여 해당 점검에 투입되는 책임점검자 및 점검원의 인·일 수를 건축물의 연면적에 따라 분류한 것임을 알려드립니다.
- 또한, 동 기준 제3조에서는 책임점검자와 점검원에 대하여 아래와 같이 정의하고 있으며, 책임점검자와 점검원은 「건축법」 제23조의2 제6항에 따른 점검자에 소속된 자여야 하므로 귀 하께서 질의하신 바와 같이 건축사 1인으로 구성된 건축사사무소의 경우 점검수행 대상건축물에 일부 제한될 수 있을 것으로 사료되나,
- 다만, 건축사 1인으로 구성된 건축사사무소가 5천 제곱미터 이상 1만 제곱미터 미만의 건축물을 점검하고자하는 경우, 점검대가의 기준을 적용함에 있어 책임점검자 1인, 점검원 1인으로 직접인건비를 계상한다면 해당 건축물에 대한 점검은 가능할 것으로 사료됩니다.

[질의회신사례 4]

제목 : 건축물 유지관리점검대상 해당여부 질의

질의내용 :

1. 유지관리 점검대상은 법상 연면적3천이상 집합건축물(의무관리대상 제외), 연면적5천이상 다중이용건축물, 다중이용시설로 되어 있는바, 당초 사용승인 시점에는 해당 면적에 포함되지 않았으나 증축(증축 시점은 10년이 경과하지 않았음)을 통한 면적증가로 해당면적 초과하게 되었을경우, 갑설. 증축부분이 사용승인 시점부터 10년이 경과하지 않았으므로, 이를 제외한 면적을 검토하는 것이 타당할 것임 을설. 증축부분의 사용승인 시점과 관계없이 전체 연면적을 포함하여 대상선정
2. 위의 내용 중 갑설이 타당할 경우 유지관리 점검 시 당초 신축부분과 증축부분의 점검방법 등 법적용에 대하여 갑설. 당초 신축부분과 차후 증축부분의 사용승인 시점을 구분하여 점검비용 및 기타 법 적용 을설. 신축 증축 구분없이 비용 및 기타 법 일괄 적용

회신내용 :

1. 질의요지

- 증축으로 인하여 유지관리점검대상 건축물이 되었을 경우 사용승인시점 적용 기준
- 증축으로 인하여 유지관리점검대상 건축물이 되었을 경우 점검대상의 범위

2. 답변내용

- 건축법 시행령 제23조의2(정기점검 및 수시점검 실시) 제1항 각 호(다중이용 건축물, 주택법에 의

한 관리주체 등이 관리하는 공동주택을 제외한 집합건축물로서 연면적의 합계가 3천제곱미터 이상인 건축물, 다중이용업의 용도로 쓰는 건축물로서 특별자치도 또는 시·군·구의 건축조례로 정하는 건축물)의 어느 하나에 해당하는 건축물의 소유자나 관리자는 해당 건축물의 사용승인일을 기준으로 10년이 지난 날부터 2년마다 한 번 정기점검을 실시하여야 함을 알려드립니다.

- 건축물 증축 등과 관련한 사안에 대하여는 관계법령 등에서 별도 명시하고 있지는 않으나, 귀 하께서 질의하신 바와 같이 건축물 증축 등으로 인하여 유지관리점검대상이 되었을지라도, 이에 적용되는 사용승인일의 기준일은 해당 대지에 적용된 최초 사용승인일을 기준으로 적용하여야 할 것으로 사료되며, 점검의 범위는 관계법령의 목적과 취지 및 점검의 내용, 증축의 범위 등을 종합적으로 고려하여 판단하여야 할 것으로 사료됩니다.
- 아울러, 점검의 대가는 건축물 유지·관리점검 세부기준[국토부 고시 제2012-800('12.11.20)] 제7조에 따라 산정되며, 점검의 범위에 따른 점검 대가의 구체적인 적용은 관리주체 및 점검자 등 계약 당사자간의 합의하여 결정해야 할 사항으로 판단됩니다.

[질의회신사례 5]

제목 : 건축물유지관리를 위한 정기점검 대상건축물인지 확인

질의내용 :

부산 구포도시아파트는 연면적 8,379제곱미터이며 1999년 103세대가 입주하였으며 사업주체인 부산도시공사의 공공임대 아파트로서 관리주체를 두고 2008년도부터 주택관리사가 상주하여 관리하고 있으며 매년 주택안전관리 기본계획을 수립하여 시설물의 안전점검을 하고 부산도시공사에 결과를 보고하고 있습니다.

질의) 건축법시행령 부칙(대통령령 제23963호 2012.07.19.)에 따라 건축물 유지관리를 위한 정기점검 대상건축물에 해당되어 정기점검을 실시하라는 공문을 받은바 당 아파트는 주택법 제43조 의무관리대상인 150세대 미만임에도 불구하고 관리주체를 두고 주택관리사가 상주하여 매년 시설물 안전점검을 하고 부산 도시공사에 결과를 보고하고 있는데 당 아파트는 건축물유지관리를 위한 정기점검대상건축물인지 여부를 알고 싶습니다.

회신내용 :

1. 질의요지

- 주택법에 따른 주택관리업자 등에 의한 의무관리대상 공동주택은 아니나, 주택관리업자가 관리하고있는 경우에 점검을 받아야 하는지 여부?

2. 답변내용

- 건축물의 유지·관리와 관련한 점검대상 건축물에 대하여「건축법」시행령에서는 아래와 같이 규정하고 있습니다.
- 따라서, 귀 하께서 질의하신 건축물은 연면적의 합계가 3,000㎡ 이상으로(8,370㎡)으로 건축법 제23조의2(정기점검 및 수시점검 실시)①항에 따라 정기점검 및 수시점검 대상건축물에 포함되는 것으로 사료됩니다.
- 또한, 주택법 제43조에 따른 주택관리업자 등에 의한 의무관리대상 공동주택은 아니나, 주택관리업자 등에 의해 관리되고 있는 공동주택이라 할지라도 이는 대상 공동주택의 관리방법 및 내용, 관리주체의 책임한계 등이 상이하게 적용될 수 있으므로 점검대상에서 포함될 것으로 사료됩니다.
- 아울러, 건축법 제35조(건축물의 유지·관리) 및 같은 법 시행령 제23조에 따른 점검의 내용은 건축법 시행령 제23조의3(정기점검 및 수시점검)에서 규정하고 있으며, 이는 항목별로 대지, 높이 및 형태, 화재안전, 구조안전, 건축설비, 에너지 및 친환경 관리 등으로 분류되며, 시특법에 따른 안전점검의 내용은 건축법 시행령에 따른 유지관리점검 항목 중 일부사항이며, 시특법 제2조제2호 또는 제3호에 따른 1종시설물 또는 2종시설물인 건축물에 대하여는 구조안전 항목의 점검을 생략할 수 있음을 알려드립니다.

[질의회신사례 6]

제목 : 건축물유지관리를 위한 정기점검대상건축물 확인

질의내용 :

부산 구포도시아파트는 연면적 8,379제곱미터이며 1999년 103세대가 입주하였으며 사업주체인 부산도시공사의 공공임대 아파트로서 관리주체를 두고 2008년도부터 주택관리사가 상주하여 관리하고 있으며 매년 주택안전관리 기본계획을 수립하여 시설물의 안전점검을 하고 부산도시공사에 결과를 보고하고 있습니다.

질의) 건축법시행령 부칙(대통령령 제23963호 2012.07.19.)에 따라 건축물 유지관리를 위한 정기점검 대상건축물에 해당되어 정기점검을 실시하라는 공문을 받은바 당 아파트는 주택법 제43조 의무관리대상인 150세대 미만임에도 불구하고 관리주체를 두고 주택관리사가 상주하여 매년 시설물 안전점검을 하고 부산 도시공사에 결과를 보고하고 있는데 주택법 43조에 따른 관리주체 등이 관리하는 공동주택에 포함되는지 여부를 알고 싶습니다.

회신내용 :

주택법 제43조 및 같은 법 시행령 제48조에 따라 주택관리업자 등에 의한 의무관리대상 공동주택의 범위는 300세대 이상의 공동주택, 150세대 이상으로서 승강기가 설치된 공동주택, 150세대 이상으로서 중앙집중식 난방방식(지역난방방식을 포함)의 공동주택, 건축법 제11조에 따른 건축허가를 받아 주택 외의 시설과 주택을 동일건축물로 건축한 건축물로서 주택이 150세대 이상인 건축물을 말합니다.

아울러, 임대주택법 제28조 및 같은 법 시행령 제27조에 따르면 300세대 이상의 공동주택이나 승강기가 설치된 공동주택, 중앙집중식 난방방식의 공동주택의 임대사업자는 임대주택의 관리를 주택법 제53조에 따른 주택관리업자에게 관리를 위탁하거나 자체관리하도록 하고 있으니, 참고하시기 바랍니다.

[질의회신사례 7]

제목 : 건축물 유지관리 점검에 대해서 문의드립니다.

질의내용 :

건축물 유지관리 점검 대가산정에 대해서 문의드립니다.

1.책임점검원은 특급이상이고 점검원은 고급이하로 알고 있는데 그럼 책임점검원은 기술사와 특급이 있는데 엔지니어링 임금은 기술사, 특급 둘중 누구를 넣어야 하나요? 그리고 점검원도 고급,중급,초급이 있는데 누구를 넣어야 하나요?

2.조정비를 보면 예를 들어 5,000~10,000은 책임점검자 1명과 점검원 1명으로 되어 있는데 이 연면적 안에서는 조정비가 동일한건가요? 아니면 그 사이에서 직선보간법으로 구해야 하나요? 3.직접경비를 보면 일괄적으로 10만원이라고 되어있는데 이 10만원이 인당 10만원인건가요? 만약 2번에서처럼 책임점검자 1인과 점검원 1인이라면 직접경비는 20만원 인건가요?

회신내용 :

가. 동 질의는 건축법 제35조 및 시행령 제26조의 6, 건축물 유지.관리점검 세부기준에 따른 질의로서, 우리부 소관 녹색건축과로 문의하여 주시기 바랍니다.

나. 아울러, 회신내용과 관련하여 추가 질문이 있으실 경우 건설안전과(044-201-3578, 담당 김성재)로 연락주시면 상세히 답변해 드리겠습니다. 좋은 하루 보내시기 바랍니다.

[질의회신사례 8]

제목 : 건축물 유지 관리 대상 여부 문의

질의내용 :

건축법시행령 제23조의2 제1항 2호에 의하면 집합건축물로서 연면적의 합계가 3천제곱미터이상인 건축물은 건축법 제35조 규정에 따른 정기점검을 받아야 합니다.

그렇다면 집합건축물이 2개동인 경우 1개동은 연면적이 2,800제곱미터, 또다른 1개동은 연면적이 300제곱미터인 경우 정기점검 대상에 포함 되는지와 포함이 된다면 300제곱미터인 건축물도 점검을 받아야 하나요?

그리고 단독주택(블럭형 단독주택) 20개동으로 연면적의 합계가 6천제곱미터이고 건축물대장상 집합건축물로 등재가 되어 있는 경우 정기점검 대상에 포함이 되나요? 수고하세요....

회신내용 :

1. 질의 내용(질의요지)

- 건축물 유지·관리점검 대상 여부
- 연면적의 합계가 3천 제곱미터 이상인 집합건축물인 경우 모든 동이 점검대상에 포함되는지 여부
- 집합건축물대장으로 관리하고 있는 연면적 3천 제곱미터 이상인 블럭형 단독주택의 경우도 점검 대상인지 여부

2. 답변내용

〈질의 1,2〉

- 「건축법」시행령 제23조의2(정기점검 및 수시점검 실시)에 따라 집합건축물(단, 주택법에 의한 관리주체 등이 관리하는 공동주택을 제외)로서 연면적의 합계가 3천 제곱미터 이상인 건축물은 건축물 유지관리점검대상에 포함되며, 연면적의 산정기준은 1대지 존재하는 모든 건축물의 합으로 계상하므로, 소규모 건축물(질의하신 연면적 3백 제곱미터)일지라도 점검대상에 포함됩니다. 아울러, 집합건축물대장으로 관리하고 있는 연면적 3천 제곱미터 이상인 블럭형 단독주택의 경우도 점검대상임을 알려드립니다.

[질의회신사례 9]

제목 : 건축물 유지 관리 대상 여부 문의

질의내용 :

- 건축물 유지관리점검을 할수 있는 자격 기준을 알고 싶습니다. 가령 건축사사무소와 감리전문회사, 시설물유지관리회사에서는 별도의 면허를 취득하지 않고 유지관리점검을 할수 있는지 여부. 그리고 건축물 유지관리점검 자격이 있는 회사에 소속된 기술자는 기술자등급과 상관없이 유지관리점검 교육을 이수한 경우 유지관리 점검자로서의 자격이 부여되는지 여부?
- A회사는 유지관리 점검자격이 있는 회사이고, B회사는 유지관리점검 자격이 없는 회사인 경우 A회사는 점검을 실시하고 세움터 등록을 담당하고 B회사는 보고서와 사진 편집업무를 담당한 경우 A회사와 B회사는 공동도급으로 유지관리점검 계약을 체결할 수 있는지 여부 또는 A회사는 건축사 1인만 근무하는 건축사사무소이고 B회사는 유지관리점검자격은 없으나 B회사의 소속된 기술자가 유지관리 점검교육을 이수한 점검기술자일 경우 A회사 건축사와 B회사의 점검자가 공동으로 유지관리업무를 수행 할 수 있는지 여부?

회신내용 :

- 「건축법」시행령 제23조의2 제6항 및 「건축물 유지·관리점검 세부기준」제3조 및 제5조에 따라 유지관리점검자와 점검원에 대한 자격요건에 대하여 규정하고 있으며, 다음과 같습니다.
- 따라서, 점검자격을 갖추지 않은 자가 공동도급(공동이행 또는 분담이행)의 형태로 점검을 수행하는 것은 불가하며, 점검기관에 소속되지 않은 자는 관련교육을 이수하였을지라도 동 제도의 점검은 불가합니다.

■ 관계법령

※「건축법」시행령 제23조의2 제6항

1. 「건축사법」 제23조제1항에 따라 건축사사무소개설신고를 한 자
2. 「건설기술관리법」제28조제1항에 따라 등록한 건축감리전문회사 및 종합감리전문회사
3. 「시설물의 안전관리에 관한 특별법」제9조제1항에 따라 등록한 건축 분야 안전진단전문기관

※ 「건축물 유지·관리점검 세부기준」제3조 및 제5조

3.4 책임점검자 및 점검원

가. 책임점검자란 유지·관리 점검자에 소속된 자로서 점검업무를 총괄하여 수행하고, 「건축법 시행규칙」 별지 제24호의3 서식에 따른 “건축물의 유지·관리(정기, 수시) 점검표”를 작성하는 자로서 다음 각 호에 따른 자격을 가진 자를 말한다.

1) 건축사법에 의한 건축사

2) 건설기술관리법에 의한 건축분야 감리사 및 특급 기술자 이상의 자격을 가진 자

나. 점검원이란 유지·관리 점검자에 소속된 자로서 책임점검자를 보조하여 유지관리 점검업무를 수행하는 자를 말한다.

5.3 유지·관리 점검자

라. 책임점검자 및 점검원은 유지·관리점검을 수행하기 위해서는 다음의 어느 하나에 해당하는 교육기관에서 운영하는 사이버교육 등을 이용한 교육과정 중 "건축물 유지·관리 점검분야"의 교육을 받아야 한다. 이 경우 책임점검자는 8시간 점검원은 4시간 이내의 교육을 이수하여야 한다.

1) 「건축사법」 제31조에 따른 건축사 협회

2) 「건설기술관리법 시행령」 제25조에 따른 건설기술인력의 교육훈련기관

3) 「시설물의 안전관리에 관한 특별법」 제4조에 의한 책임기술자 교육기관

[질의회신사례 10]

질의내용 :

점검대상 건축물을 세움터에서 조회했을때 설계도서가 없는 경우에는 유지관리점검을 할 수 없는지 여부

회신내용 :

- 설계도서가 없는 경우에는 건축물대장에 근거하여 건축허가 당시 관계법령에 따른 건축설계기준 등과 건축물 현황을 비교하는 방법이 있을 것으로 사료되나, 이는 동 제도의 목적과 취지, 건축물의 현황 및 점검에 따른 후속조치 등을 종합적으로 고려하여 판단할 사항으로 해당 문의는 해당 건축물이 있는 시군구청으로 문의하여 주시기 바랍니다.
- 아울러, 관계법령에서는 유지관리점검을 위한 설계도서가 특별한 사유 등으로 인하여 없는 경우, 설계도면의 작성을 강제하고 있지는 않으며, 관리주체가 건축물 유지관리의 체계적인 관리와 효율성 등을 고려하여 설계도서의 작성 여부와 범위를 판단할 수 있는 것으로 사료됩니다.
- 또한,「건축법」시행령 제23조의4(건축물 점검 관련 정보의 제공)에 따라 건축물의 소유자나 관리자는 정기점검이나 수시점검을 실시하는데 필요한 경우에는 특별자치도지사 또는 시장·군수·구청장에게 해당 건축물의 설계도서 등 관련 정보의 제공을 요청할 수 있으며, 이 경우 해당 특별자치도지사 또는 시장·군수·구청장은 특별한 사유가 없으면 관련 정보를 제공하여야 함을 알려드립니다. 따라서 해당 건축물에 대한 인허가도면 등 설계도서와 관련한 사항은 해당 시군구에 문의하여 주시기 바랍니다.

[질의회신사례 11]

질의내용 :

유지관리점검을 받은 건축물은 건축물관리대장에 유지관리점검을 받았다는 것을 어떻게 확인 할 수 있는지 여부?

회신내용 :

- 「건축물대장의 기재 및 관리 등에 관한 규칙」제7조의2(정기점검 및 수시점검에 관한 사항의 기재)에 따라 허가권자는 정기점검 또는 수시점검을 실시하는 경우 건축물대장에 정기점검과 관련한 사항을 기재('변동사항' 및 '그 밖의 기재사항')토록 하고 있으며,「건축물 유지·관리점검 세부기준」 제 5조에 따라 시장·군수 등은 "건축물 유지·관리 점검보고서"를 당해 건축물의 "건축물대장"에 첨부하여 관리토록 하고 있음을 알려드립니다.

[질의회신사례 12]

질의내용 :

유지관리점검을 받지 않은 건축물은 건축물관리대장에 위법건축물이라고 명기된다고 하는데요, 건축물관리대장의 어느부분에 위법건축물이라고 명기되는지 알고 싶습니다.

회신내용 :

- 「건축물대장의 기재 및 관리 등에 관한 규칙」제8조에서 건축물대장상 위반건축물의 기재방법에 대하여 다음과 같이 규정하고 있음을 알려드립니다.

■ 관계법령

※「건축물대장의 기재 및 관리 등에 관한 규칙」제8조

제8조(위반건축물의 기재) ①허가권자는 법 제79조제4항에 따라 시정명령을 할 때마다 건축물대장에 다음 각 호의 사항을 기재하여야 한다. 〈개정 2009.1.20, 2014.1.14〉

1. "위반건축물"이라는 표시
2. 위반일자
3. 위반내용
4. 시정명령한 내용

②제1항제1호의 "위반건축물"의 표시는 별지 제1호서식·제3호서식·제5호서식 및 제7호서식의 첫

짜면 장번호란 위에 하여야 한다.

③건축물대장의 변동사항란에 다음 각 호의 사항을 기재하여야 한다.

1. "위반건축물"이라는 표기를 한 사실
2. 제1항제2호 내지 제4호의 내용
3. 제1항의 위반내용이 시정되거나 관계 법령 등의 변경으로 적법하게 된 경우 그 내용

④제3항제3호의 경우에는 제2항의 "위반건축물"의 표시를 삭제하여야 한다.

[질의회신사례 13]

질의내용 :

10년미만의 건축물에서 건축주(관리주체)가 희망할 경우 유지관리를 실시 할수 있는지와 유지관리 점검를 받은 경우 10년미만의 건축물도 건축물관리대장에 유지관리점검을 이행했다고 명기되는지 여부

회신내용 :

- 「건축법」 제35조 및 같은 법 시행령 제23조 등 관련 법령에서는 유지관리점검대상 건축물이 아닌 경우에 대한 점검실시 여부에 대하여는 별도로 규정하고 있지 않습니다.

[질의회신사례 14]

질의내용 :

유지관리점검비용(대가기준)을 관리주체(건축주)와 협의하여 가감 조정 할 수 있는지 여부

회신내용 :

- 건축법 시행령 제23조의6 제1항 및 「건축물 유지·관리점검 세부기준」제7조에 따라 점검 시행을 위한 대가 산정기준을 고시하여 점검계약당사자인 관리주체(건물주 또는 관리자)와 점검기관이 공정하게 계약이 이뤄질 수 있도록 적정 금액에서 가이드라인을 설정하고 있으나, 구체적인 계약금액에 대하여는 계약당사자간 상호 협의하여 결정하여 적용할 사안입니다.

[질의회신사례 15]

질의내용 :

- 유지관리점검을 받지 않은 건축물의 과태료금액은 얼마인지와 과태료 부과시점은 언제인지 알고 싶습니다. 또한, 유지관리점검을 받지 않은 집합건물의 경우 과태료부과시 건물을 기준으로 부과되는지 또는 각 개별소유주에게 각각의 금액이 부과되는지 알고 싶습니다.

회신내용 :

「건축법」 제113조②항 및 같은 법 시행령 제121조(별표 16])에 따라 건축물 유지·관리점검의 결과를 보고하지 않은 자는 30만원 이하의 과태료를 부과할 수 있으며, 집합건축물로서 건축물의 소유자 또는 관리자가 다수인 경우 「질서위반행위규제법」 제12조에 따라 과태료를 개별적으로 부과할 수 있음을 알려드립니다.

☞ 2014년5월28일 과태료에 대한 규정이 30만원 → 100만원으로 개정되어 100만원 이하의 과태료를 부과하도록 정하고 있다.

건축법제113조 ② 다음 각 호의 어느 하나에 해당하는 자에게는 100만원 이하의 과태료를 부과한다. 〈신설 2009.2.6., 2012.1.17., 2014.5.28.〉

1~2. 생략

3. 제35조제2항에 따른 보고를 하지 아니한 자

[질의회신사례 16]

질의내용 :

- 유지관리점검 결과 불법건축물이 발견되었을 경우 관리주체(건축주)는 불법건축물에 대한 과태료를 내야 하는지, 점검보고서 제출이후 수일 내에 양성화작업을 실시한 경우 과태료처분을 받지 않을 수 있는지 알고 싶습니다.
- 건축물 유지관리점검표는 적합, 개선필요, 해당없음으로 되어 있는데요, 특정 항목에 개선필요로 결과보고서가 작성된 경우 건축주(관리주체)는 개선을 해야하는지요? 개선을 하지 않을 경우 과태료등 행정처분이 있는지요?

회신내용 :

- 건축물 「유지·관리점검」 결과 위법한 사항이 사항이 확인되는 경우에는 「건축법」제79조에 따른 행

정처분이 가능하나, 이는 허가권자가 판단하여야 사항임을 알려드립니다.

[질의회신사례 17]

질의내용 :

유지관리 점검항목별 상세점검표는 점검세부항목(50개)에 점수를 부여하도록 되어 있습니다. 점수에 따른 건축물 성능평가를 하기 위함인지, 점수를 부여하는 이유는 무엇인지 알고싶습니다.

회신내용 :

- 건축물 유지·관리점검제도는 건축물의 성능 유지·향상 및 안전관리를 위하여 도입하여 운영 중에 있으며, 점검시에는 대지, 구조안전, 에너지 및 친환경 관리 등 점검항목별로 점수를 부여하여 건축물의 유지관리 수준을 판단하고 있습니다.
- 아울러, 「건축법」시행령 제23조의 2 제4항 및 「건축물 유지관리점검 매뉴얼」에 따라 허가권자는 정기점검결과 위법사항이 없고, 건축물 유지·관리가 우수하다고 인정되는 건축물(단, 점검대항목별 평균점수가 모두 4점 이상인 경우)에 대하여는 다음 한 차례에 한정하여 점검을 면제할 수 있습니다.

[질의회신사례 18]

질의내용 :

유지관리점검자가 A라는 건축물을 적합 또는 해당없음으로 점검결과보고서를 제출하였을 경우, A라는 건축물이 유지관리 점검이후 붕괴등의 사고가 발생될 경우 유지관리점검자의 과태료 등 행정처분이 있는지 여부

회신내용 :

- 건축물 유지·관리점검제도와 관련한 볍령상으로 부실점검으로 인한 점검자 처벌 규정은 별도로 마련하고 있지는 않으나, 향후 정책에 반영할 예정임을 알려드립니다.

건축물유지관리점검보고서
-정기보고-

2014. 8

관리주체 : 000000

점 검 자 : 000000 건축사사무소

〈별지 제1호 서식〉

■ 건축법 시행규칙[별지 제24호의4서식] 〈신설 2012.7.19〉

건축물 유지 · 관리 [v]정기 [ ]수시 점검보고서

• 어두운 란( )은 신청인이 작성하지 않으며, [ ]에는 해당하는 곳에 √ 표시를 합니다.

접수번호	접수일	처리일

구분	항목	내용	항목	내용
소유자(관리자)	성 명	000(관리자)	전화번호	00-0000-0000
	회 사 명	000000	사업자번호	
	주 소	-		
	전자우편 송달동의	「행정절차법」 제14조에 따라 정보통신망을 이용한 각종 부담금 부과 사전통지 등의 문서 송달에 동의합니다.		
		[ ]동의함	[ ]동의하지 않음	
		소유자(관리자) 000 (서명 또는 인)		
		전자우편 주소		

구분	항목	내용	항목	내용
유지 · 관리 점검자	성 명 (대표자)	0000 (인)	사업자번호	00000000000
	회 사 명	0000	등록번호	0000000000000
	주 소			
	점검기간			

구분	항목	내용	항목	내용
건축물 개요	건축물 명칭			
	건축물 위치		대지면적	
	주 용 도		연 면 적	
	용도지역		건축면적	
	용도지구/구역		세 대 수 (호 수)	
	공사기간		구조방식	
	사용승인일		층 수	

「건축법」 제35조제2항 및 같은 법 시행령 제23조의5제1항에 따라 위와 같이 건축물의 유지 · 관리 점검보고서를 제출합니다.

0000년 0월 0일

소유자(관리자) 0000 (서명 또는 인)

특별자치도지사, 시장 · 군수 · 구청장 귀하

제출안내		
첨부서류	건축물의 유지 · 관리 정기(수시) 점검표 1부	수수료 없음

210mm×297mm[백상지 80g/㎡]

〈별지 제2호 서식〉

■ 건축법 시행규칙 [별지 제24호의3서식] 〈개정 2012.7.19〉

건축물의 유지 · 관리 [ ]정기 [ ]수시 점검표

※ [ ]에는 해당하는 곳에 √ 표시를 합니다.

(3면 중 제1면)

점검항목	「건축법」 및 관련기준	점검항목	설계도서와의 적합여부	현행 기준과의 비교 · 검토
			개선방안에 대한 의견(필요한 경우 작성)	
대지	제40조	대지의 안전 등	[ ]적합 [v]개선필요 [ ]해당없음	[ ]개선필요 [v]해당없음
			옥벽의훼손과 균열이 발생되고 있는바, 구조분야 전문가의 점검 및 안전진단을 실시하는 계획을 수립하는 것이 필요함	
	제42조	대지의 조경	[ ]적합 [v]개선필요 [ ]해당없음	[ ]개선필요 [v]해당없음
			조경식재가 훼손된 것이 조사되는바, 본래의 기능을 회복할 수 있는 방안을 계획하는 것이 필요함.	
	제43조	공개 공지 등의 확보	[ ]적합 [ ]개선필요 [v]해당없음	[ ]개선필요 [v]해당없음
	제44조	대지와 도로의 관계	[v]적합 [ ]개선필요 [ ]해당없음	[ ]개선필요 [v]해당없음
	제47조	건축선에 따른 건축제한	[ ]적합 [v]개선필요 [ ]해당없음	[ ]개선필요 [v]해당없음
높이 및 형태	제55조	건폐율	[ ]유지 [v]변경 [ ]해당없음	[ ]개선필요 [v]해당없음
			천막 및 조립식건축물이 임의로 설치한 것이 조사되었으며, 이는 건축면적에 적합하지 않는바 이에 대한 조치가 필요함.	
	제56조	용적률	[ ]유지 [v]변경 [ ]해당없음	[ ]개선필요 [v]해당없음
			천막 및 조립식건축물을 임의로 설치된 것으로서 용적률에 적합하지 않는 것으로 조사되고 있는바, 이에 대한 조치가 필요함.	
	제58조	대지 안의 공지	[v]적합 [ ]개선필요 [ ]해당없음	[ ]개선필요 [v]해당없음
	제60조	높이 제한	[v]적합 [ ]개선필요 [ ]해당없음	[ ]개선필요 [v]해당없음
	제61조	일조 등의 확보를 위한 높이 제한	[ ]적합 [ ]개선필요 [v]해당없음	[ ]개선필요 [v]해당없음
	제55조 ~ 제61조	외부형태의 원형 유지	[v]유지 [ ]변경 [ ]해당없음	[ ]개선필요 [v]해당없음
			-시설의 노후화 및 광고물이 무작위로 설치된 것이 조사되고 있어 건물의 가치를 하락시키는 요인이 되고 있는바 이에 대한 조치계획의 수립이 필요함. -일부간판의 단락과 사용하지 않는 광고물이 방지되고 있어 안전의 위험에 노출되어 있는바 이에 대한 조치계획이 필요함.	
구조 안전	제48조	구조내력 등	[v]유지 [ ]변경 [ ]해당없음	[ ]개선필요 [v]해당없음
			주요구조체를 임의로 구멍을 뚫고 이용한 흔적이 조사되고 있으며, 원인 모를 홈통이 임의로 설치되고 있는 것이 발견되고 있는 것으로 보아 구조안전에 위험이 노출된 것으로 사료됨. 이에 대한 조치계획이 필요함.	
화재 안전	제49조	복도 · 계단 · 출입구	[ ]적합 [v]개선필요 [ ]해당없음	[ ]개선필요 [v]해당없음
			복도 등에 적치물로 인해 화재시 피난에 장애가 될 수 있은바, 이에 대한 조치가 필요함.	
		옥상광장	[ ]적합 [v]개선필요 [ ]해당없음	[ ]개선필요 [v]해당없음
			옥상에 방수가 시공되어 있지 않아 누수의 우려가 있으며, 바닥의 원할한 배수를 위해 우스드레인쪽으로 바닥구배를 조정할 필요가 있음.	
		방화구획	[ ]적합 [v]개선필요 [ ]해당없음	[ ]개선필요 [v]해당없음
			방화문에 적치물로 인해 그 기능을 상실한 것으로 조사되며, 방화문의 도어체크장치가 없거나 불량한 것이 확인되고 있으므로 화재시 피난안전에 심각한 문제가 야기될 것으로 보이는바 이에 대한 조치가 필요함.	
		경계벽 · 칸막이벽	[ ]적합 [v]개선필요 [ ]해당없음	[ ]개선필요 [v]해당없음
			항상 화재의 안전에 대비하여 철저한 조치계획을 수립하는 것이 요구됨	
		그 밖의 피난 설비	[ ]적합 [ ] 개선필요 [v]해당없음	[ ]개선필요 [v]해당없음

210mm×297mm[백상지 80g/㎡]

※ [ ]에는 해당하는 곳에 √ 표시를 합니다. (3면 중 제2면)

점검 항목	「건축법」및 관련기준	점검항목	설계도서와의 적합여부	현행 기준과의 비교 · 검토
			개선방안에 대한 의견(필요한 경우에 작성합니다)	
화재 안전	제50조	내화구조	[ ]적합 [v]개선필요 [ ]해당없음	[ ]개선필요 [v]해당없음
			내화구조의 피복이 탈락하는 등 내화성능을 발휘하기 어려울 것으로 조사되는바 만일의 사태에 대비하도록 조치계획을 수립하는 것이 필요함.	
		방화벽	[ ]적합 [v]개선필요 [ ]해당없음	[ ]개선필요 [v]해당없음
			방화벽을 임으로 훼손하여 사용하고 있는 것이 조사되고 있는바 이에 대한 조치계획을 수립하는 것이 필요함.	
	제51조	방화지구 안의 건축물	[ ]적합 [ ]개선필요 [v]해당없음	[ ]개선필요 [v]해당없음
	제52조	내부 마감 재료	[ ]적합 [v]개선필요 [ ]해당없음	[ ]개선필요 [v]해당없음
			노후화로 인해 성능을 유지하기에는 어려움이 있는 것으로 사료되는바, 화재시 연소방지 및 화재 진행을 억제하기 위한 조치계획을 수립하는 것이 필요함.	
		외벽 마감 재료	[ ]적합 [v]개선필요 [ ]해당없음	[ ]개선필요 [v]해당없음
			미관향상과 방화성능을 유지할 수 있도록 노후화를 고려하여 마감교체나 지속적인 관리계획이 필요함.	
	제53조	지하층	[ ]적합 [v]개선필요 [ ]해당없음	[ ]개선필요 [v]해당없음
			소방설비 및 피난통로의 확보를 위해 평소 지속적인 유지관리에 만전을 기할 수 있도록 조치계획을 수립하는 것이 필요함.	
건축설비	제62조	급수설비	[ ]적합 [v]개선필요 [ ]해당없음	[ ]개선필요 [v]해당없음
			노후화로 인해 성능의 개선이 요구되고 있는바, 이에 대한 조치계획이 필요함	
		배수설비	[ ]적합 [v]개선필요 [ ]해당없음	[ ]개선필요 [v]해당없음
			노후화로 인해 성능의 개선이 요구되고 있는바, 이에 대한 조치계획이 필요함	
		냉방설비	[ ]적합 [ ]개선필요 [v]해당없음	[ ]개선필요 [v]해당없음
		난방설비	[v]적합 [ ]개선필요 [ ]해당없음	[ ]개선필요 [v]해당없음
		환기설비	[ ]적합 [v]개선필요 [ ]해당없음	[ ]개선필요 [v]해당없음
			환기성능, 공기조화성능, 환기량, 미세먼지, 덕트내부 청소 등 실내공기질의 유지 등의 정밀점검이 요구되는바, 이에 대한 정밀점검이 필요함.	
		피뢰설비	[ ]적합 [v]개선필요 [ ]해당없음	[ ]개선필요 [v]해당없음
			높이 20미터 이상의 건축물에 피뢰설비를 설치하도록 하고 있는바 낙뢰로 인한 안전에 대한 조치계획이 필요함.	
		방송수신 설비	[v]적합 [ ]개선필요 [ ]해당없음	[ ]개선필요 [v]해당없음
		전기설비 설치공간	[ ]적합 [v]개선필요 [ ]해당없음	[ ]개선필요 [v]해당없음
			노후화로 인해 전기설비의 기능을 유지하기 어려울 것으로 확인되는바, 전기설비 관련 정밀점검계획을 수립하는 것이 필요함.	
	제64조	승강기	[v]적합 [ ]개선필요 [ ]해당없음	[ ]개선필요 [v]해당없음
에너지 및 친환경 관리 등	제64조의2	열손실 방지	[ ]적합 [v]개선필요 [ ]해당없음	[ ]개선필요 [v]해당없음
			-열손실 방지를 위해 계단실의 단층유리 창호를 복층유리 또는 로이유리로 교체, 창호 실리콘 재시공 등을 권장함	
	제65조	친환경건축물 인증	[ ]인증 [ ]미인증 [v]해당없음	[ ]개선필요 [v]해당없음
	제65조의2	지능형건축물 인증	[ ]인증 [ ]미인증 [v]해당없음	[ ]개선필요 [v]해당없음
	제66조의2	에너지 효율 등급 인증	[ ]인증 [ ]미인증 [v]해당없음	[ ]개선필요 [v]해당없음
장애인편의시설		관계법령에 따라 의무적으로 설치하는 시설	[ ]적합 [ ]개선필요 [v]해당없음	

주요 개선 방안에 대한 의견	안전 강화	-동절기의 적설량이 많을 경우, 지붕 등의 인위적인 제설을 통해 하중부담을 줄일 수 있도록 관리가 필요하고 배수로 및 배수구의 주기적인 점검이 필요함 -시설의 노후화로 인한 구조안전 및 화재에 노출되어 있는바 이에 대한 조치계획을 수립하고 수선 및 시공이 이루어지는 것이 필요함. -특히 지하2층의 방화흔적이 있으며, 지하1층은 시건장치가 되어 있어 점검이 이루어지지 않았음. 지하층 계단에 카페트가 설치되어 있으나 이는 불연재 및 난연재가 아니므로 화재의 위험에 노출되어 있는바 이에 대한 조치계획이 수립되어야 함.
	에너지 절감	-열손실 방지를 위해 단층유리 창호를 복층유리 또는 로이유리로 교체, 창호 실리콘 재시공 등을 권장함. -창호 기밀성 확보를 위해 창호코킹 재시공을 하거나 향후 창호 교체시 현행 기준에 적합한 규격을 사용하여 에너지절감을 도모하는 것이 바람직함.
	그 밖의 방안 (수명연장 등)	-외벽의 주기적인 청소 등 관리가 필요함. -옥상 바닥의 원활한 배수를 위해 우수드레인쪽으로 바닥마감구배의 조정이 필요함.또한 방수시공을 통해 누수에 대해 예방하는 것이 필요함.
종합의견	-전반적으로 시설의 노후화로 인하여 더욱더 적극적인 유지관리가 되어야 할 것으로 판단됨. -1층의 판매시설에 임의로 천막 및 조립식건축물이 설치되어 있어 건축면적이 증가되어 있는바, 이에 대해 시정조치계획을 수립하는 것이 필요함. -방화문에 도어체크가 미설치되어 화재시 피난의 위험에 노출되어 있는바 이에 대한 시공계획을 수립하는 것이 필요함. 또한 피난계단이 상시개방되어 있어야 하나 시건장치가 되어 있는 것으로 조사되고 있어 피난안전의 위험에 노출되어 있는바 상시개방 될 수 있도록 조치가 필요함. -건축물대장에 기재되어 있는 용도와 사용하고 있는 용도가 다르게 사용되고 있는 것이 조사되고 있는바, 용도변경에 대한 조치계획이 수립되어야 함. -옹벽 및 일부 주요구조부 주위에 균열이 조사되고 있는바, 이에 대한 조치계획을 수립하는 것이 필요함. -옥상배수로 및 배수구의 주기적인 관리 및 적설시 옥상층 제설 등의 안전관리가 필요함. -욕실설비의 환기설비가 정상적으로 작동되지 않거나, 환기설비의 저용량으로 사용되고 있는 것과, 덕트내부의 주기적인 청소가 이루어지지 않고 있어 환기설비의 기능을 제대로 발휘하지 못하고 있는 것으로 조사되고 있는바, 이에 대한 조치계획이 수립되어 시공이 이루어지는 것이 필요함. -에너지 절감을 위해서 노후화된 창호 보완이 필요함. -정기적인 청소 및 관리를 통해 건축물 미관을 향상시키는 방안을 제안함.	

0000년 0월 0일

유지 · 관리 점검자 000(서명 또는 인)

* 참고사항(최종 사용승인 시 건축관계자 작성)

설 계 자	성 명	○ ○ ○	전화번호	00) 0000-0000
	사무소명	○ ○ ○ 건축사사무소		
공사시공자	성 명	○ ○ ○	전화번호	00) 0000-0000
	회 사 명	○ ○ ○ 건설		
공사감리자	성 명	○ ○ ○	전화번호	00) 0000-0000
	사무소명	○ ○ ○ 건축사사무소		

작성방법

1. '설계도서와의 적합여부'의 항목이 '적합', '개선필요', '해당없음'으로, '현행 기준과의 비교 · 검토'의 항목이 '개선필요', '해당없음'으로 구성되어 있는 경우, 다음과 같이 체크 또는 작성합니다.
   가. '적합', '개선필요' 항목은 해당 건축물이 최종 사용승인일 시점의 설계도서에 적합한지 여부를 점검하여 체크하고, 기준 항목의 적용대상이 아닌 경우 '해당없음'에 체크합니다.
   나. '개선필요', '해당없음' 항목은 해당 건축물이 점검일자 시점의 규정 및 기준을 충족하는지 여부를 점검하여 건축물의 안전 및 성능저하가 우려되거나 성능향상 등을 위해 필요한 경우 '개선필요'에 체크하고, 기준 항목의 적용대상이 아닌 경우는 '해당없음'에 체크합니다.
   다. 각 점검항목의 '개선방안에 대한 의견'은 '설계도서와의 적합여부' 및 '현행 기준과의 비교' 에 체크한 내용을 고려하여 점검자가 건축물의 쾌적성, 성능 향상을 위해 필요한 사항을 간략하게 적습니다(단순히 현행 기준 충족을 위한 내용은 적지 않습니다).
2. '설계도서와의 적합여부'의 항목이 '유지', '변경', '인증', '미인증', '해당없음'으로, '현행 기준과의 비교 · 검토'의 항목이 '개선필요', '해당없음'으로 구성되어 있는 경우, 다음과 같이 체크 또는 작성합니다.
   가. '유지', '변경' 항목은 해당 건축물이 최종 사용승인일 시점의 설계도서 내용대로 유지되고 있는지 여부를 점검하여 체크하고 해당 기준의 적용대상이 아닌 경우 '해당없음'에 체크합니다.
   나. '인증', '미인증' 항목은 관계법령에 따라 인증을 받아야 하는 건축물과 인증으로 인하여 해택 등을 받은 건축물로써 인증을 받았는지 여부를 점검하여 체크하고, 기준 항목의 적용대상이 아닌 경우 '해당없음'에 체크합니다.
   다. '변경', '미인증' 항목에 체크한 경우, 건축법령 및 관계법령의 변경절차와 기준에 맞게 변경하였는지 여부 및 건축물의 성능 등을 고려하여 '개선필요', '해당없음' 항목을 체크합니다.
3. '종합 의견'은 '체크 항목', '개선방안에 대한 의견' 및 '주요 개선방안에 대한 의견'에서 작성한 내용 등을 종합하여 전반적인 의견을 기술합니다.

[첨부] 점검항목별 상세점검

점검항목별 상세점검

ㅁ 점검결과 점수표

점검기준 도면 등 자료	[ ] 사용승인도면 [ ] 건축물대장(현황도) [ ] 현황도면(별도작성) [v] 기타 참고자료(직접기술) 관리주체가 제공한 현황도면 의 의견청취 및 기존 건축물 현황 ※ 해당되는 곳에 체크, 중복 체크 가능

점검대항목 (6개)	「건축법」 및 관련기준	점검소항목 (36개) 설계도서와의 적합여부	점검세부항목 (49개)	비고
대지 (2.2점)	제40조	**대지의 안전 등** (3점) [ ]적합 [v]개선필요 [ ]해당없음	- 옹벽과 건축물과의 안전 확인 : (2점) - 지반침하 여부 : (2점)	
	제42조	**대지의 조경** (2점) [ ]적합 [v]개선필요 [ ]해당없음	- 조경면적 확보 여부 : (2점) - 조경시설 성능유지 여부 : (2점)	
	제43조	**공개 공지 등의 확보** (__점) [ ]적합 [ ]개선필요 [v]해당없음	- 공개공지 성능유지 여부 : (__점) - 공개공지면적 확보여부 : (__점)	
	제44조	**대지와 도로의 관계** (2점) [v]적합 [ ]개선필요 [ ]해당없음	-. 대지가 도로와 접하고 있는지 여부 : (3점)	
	제47조	**건축선에 따른 건축제한** (2점) [ ]적합 [v]개선필요 [ ]해당없음	- 건축물, 캐노피, 발코니, 노대 및 담장의 건축선 내 유지여부 : (2점)	
높이 및 형태 (2.4점)	제55조	**건폐율** (2점) [ ]유지 [v]변경 [ ]해당없음	- 건폐율 유지 여부 : (2점)	
	제56조	**용적률** (2점) [ ]유지 [v]변경 [ ]해당없음	- 용적률 유지 여부 : (2점)	
	제58조	**대지 안의 공지** (3점) [v]적합 [ ]개선필요 [ ]해당없음	- 공지의 폭 유지 여부 : (3점) - 공지성능 유지 여부 : (3점)	
	제60조	**높이 제한** (3점) [v]적합 [ ]개선필요 [ ]해당없음	- 높이제한 유지여부 : (3점)\	
	제61조	**일조 등의 확보를 위한 높이 제한** (_점) [ ]적합 [ ]개선필요 [v]해당없음	- 지붕변경, 증축으로 인한 일조권 유지여부 : (_점)	
	제55조 ~ 제61조	**외부형태의 원형 유지** (2점) [v]유지 [ ]변경 [ ]해당없음	- 광고물 등에 의한 디자인 훼손 여부 : (2점) - 미관지구 안에서의 외관변경 여부 : (_점)	
구조 안전 (2점)	제48조	**구조내력 등** (2점) [v]유지 [ ]변경 [ ]해당없음	- 주요구조부 변형 및 균열 여부 (육안점검 가능부분) : (2점) - 옥상의 구조적 안전여부 : (2점) - 내진설계 적용여부 : (2점)	
화재 안전 (2.1점)	제49조	**복도 · 계단 · 출입구** (2점) [ ]적합 [v]개선필요 [ ]해당없음	- 복도, 계단, 출입구의 성능유지 여부 : (2점)	
		옥상광장 (2점) [ ]적합 [v]개선필요 [ ]해당없음	- 옥상광장의 피난성능유지 여부 : (2점)	
		방화구획 (2점) [ ]적합 [v]개선필요 [ ]해당없음	- 방화문, 방화셔터 등의 성능유지 여부 : (2점) - 방화구획 적합 여부 : (2점)	
		경계벽 · 칸막이벽 (2점) [ ]적합 [v]개선필요 [ ]해당없음	- 경계벽 및 칸막이벽의 변경 등 방화성능 유지 여부 : (2점)	

화재 안전 (2.1점)	제49조	그 밖의 피난설비 (3점) [ ]적합 [ ]개선필요 [v]해당없음	- 배연설비의 성능유지 여부 : (_점)	
	제50조	내화구조 (2점) [ ]적합 [v]개선필요 [ ]해당없음	- 내화구조의 성능유지 여부 : (2점)	
		방화벽 (2점) [ ]적합 [v]개선필요 [ ]해당없음	- 방화벽의 성능유지 여부 : (2점)	
	제51조	방화지구 안의 건축물 (__점) [ ]적합 [ ]개선필요 [v]해당없음	- 외벽의 성능유지 여부 : (__점) - 창호의 성능유지 여부 : (__점)	
	제52조	내부 마감재료 (2점) [ ]적합 [v]개선필요 [ ]해당없음	- 내부마감의 내화성능유지 여부 : (2점)	
		외벽 마감재료 (2점) [ ]적합 [v]개선필요 [ ]해당없음	- 외부마감의 노후화 및 마감재 탈락 여부 : (2점)	
	제53조	지하층 (2점) [ ]적합 [v]개선필요 [ ]해당없음	- 지하층의 소방설비 성능유지 여부 : (2점) - 지하층 피난구, 피난계단의 성능유지 여부 : (2점)	
건축 설비 (2.3점)	제62조	급수설비 (2점) [ ]적합 [v]개선필요 [ ]해당없음	- 급수설비 성능유지 여부 : (2점)	
		배수설비 (2점) [ ]적합 [v]개선필요 [ ]해당없음	- 배수설비 성능유지 여부 : (2점)	
		냉방설비 (2점) [ ]적합 [v]개선필요 [ ]해당없음	- 냉방설비 성능유지 여부 : (2점)	
		난방설비 (3점) [v]적합 [ ]개선필요 [ ]해당없음	- 난방설비 성능유지 여부 : (3점)	
		환기설비 (2점) [ ]적합 [v]개선필요 [ ]해당없음	- 급기구, 배기구의 설치 적합여부 : (2점) - 환기설비의 설치 적합여부 : (2점) - 공기조화설비의 설치 적합여부 : (2점)	
		피뢰설비 (2점) [ ]적합 [v]개선필요 [ ]해당없음	- 피뢰설비 성능유지 여부 : (2점)	
		방송수신설비 (3점) [v]적합 [ ]개선필요 [ ]해당없음	- 방송설비 성능유지 여부 : (3점)	
		전기설비 설치공간 (2점) [ ]적합 [v]개선필요 [ ]해당없음	- 전기설비 설치공간 확보 여부 : (2점)	
	제64조	승강기 (3점) [v]적합 [ ]개선필요 [ ]해당없음	- 승강기 성능유지 여부 : (3점)	
에너지 및 친환경 관리 등 (2점)	제64조 의2	열손실 방지 (2점) [ ]적합 [v]개선필요 [ ]해당없음	- 단열성능 유지여부(출입문, 창호 등) : (2점) - 결로 발생 여부 : (2점) - 창호 기밀성 성능유지 여부 : (2점)	
	제65조	친환경건축물 인증 (__점) [ ]인증 [ ]미인증 [v]해당없음	- 친환경건축물 인증의 유지관리 여부 : (__점)	
	제65조 의2	지능형건축물 인증 (__점) [ ]인증 [ ]미인증 [v]해당없음	- 지능형건축물 인증의 유지관리 여부 : (__점)	
	제66조 의2	에너지 효율등급 인증 (__점)	- 에너지효율등급 인증의 유지관리 여부 : (__점)	
장애인 편의 시설		관계법령에 따라 의무적으로 설치하는 시설 (_)점 [ ]적합 [ ]개선필요 [v]해당없음		

□ 점검소항목별 점검내용

○ 대지의 안전 등

<table>
<tr><th colspan="2">구 분</th><th colspan="7">점 검 내 용</th></tr>
<tr><td>점검대항목</td><td>대 지</td><td>점검소항목</td><td colspan="6">대지의 안전 등</td></tr>
<tr><td colspan="2" rowspan="7">점검세부항목
및
정량적 평가</td><td colspan="4">설계도서(사용승인도서)와의 적합여부</td><td colspan="3">현행 기준과의 비교 · 검토</td></tr>
<tr><td colspan="4">[ ]적합 [v]개선필요 [ ]해당없음</td><td colspan="3">[ ]개선필요 [v]해당없음</td></tr>
<tr><td colspan="2">점검세부항목</td><td>1
(매우불량)</td><td>2
(불량)</td><td>3
(보통)</td><td>4
(양호)</td><td>5
(매우양호)</td></tr>
<tr><td colspan="2">옹벽과 건축물과의 안전 확인</td><td></td><td>v</td><td></td><td></td><td></td></tr>
<tr><td colspan="2">지반침하 여부</td><td></td><td>v</td><td></td><td></td><td></td></tr>
<tr><td colspan="2">평 균</td><td colspan="5">(2)점</td></tr>
<tr><td colspan="2" rowspan="2">개선방안에 대한 의견</td><td colspan="7">〈개선사항(위법)〉
-</td></tr>
<tr><td colspan="7">〈성능개선사항〉
-옹벽의 훼손과 균열이 발생되고 있는바, 이에 대한 시공계획이 수립되어야 함.</td></tr>
<tr><td colspan="2">개선방안에 대한 사유 및 근거, 관련법령 등</td><td colspan="7">-</td></tr>
<tr><td colspan="2">현황사진</td><td colspan="7">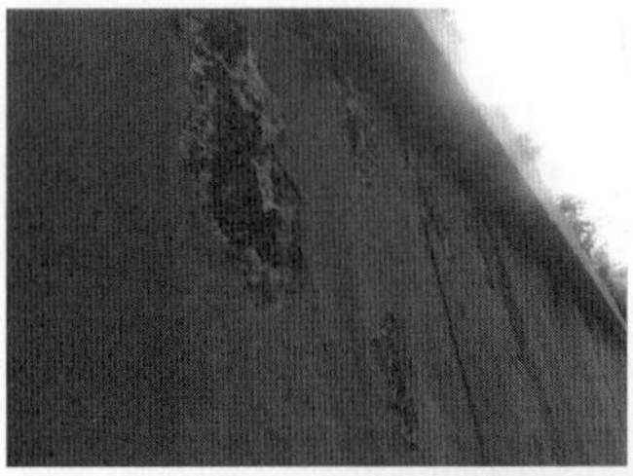 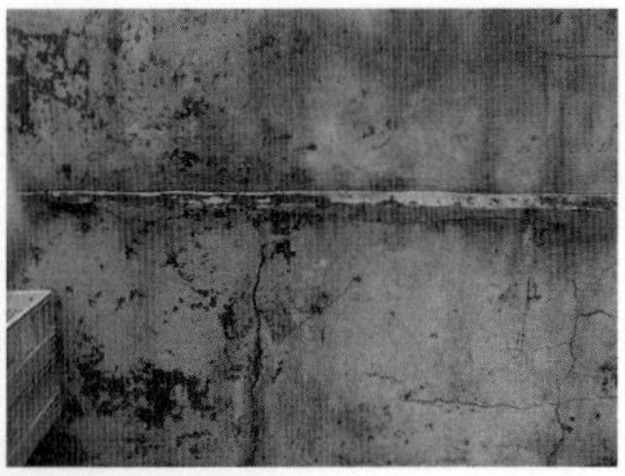 </td></tr>
<tr><td colspan="2">비 고</td><td colspan="7">-</td></tr>
</table>

※관련법규	건축법 제40조, 건축법 시행규칙 제25조

○ 대지의 조경

구 분		점 검 내 용					
점검대항목	대 지	점검소항목	대지의 조경				
점검세부항목 및 정량적 평가		설계도서(사용승인도서)와의 적합여부			현행 기준과의 비교 · 검토		
		[ ]적합 [v]개선필요 [ ]해당없음			[ ]개선필요 [v]해당없음		
		점검세부항목	1 (매우불량)	2 (불량)	3 (보통)	4 (양호)	5 (매우양호)
		조경면적 확보 여부		v			
		조경시설 성능유지 여부		v			
		평 균	(2)점				
개선방안에 대한 의견		〈개선사항(위법)〉 -					
		〈성능개선사항〉 -조경식재가 훼손된 것이 조사되는바, 본래의 기능을 회복할 수 있는 방안을 계획하는 것이 필요함.					
개선방안에 대한 사유 및 근거, 관련법령 등		-					
현황사진		 					
비 고		-					

※관련법규	건축법 제42조, 건축법 시행령 제27조, 건축법 시행규칙 제26조의2

○ 공개 공지 등의 확보

<table>
<tr><th colspan="2">구 분</th><th colspan="6">점 검 내 용</th></tr>
<tr><td>점검대항목</td><td>대 지</td><td>점검소항목</td><td colspan="5">공개 공지 등의 확보</td></tr>
<tr><td colspan="2" rowspan="6">점검세부항목
및
정량적 평가</td><td colspan="3">설계도서(사용승인도서)와의 적합여부</td><td colspan="3">현행 기준과의 비교 · 검토</td></tr>
<tr><td colspan="3">[ ]적합 [ ]개선필요 [v]해당없음</td><td colspan="3">[ ]개선필요 [v]해당없음</td></tr>
<tr><td>점검세부항목</td><td>1
(매우불량)</td><td>2
(불량)</td><td>3
(보통)</td><td>4
(양호)</td><td>5
(매우양호)</td></tr>
<tr><td>공개공지 성능유지 여부</td><td></td><td></td><td></td><td></td><td></td></tr>
<tr><td>공개공지 면적확보 여부
(※ 〈붙임〉에 도면 첨부)</td><td></td><td></td><td></td><td></td><td></td></tr>
<tr><td>평 균</td><td colspan="5">( )점</td></tr>
<tr><td colspan="2" rowspan="2">개선방안에 대한 의견</td><td colspan="6">〈개선사항(위법)〉
-</td></tr>
<tr><td colspan="6">〈성능개선사항〉
-</td></tr>
<tr><td colspan="2">개선방안에 대한 사유 및 근거, 관련법령 등</td><td colspan="6">-</td></tr>
<tr><td colspan="2">현황사진</td><td colspan="6">-</td></tr>
<tr><td colspan="2">비 고</td><td colspan="6">- 공개공지 설치대상 건축물이 아님.</td></tr>
</table>

※관련법규	건축법 제43조, 건축법 시행령 제27조의2

〈붙임〉 공개공지 구획 및 건축한계선 구획 도면

[사용승인도면]
[점검당시의 현황]

○ 대지와 도로의 관계

<table>
<tr><td colspan="2">구 분</td><td colspan="6">점 검 내 용</td></tr>
<tr><td>점검대항목</td><td>대 지</td><td>점검소항목</td><td colspan="5">대지와 도로의 관계</td></tr>
<tr><td colspan="2" rowspan="4">점검세부항목
및
정량적 평가</td><td colspan="3">설계도서(사용승인도서)와의 적합여부</td><td colspan="3">현행 기준과의 비교 · 검토</td></tr>
<tr><td colspan="3">[v]적합 [ ]개선필요 [ ]해당없음</td><td colspan="3">[ ]개선필요 [v]해당없음</td></tr>
<tr><td>점검세부항목</td><td>1
(매우불량)</td><td>2
(불량)</td><td>3
(보통)</td><td>4
(양호)</td><td>5
(매우양호)</td></tr>
<tr><td>대지가 도로와 접하고 있는지 여부</td><td></td><td></td><td>v</td><td></td><td></td></tr>
<tr><td colspan="2" rowspan="2">개선방안에 대한 의견</td><td colspan="6">〈개선사항(위법)〉
-</td></tr>
<tr><td colspan="6">〈성능개선사항〉
-</td></tr>
<tr><td colspan="2">개선방안에 대한 사유 및
근거, 관련법령 등</td><td colspan="6">-</td></tr>
<tr><td colspan="2">현황사진</td><td colspan="6"> - </td></tr>
<tr><td colspan="2">비 고</td><td colspan="6">-</td></tr>
</table>

※관련법규	건축법 제44조, 건축법 시행령 제28조

○ 건축선에 따른 건축제한

<table>
<tr><td colspan="2">구 분</td><td colspan="6">점 검 내 용</td></tr>
<tr><td>점검대항목</td><td>대 지</td><td>점검소항목</td><td colspan="5">건축선에 따른 건축제한</td></tr>
<tr><td colspan="2" rowspan="4">점검세부항목
및
정량적 평가</td><td colspan="3">설계도서(사용승인도서)와의 적합여부</td><td colspan="3">현행 기준과의 비교 · 검토</td></tr>
<tr><td colspan="3">[ ]적합 [v]개선필요 [ ]해당없음</td><td colspan="3">[v]개선필요 [ ]해당없음</td></tr>
<tr><td>점검세부항목</td><td>1
(매우불량)</td><td>2
(불량)</td><td>3
(보통)</td><td>4
(양호)</td><td>5
(매우양호)</td></tr>
<tr><td>건축물, 캐노피, 발코니, 노대 및 담장의 건축선 내 유지여부</td><td></td><td>v</td><td></td><td></td><td></td></tr>
<tr><td colspan="2" rowspan="2">개선방안에 대한 의견</td><td colspan="6">〈개선사항(위법)〉
–</td></tr>
<tr><td colspan="6">〈성능개선사항〉
–</td></tr>
<tr><td colspan="2">개선방안에 대한 사유 및 근거, 관련법령 등</td><td colspan="6">–</td></tr>
<tr><td colspan="2">현황사진</td><td colspan="6"> </td></tr>
<tr><td colspan="2">비 고</td><td colspan="6">–사용승인도면이 없어 정확한 확인이 되지 않으나 노대의 설치로 인해 보행을 방해하는 것으로 사료되는바 이에 대한 검토가 필요함.</td></tr>
</table>

※관련법규	건축법 제47조

○ 건폐율

<table>
<tr><th colspan="2">구 분</th><th colspan="6">점 검 내 용</th></tr>
<tr><td>점검대항목</td><td>높이 및 형태</td><td>점검소항목</td><td colspan="5">건축물의 건폐율</td></tr>
<tr><td colspan="2" rowspan="5">점검세부항목
및
정량적 평가</td><td colspan="3">설계도서(사용승인도서)와의 적합여부</td><td colspan="3">현행 기준과의 비교 · 검토</td></tr>
<tr><td colspan="3">[v]유지 [ ]변경 [ ]해당없음</td><td colspan="3">[ ]개선필요 [v]해당없음</td></tr>
<tr><td>점검세부항목</td><td>1
(매우불량)</td><td>2
(불량)</td><td>3
(보통)</td><td>4
(양호)</td><td>5
(매우양호)</td></tr>
<tr><td>건폐율 유지 여부</td><td></td><td></td><td>v</td><td></td><td></td></tr>
<tr><td colspan="6">※ "2. 점검항목별 상세점검방법〉점검사항별 점검기준"에 따라 4점(양호) 또는 2점(불량)에 체크하고, 2점 항목이 하나라도 있는 경우 "변경"에 체크함.</td></tr>
<tr><td colspan="2" rowspan="2">개선방안에 대한 의견</td><td colspan="6">〈개선사항(위법)〉
-</td></tr>
<tr><td colspan="6">〈성능개선사항〉
-</td></tr>
<tr><td colspan="2">개선방안에 대한 사유 및 근거, 관련법령 등</td><td colspan="6">- 건축법 시행령 제119조 제1항(건축면적 산정)</td></tr>
<tr><td colspan="2">현황사진</td><td colspan="6"> </td></tr>
<tr><td colspan="2">비 고</td><td colspan="6">-관리주체를 통해 사용승인도면 이외의 건축물이 증.개축된 사실이 없음을 확인하였음.</td></tr>
</table>

※관련법규	건축법 제55조

○ 용적률

<table>
<tr><th colspan="2">구 분</th><th colspan="6">점 검 내 용</th></tr>
<tr><td>점검대항목</td><td>높이 및 형태</td><td>점검소항목</td><td colspan="5">건축물의 용적률</td></tr>
<tr><td colspan="2" rowspan="5">점검세부항목
및
정량적 평가</td><td colspan="3">설계도서(사용승인도서)와의 적합여부</td><td colspan="3">현행 기준과의 비교 · 검토</td></tr>
<tr><td colspan="3">[v]유지 [ ]변경 [ ]해당없음</td><td colspan="3">[ ]개선필요 [v]해당없음</td></tr>
<tr><td>점검세부항목</td><td>1
(매우불량)</td><td>2
(불량)</td><td>3
(보통)</td><td>4
(양호)</td><td>5
(매우양호)</td></tr>
<tr><td>용적률 유지 여부</td><td></td><td></td><td>v</td><td></td><td></td></tr>
<tr><td colspan="6">※ “2. 점검항목별 상세점검방법〉점검사항별 점검기준”에 따라 4점(양호) 또는 2점(불량)에 체크하고, 2점 항목이 하나라도 있는 경우 “변경”에 체크함.</td></tr>
<tr><td colspan="2" rowspan="2">개선방안에 대한 의견</td><td colspan="6">〈개선사항(위법)〉
-</td></tr>
<tr><td colspan="6">〈성능개선사항〉
-</td></tr>
<tr><td colspan="2">개선방안에 대한 사유 및 근거, 관련법령 등</td><td colspan="6">- 건축법 시행령 제119조 제1항(연면적 산정)</td></tr>
<tr><td colspan="2">현황사진</td><td colspan="6"> </td></tr>
<tr><td colspan="2">비 고</td><td colspan="6">-관리주체를 통해 사용승인도면 이외의 건축물이 증.개축된 사실이 없음을 확인하였음.</td></tr>
</table>

※관련법규	건축법 제56조

○ 대지의 조경

<table>
<tr><td colspan="2">구 분</td><td colspan="6">점 검 내 용</td></tr>
<tr><td>점검대항목</td><td>높이 및 형태</td><td>점검소항목</td><td colspan="5">대지 안의 공지</td></tr>
<tr><td colspan="2" rowspan="7">점검세부항목
및
정량적 평가</td><td colspan="3">설계도서(사용승인도서)와의 적합여부</td><td colspan="3">현행 기준과의 비교 · 검토</td></tr>
<tr><td colspan="3">[v]적합 [ ]개선필요 [ ]해당없음</td><td colspan="3">[ ]개선필요 [v]해당없음</td></tr>
<tr><td>점검세부항목</td><td>1
(매우불량)</td><td>2
(불량)</td><td>3
(보통)</td><td>4
(양호)</td><td>5
(매우양호)</td></tr>
<tr><td>공지의 폭 유지 여부</td><td></td><td></td><td>v</td><td></td><td></td></tr>
<tr><td>공지성능 유지 여부</td><td></td><td></td><td>v</td><td></td><td></td></tr>
<tr><td>평 균</td><td colspan="5">(3)점</td></tr>
<tr><td colspan="6"></td></tr>
<tr><td colspan="2" rowspan="2">개선방안에 대한 의견</td><td colspan="6">〈개선사항(위법)〉
-</td></tr>
<tr><td colspan="6">〈성능개선사항〉
-</td></tr>
<tr><td colspan="2">개선방안에 대한 사유 및 근거, 관련법령 등</td><td colspan="6">-</td></tr>
<tr><td colspan="2">현황사진</td><td colspan="6"> </td></tr>
<tr><td colspan="2">비 고</td><td colspan="6">-관리주체를 통해 사용승인도면대로 사용하고 있으며, 증.개축사실이 없음을 확인함</td></tr>
</table>

※관련법규	건축법 제58조, 건축법 시행령 제80조의2

○ 높이 제한

<table>
<tr><th colspan="2">구 분</th><th colspan="6">점 검 내 용</th></tr>
<tr><td>점검대항목</td><td>높이 및 형태</td><td>점검소항목</td><td colspan="5">건축물의 높이 제한</td></tr>
<tr><td colspan="2" rowspan="4">점검세부항목
및
정량적 평가</td><td colspan="3">설계도서(사용승인도서)와의 적합여부</td><td colspan="3">현행 기준과의 비교 · 검토</td></tr>
<tr><td colspan="3">[v]적합 [ ]개선필요 [ ]해당없음</td><td colspan="3">[ ]개선필요 [v]해당없음</td></tr>
<tr><td>점검세부항목</td><td>1
(매우불량)</td><td>2
(불량)</td><td>3
(보통)</td><td>4
(양호)</td><td>5
(매우양호)</td></tr>
<tr><td>높이제한 유지여부</td><td></td><td></td><td>v</td><td></td><td></td></tr>
<tr><td colspan="2" rowspan="2">개선방안에 대한 의견</td><td colspan="6">〈개선사항(위법)〉
–</td></tr>
<tr><td colspan="6">〈성능개선사항〉
–</td></tr>
<tr><td colspan="2">개선방안에 대한 사유 및 근거, 관련법령 등</td><td colspan="6">–</td></tr>
<tr><td colspan="2">현황사진</td><td colspan="6"> </td></tr>
<tr><td colspan="2">비 고</td><td colspan="6">–</td></tr>
</table>

※관련법규	건축법 제47조

○ 일조 등의 확보를 위한 높이제한

<table>
<tr><td colspan="2">구 분</td><td colspan="7">점 검 내 용</td></tr>
<tr><td>점검대항목</td><td>높이 및 형태</td><td>점검소항목</td><td colspan="6">일조 등의 확보를 위한 건축물의 높이제한</td></tr>
<tr><td colspan="2" rowspan="4">점검세부항목
및
정량적 평가</td><td colspan="3">설계도서(사용승인도서)와의 적합여부</td><td colspan="4">현행 기준과의 비교 · 검토</td></tr>
<tr><td colspan="3">[ ]적합 [ ]개선필요 [v]해당없음</td><td colspan="4">[ ]개선필요 [v]해당없음</td></tr>
<tr><td colspan="2">점검세부항목</td><td>1
(매우불량)</td><td>2
(불량)</td><td>3
(보통)</td><td>4
(양호)</td><td>5
(매우양호)</td></tr>
<tr><td colspan="2">지붕변경, 증축으로 인한 일조권 유지여부</td><td></td><td></td><td></td><td></td><td></td></tr>
<tr><td colspan="2" rowspan="2">개선방안에 대한 의견</td><td colspan="7">〈개선사항(위법)〉
-</td></tr>
<tr><td colspan="7">〈성능개선사항〉
-</td></tr>
<tr><td colspan="2">개선방안에 대한 사유 및 근거, 관련법령 등</td><td colspan="7">-</td></tr>
<tr><td colspan="2">현황사진</td><td colspan="7"></td></tr>
<tr><td colspan="2">비 고</td><td colspan="7">-</td></tr>
</table>

※관련법규	건축법 제61조, 건축법 시행령 제86조

○ 외부형태의 원형 유지

<table>
<tr><th colspan="2">구 분</th><th colspan="6">점 검 내 용</th></tr>
<tr><td>점검대항목</td><td>높이 및
형태</td><td>점검소항목</td><td colspan="5">외부형태의 원형 유지</td></tr>
<tr><td colspan="2" rowspan="8">점검세부항목
및
정량적 평가</td><td colspan="3">설계도서(사용승인도서)와의 적합여부</td><td colspan="3">현행 기준과의 비교 · 검토</td></tr>
<tr><td colspan="3">[v]유지 [ ]변경 [ ]해당없음</td><td colspan="3">[ ]개선필요 [v]해당없음</td></tr>
<tr><td>점검세부항목</td><td>1
(매우불량)</td><td>2
(불량)</td><td>3
(보통)</td><td>4
(양호)</td><td>5
(매우양호)</td></tr>
<tr><td>광고물 등에 의한 디자인 훼손 여부</td><td></td><td>v</td><td></td><td></td><td></td></tr>
<tr><td>미관지구 안에서의 외관변경 여부</td><td></td><td>(해당없음)</td><td></td><td></td><td></td></tr>
<tr><td>평 균</td><td colspan="5">(2)점</td></tr>
<tr><td colspan="6">※ “2. 점검항목별 상세점검방법〉점검사항별 점검기준”에 따라 4점(양호) 또는 2점(불량)에 체크하고, 2점 항목이 하나라도 있는 경우 “변경”에 체크함.</td></tr>
<tr><td colspan="6"></td></tr>
<tr><td colspan="2" rowspan="2">개선방안에 대한 의견</td><td colspan="6">〈개선사항(위법)〉
-</td></tr>
<tr><td colspan="6">〈성능개선사항〉
-시설의 노후화 및 광고물이 무작위로 설치된 것이 조사되고 있어 건물의 가치를 하락시키는 요인이 되고 있는바 이에 대한 조치계획의 수립이 필요함
-일부 간판의 단락과 사용하지 않는 광고물이 방치되어 있어 안전에도 위험한바, 이에 대한 조치가 필요함.</td></tr>
<tr><td colspan="2">개선방안에 대한 사유 및 근거, 관련법령 등</td><td colspan="6">-</td></tr>
<tr><td colspan="2">현황사진</td><td colspan="6"> </td></tr>
<tr><td colspan="2">비 고</td><td colspan="6">-</td></tr>
</table>

※관련법규	건축법 제55조, 제56조, 제58조, 제60조, 제61조 건축법 시행령 제80조의2, 제82조, 제86조

○ 구조내력 등

<table>
<tr><td colspan="2">구 분</td><td colspan="7">점 검 내 용</td></tr>
<tr><td>점검대항목</td><td>구조안전</td><td>점검소항목</td><td colspan="6">구조내력 등</td></tr>
<tr><td colspan="2" rowspan="9">점검세부항목
및
정량적 평가</td><td colspan="3">설계도서(사용승인도서)와의 적합여부</td><td colspan="4">현행 기준과의 비교 · 검토</td></tr>
<tr><td colspan="3">[v]유지 [ ]변경 [ ]해당없음</td><td colspan="4">[ ]개선필요 [v]해당없음</td></tr>
<tr><td colspan="2">점검세부항목</td><td>1
(매우불량)</td><td>2
(불량)</td><td>3
(보통)</td><td>4
(양호)</td><td>5
(매우양호)</td></tr>
<tr><td colspan="2">주요구조부 변형 및 균열 여부
(육안점검 가능부분)</td><td></td><td>v</td><td></td><td></td><td></td></tr>
<tr><td colspan="2">옥상의 구조적 안전여부</td><td></td><td>v</td><td></td><td></td><td></td></tr>
<tr><td colspan="2">내진설계 적용여부</td><td></td><td>v</td><td></td><td></td><td></td></tr>
<tr><td colspan="2">평 균</td><td colspan="5">(2)점</td></tr>
<tr><td colspan="7">※ “2. 점검항목별 상세점검방법〉점검사항별 점검기준”에 따라 4점(양호) 또는 2점(불량)에 체크하고, 2점 항목이 하나라도 있는 경우 “변경”에 체크함.</td></tr>
<tr><td colspan="7"></td></tr>
<tr><td colspan="2" rowspan="2">개선방안에 대한 의견</td><td colspan="7">〈개선사항(위법)〉
-</td></tr>
<tr><td colspan="7">〈성능개선사항〉
-주요구조체를 임의로 구멍을 뚫고 이용한 흔적이 조사되고 있으며, 원인 모를 홈통이 임의로 설치되고 있는 것이 발견되고 있는 것으로 보아 구조안전에 위험이 노출된 것으로 사료됨. 이에 대한 조치가 필요함</td></tr>
<tr><td colspan="2">개선방안에 대한 사유 및 근거, 관련법령 등</td><td colspan="7">-</td></tr>
<tr><td colspan="2">현황사진</td><td colspan="7"></td></tr>
<tr><td colspan="2">비 고</td><td colspan="7">-</td></tr>
</table>

※관련법규	건축법 제48조, 건축법 시행령 제32조 건축물의 구조기준 등에 관한 규칙 (전문)

○ 복도·계단·출입구

<table>
<tr><th colspan="2">구 분</th><th colspan="6">점 검 내 용</th></tr>
<tr><td>점검대항목</td><td>화재안전</td><td>점검소항목</td><td colspan="5">복도·계단·출입구</td></tr>
<tr><td colspan="2" rowspan="4">점검세부항목
및
정량적 평가</td><td colspan="3">설계도서(사용승인도서)와의 적합여부</td><td colspan="3">현행 기준과의 비교 · 검토</td></tr>
<tr><td colspan="3">[ ]적합 [v]개선필요 [ ]해당없음</td><td colspan="3">[ ]개선필요 [v]해당없음</td></tr>
<tr><td>점검세부항목</td><td>1
(매우불량)</td><td>2
(불량)</td><td>3
(보통)</td><td>4
(양호)</td><td>5
(매우양호)</td></tr>
<tr><td>높이제한 유지여부</td><td></td><td>v</td><td></td><td></td><td></td></tr>
<tr><td colspan="2" rowspan="2">개선방안에 대한 의견</td><td colspan="6">〈개선사항(위법)〉
-</td></tr>
<tr><td colspan="6">〈성능개선사항〉
-복도 등에 적치물로 인해 화재시 피난에 장애가 될 수 있는바, 이에 대한 조치가 필요함.</td></tr>
<tr><td colspan="2">개선방안에 대한 사유 및 근거, 관련법령 등</td><td colspan="6">- 건축물의 피난·방화구조 등의 기준에 관한 규칙 제9조제2항제1호, 제15조</td></tr>
<tr><td colspan="2">현황사진</td><td colspan="6"> </td></tr>
<tr><td colspan="2">비 고</td><td colspan="6">-</td></tr>
</table>

<table>
<tr><td>※관련법규</td><td>〈직통계단, 피난계단, 특별피난계단, 출구, 피난통로 설치기준 등〉
건축법 제49조제1항, 건축법 시행령 제34조, 제35조, 제36조, 제37조, 제38조, 제39조
건축물의 피난·방화구조 등의 기준에 관한 규칙 제8조, 제8조의2, 제9조, 제10조, 제11조, 제12조, 제15조, 제15조의2,
〈계단, 복도, 출입구 설치기준〉
건축법 제49조제1항, 건축법 시행령 제48조
건축물의 피난·방화구조 등의 기준에 관한 규칙 제15조, 제15조의2</td></tr>
</table>

○ 옥상광장

<table>
<tr><td colspan="2">구 분</td><td colspan="6">점 검 내 용</td></tr>
<tr><td>점검대항목</td><td>화재안전</td><td>점검소항목</td><td colspan="5">옥상광장</td></tr>
<tr><td colspan="2" rowspan="4">점검세부항목
및
정량적 평가</td><td colspan="3">설계도서(사용승인도서)와의 적합여부</td><td colspan="3">현행 기준과의 비교 · 검토</td></tr>
<tr><td colspan="3">[ ]적합 [v]개선필요 [ ]해당없음</td><td colspan="3">[ ]개선필요 [v]해당없음</td></tr>
<tr><td>점검세부항목</td><td>1
(매우불량)</td><td>2
(불량)</td><td>3
(보통)</td><td>4
(양호)</td><td>5
(매우양호)</td></tr>
<tr><td>옥상광장의 피난성능유지 여부</td><td></td><td>v</td><td></td><td></td><td></td></tr>
<tr><td colspan="2" rowspan="2">개선방안에 대한 의견</td><td colspan="6">〈개선사항(위법)〉
-</td></tr>
<tr><td colspan="6">〈성능개선사항〉
-옥상에 방수가 시공되어 있지 않아 누수의 우려가 있으며, 바닥의 원할한 배수를 위해 우스드레인쪽으로 바닥구배를 조정할 필요가 있음.</td></tr>
<tr><td colspan="2">개선방안에 대한 사유 및 근거, 관련법령 등</td><td colspan="6">-</td></tr>
<tr><td colspan="2">현황사진</td><td colspan="6"></td></tr>
<tr><td colspan="2">비 고</td><td colspan="6">-</td></tr>
</table>

※관련법규	건축법 제49조제1항, 건축법 시행령 제40조 건축물이 피난·방화구조 등의 기준에 관한 규칙 제13조

○ 방화구획

<table>
<tr><td colspan="2">구 분</td><td colspan="6">점 검 내 용</td></tr>
<tr><td>점검대항목</td><td>화재안전</td><td>점검소항목</td><td colspan="5">방화구획</td></tr>
<tr><td colspan="2" rowspan="6">점검세부항목
및
정량적 평가</td><td colspan="3">설계도서(사용승인도서)와의 적합여부</td><td colspan="3">현행 기준과의 비교 · 검토</td></tr>
<tr><td colspan="3">[ ]적합 [v]개선필요 [ ]해당없음</td><td colspan="3">[ ]개선필요 [v]해당없음</td></tr>
<tr><td>점검세부항목</td><td>1
(매우불량)</td><td>2
(불량)</td><td>3
(보통)</td><td>4
(양호)</td><td>5
(매우양호)</td></tr>
<tr><td>방화문, 방화셔터 등의 성능유지 여부</td><td></td><td>v</td><td></td><td></td><td></td></tr>
<tr><td>방화구획 적합 여부</td><td></td><td>v</td><td></td><td></td><td></td></tr>
<tr><td>평 균</td><td colspan="5">(2)점</td></tr>
<tr><td colspan="2" rowspan="2">개선방안에 대한 의견</td><td colspan="6">〈개선사항(위법)〉
-</td></tr>
<tr><td colspan="6">〈성능개선사항〉
-방화문에 적치물로 인해 그 기능을 상실한 것으로 조사되며, 방화문의 도어체크장치가 없거나 불량한 것이 확인되고 있음으로 화재시 피난안전에 심각한 문제가 야기될 것으로 보이는바, 이에 대한 개선조치가 필요함</td></tr>
<tr><td colspan="2">개선방안에 대한 사유 및 근거, 관련법령 등</td><td colspan="6">-하단 관련법규 참조</td></tr>
<tr><td colspan="2">현황사진</td><td colspan="6"> 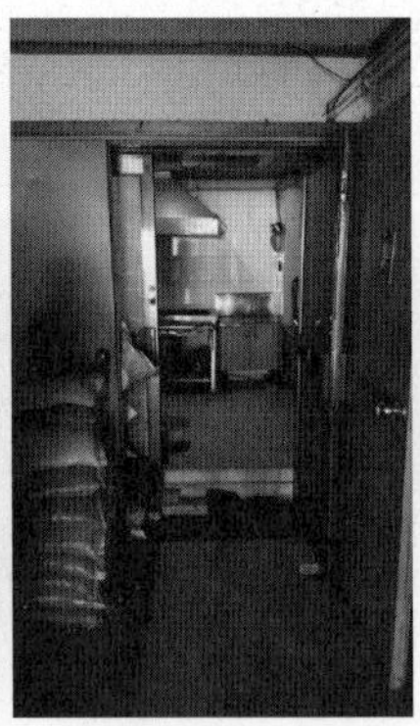 </td></tr>
<tr><td colspan="2">비 고</td><td colspan="6">-</td></tr>
</table>

※관련법규	건축법 제49조제2항, 건축법 시행령 제46조 건축물의 피난·방화구조 등의 기준에 관한 규칙 제14조

○ 경계벽·칸막이벽

<table>
<tr><th colspan="2">구 분</th><th colspan="6">점 검 내 용</th></tr>
<tr><td>점검대항목</td><td>화재안전</td><td>점검소항목</td><td colspan="5">경계벽·칸막이벽</td></tr>
<tr><td colspan="2" rowspan="4">점검세부항목
및
정량적 평가</td><td colspan="3">설계도서(사용승인도서)와의 적합여부</td><td colspan="3">현행 기준과의 비교 · 검토</td></tr>
<tr><td colspan="3">[ ]적합 [v]개선필요 [ ]해당없음</td><td colspan="3">[ ]개선필요 [v]해당없음</td></tr>
<tr><td>점검세부항목</td><td>1
(매우불량)</td><td>2
(불량)</td><td>3
(보통)</td><td>4
(양호)</td><td>5
(매우양호)</td></tr>
<tr><td>경계벽 및 칸막이벽의 변경 등 방화성능 유지 여부</td><td></td><td>v</td><td></td><td></td><td></td></tr>
<tr><td colspan="2" rowspan="2">개선방안에 대한 의견</td><td colspan="6">〈개선사항(위법)〉
-</td></tr>
<tr><td colspan="6">〈성능개선사항〉
-항상 화재의 안전에 대비하여 철저한 조치를 계획을 수립하는 것이 요구됨.</td></tr>
<tr><td colspan="2">개선방안에 대한 사유 및 근거, 관련법령 등</td><td colspan="6">-</td></tr>
<tr><td colspan="2">현황사진</td><td colspan="6">  </td></tr>
<tr><td colspan="2">비 고</td><td colspan="6">-</td></tr>
</table>

※관련법규	건축법 제49조제2항, 건축법 시행령 제53조

○ 경계벽·칸막이벽

<table>
<tr><td colspan="2">구 분</td><td colspan="6">점 검 내 용</td></tr>
<tr><td>점검대항목</td><td>화재안전</td><td>점검소항목</td><td colspan="5">그 밖의 피난설비</td></tr>
<tr><td colspan="2" rowspan="4">점검세부항목
및
정량적 평가</td><td colspan="3">설계도서(사용승인도서)와의 적합여부</td><td colspan="3">현행 기준과의 비교 · 검토</td></tr>
<tr><td colspan="3">[ ]적합 [ ]개선필요 [v]해당없음</td><td colspan="3">[ ]개선필요 [v]해당없음</td></tr>
<tr><td>점검세부항목</td><td>1
(매우불량)</td><td>2
(불량)</td><td>3
(보통)</td><td>4
(양호)</td><td>5
(매우양호)</td></tr>
<tr><td>배연설비의 성능유지 여부</td><td></td><td></td><td></td><td></td><td></td></tr>
<tr><td colspan="2" rowspan="2">개선방안에 대한 의견</td><td colspan="6">〈개선사항(위법)〉
-</td></tr>
<tr><td colspan="6">〈성능개선사항〉
-</td></tr>
<tr><td colspan="2">개선방안에 대한 사유 및 근거, 관련법령 등</td><td colspan="6">-</td></tr>
<tr><td colspan="2">현황사진</td><td colspan="6"> </td></tr>
<tr><td colspan="2">비 고</td><td colspan="6">-</td></tr>
</table>

<table>
<tr><td>※관련법규</td><td>건축법 제49조
건축법 시행령 제51조제2항
건축물의 설비기준 등에 관한 규칙 제14조 (배연설비)</td></tr>
</table>

○ 내화구조

<table>
<tr><td colspan="2">구 분</td><td colspan="6">점 검 내 용</td></tr>
<tr><td>점검대항목</td><td>화재안전</td><td>점검소항목</td><td colspan="5">내화구조</td></tr>
<tr><td colspan="2" rowspan="4">점검세부항목
및
정량적 평가</td><td colspan="3">설계도서(사용승인도서)와의 적합여부</td><td colspan="3">현행 기준과의 비교 · 검토</td></tr>
<tr><td colspan="3">[ ]적합 [v]개선필요 [ ]해당없음</td><td colspan="3">[ ]개선필요 [v]해당없음</td></tr>
<tr><td>점검세부항목</td><td>1
(매우불량)</td><td>2
(불량)</td><td>3
(보통)</td><td>4
(양호)</td><td>5
(매우양호)</td></tr>
<tr><td>내화구조의 성능유지 여부</td><td></td><td>v</td><td></td><td></td><td></td></tr>
<tr><td colspan="2" rowspan="2">개선방안에 대한 의견</td><td colspan="6">〈개선사항(위법)〉
-</td></tr>
<tr><td colspan="6">〈성능개선사항〉
-내화구조의 피복이 탈락하는 등 내화성능을 발휘하기 어려울 것으로 조사되는바 만일 의 사태에 대비하도록 조치계획을 수립하는 것이 필요함</td></tr>
<tr><td colspan="2">개선방안에 대한 사유 및 근거, 관련법령 등</td><td colspan="6">-</td></tr>
<tr><td colspan="2">현황사진</td><td colspan="6">  </td></tr>
<tr><td colspan="2">비 고</td><td colspan="6">-</td></tr>
</table>

※관련법규	건축법 제50조제1항, 건축법 시행령 제56조 건축물의 피난·방화구조 등의 기준에 관한 규칙 제3조, 제20조의2

○ 방화벽

<table>
<tr><th colspan="2">구 분</th><th colspan="6">점 검 내 용</th></tr>
<tr><td>점검대항목</td><td>화재안전</td><td>점검소항목</td><td colspan="5">방화벽</td></tr>
<tr><td colspan="2" rowspan="5">점검세부항목
및
정량적 평가</td><td colspan="3">설계도서(사용승인도서)와의 적합여부</td><td colspan="3">현행 기준과의 비교 · 검토</td></tr>
<tr><td colspan="3">[ ]적합 [v]개선필요 [ ]해당없음</td><td colspan="3">[ ]개선필요 [v]해당없음</td></tr>
<tr><td>점검세부항목</td><td>1
(매우불량)</td><td>2
(불량)</td><td>3
(보통)</td><td>4
(양호)</td><td>5
(매우양호)</td></tr>
<tr><td>방화벽의 성능유지 여부</td><td></td><td>v</td><td></td><td></td><td></td></tr>
<tr><td colspan="2" rowspan="2">개선방안에 대한 의견</td><td colspan="6">〈개선사항(위법)〉
-</td></tr>
<tr><td colspan="6">〈성능개선사항〉
-방화벽을 임의로 훼손하여 사용하고 있는 것이 조사되고 있는바, 이에 대한 조치계획을 수립하는 것이 필요함.</td></tr>
<tr><td colspan="2">개선방안에 대한 사유 및 근거, 관련법령 등</td><td colspan="6">-</td></tr>
<tr><td colspan="2">현황사진</td><td colspan="6">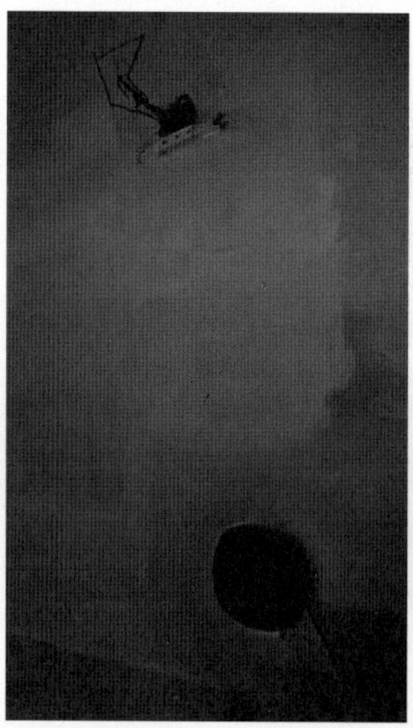  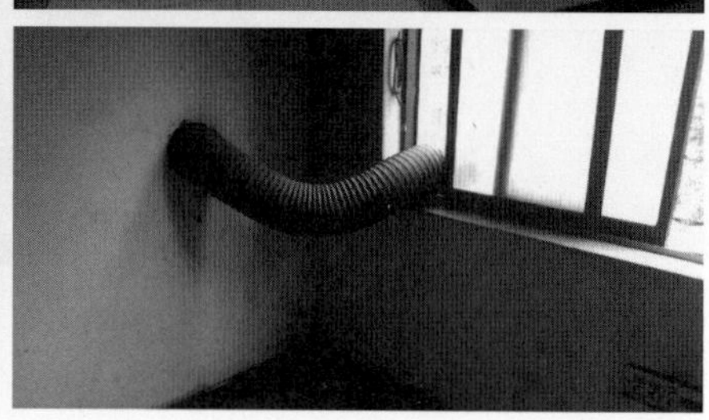</td></tr>
<tr><td colspan="2">비 고</td><td colspan="6">-</td></tr>
</table>

※관련법규	건축법 제50조제2항, 건축법 시행령 제57조 건축물의 피난·방화구조 등의 기준에 관한 규칙 제21조, 제22조

○ 방화지구 안의 건축물

<table>
<tr><td colspan="2">구 분</td><td colspan="6">점 검 내 용</td></tr>
<tr><td>점검대항목</td><td>화재안전</td><td>점검소항목</td><td colspan="5">방화지구 안의 건축물</td></tr>
<tr><td colspan="2" rowspan="6">점검세부항목
및
정량적 평가</td><td colspan="3">설계도서(사용승인도서)와의 적합여부</td><td colspan="3">현행 기준과의 비교 · 검토</td></tr>
<tr><td colspan="3">[ ]적합 [ ]개선필요 [v]해당없음</td><td colspan="3">[ ]개선필요 [v]해당없음</td></tr>
<tr><td>점검세부항목</td><td>1
(매우불량)</td><td>2
(불량)</td><td>3
(보통)</td><td>4
(양호)</td><td>5
(매우양호)</td></tr>
<tr><td>외벽의 성능유지 여부</td><td></td><td></td><td></td><td></td><td></td></tr>
<tr><td>창호의 성능유지 여부</td><td></td><td></td><td></td><td></td><td></td></tr>
<tr><td>평 균</td><td colspan="5">( )점</td></tr>
<tr><td colspan="2" rowspan="2">개선방안에 대한 의견</td><td colspan="6">〈개선사항(위법)〉
-</td></tr>
<tr><td colspan="6">〈성능개선사항〉
-</td></tr>
<tr><td colspan="2">개선방안에 대한 사유 및 근거, 관련법령 등</td><td colspan="6">-</td></tr>
<tr><td colspan="2">현황사진</td><td colspan="6">-</td></tr>
<tr><td colspan="2">비 고</td><td colspan="6">-</td></tr>
</table>

※관련법규	건축법 제51조, 건축법 시행령 제58조 건축물의 피난·방화구조 등의 기준에 관한 규칙 제23조

○ 내부마감재료

<table>
<tr><th colspan="2">구 분</th><th colspan="6">점 검 내 용</th></tr>
<tr><td>점검대항목</td><td>화재안전</td><td>점검소항목</td><td colspan="5">내부마감재료</td></tr>
<tr><td colspan="2" rowspan="4">점검세부항목
및
정량적 평가</td><td colspan="3">설계도서(사용승인도서)와의 적합여부</td><td colspan="3">현행 기준과의 비교 · 검토</td></tr>
<tr><td colspan="3">[ ]적합 [v]개선필요 [ ]해당없음</td><td colspan="3">[ ]개선필요 [v]해당없음</td></tr>
<tr><td>점검세부항목</td><td>1
(매우불량)</td><td>2
(불량)</td><td>3
(보통)</td><td>4
(양호)</td><td>5
(매우양호)</td></tr>
<tr><td>내부마감의 내화성능유지 여부</td><td></td><td>v</td><td></td><td></td><td></td></tr>
<tr><td colspan="2" rowspan="2">개선방안에 대한 의견</td><td colspan="6">〈개선사항(위법)〉
-</td></tr>
<tr><td colspan="6">〈성능개선사항〉
-노후화로 인해 성능을 유지하기에는 어려움이 있는 것으로 사료되는바, 화재시 연소방지 및 화재 진행을 억제하기 위한 조치계획을 수립하는 것이 필요함.</td></tr>
<tr><td colspan="2">개선방안에 대한 사유 및 근거, 관련법령 등</td><td colspan="6">-</td></tr>
<tr><td colspan="2">현황사진</td><td colspan="6"> </td></tr>
<tr><td colspan="2">비 고</td><td colspan="6">-</td></tr>
</table>

※관련법규	건축법 제52조제1항, 건축법 시행령 제61조제1항 건축물의 피난·방화구조 등의 기준에 관한 규칙 제24조제1항~제4항, 제24조의2

○ 외벽마감재료

<table>
<tr><th colspan="2">구 분</th><th colspan="7">점 검 내 용</th></tr>
<tr><td>점검대항목</td><td>화재안전</td><td>점검소항목</td><td colspan="6">외부마감재료</td></tr>
<tr><td colspan="2" rowspan="4">점검세부항목
및
정량적 평가</td><td colspan="3">설계도서(사용승인도서)와의 적합여부</td><td colspan="4">현행 기준과의 비교 · 검토</td></tr>
<tr><td colspan="3">[ ]적합 [v]개선필요 [ ]해당없음</td><td colspan="4">[ ]개선필요 [v]해당없음</td></tr>
<tr><td colspan="2">점검세부항목</td><td>1
(매우불량)</td><td>2
(불량)</td><td>3
(보통)</td><td>4
(양호)</td><td>5
(매우양호)</td></tr>
<tr><td colspan="2">외부마감의 노후화 및 마감재 탈락 여부</td><td></td><td>v</td><td></td><td></td><td></td></tr>
<tr><td colspan="2" rowspan="2">개선방안에 대한 의견</td><td colspan="7">〈개선사항(위법)〉
-</td></tr>
<tr><td colspan="7">〈성능개선사항〉
-미관향상과 방화성능을 유지할 수 있도록 노후화를 고려하여 마감교체나 지속적인 관리계획이 필요함.</td></tr>
<tr><td colspan="2">개선방안에 대한 사유 및 근거, 관련법령 등</td><td colspan="7">-</td></tr>
<tr><td colspan="2">현황사진</td><td colspan="7"> </td></tr>
<tr><td colspan="2">비 고</td><td colspan="7">-</td></tr>
</table>

※관련법규	건축법 제52조제2항, 건축법 시행령 제61조제2항 건축물의 피난·방화구조 등의 기준에 관한 규칙 제24조제5항

○ 지하층

<table>
<tr><td colspan="2">구 분</td><td colspan="6">점 검 내 용</td></tr>
<tr><td>점검대항목</td><td>화재안전</td><td>점검소항목</td><td colspan="5">지하층</td></tr>
<tr><td colspan="2" rowspan="6">점검세부항목
및
정량적 평가</td><td colspan="3">설계도서(사용승인도서)와의 적합여부</td><td colspan="3">현행 기준과의 비교 · 검토</td></tr>
<tr><td colspan="3">[ ]적합 [v]개선필요 [ ]해당없음</td><td colspan="3">[ ]개선필요 [v]해당없음</td></tr>
<tr><td>점검세부항목</td><td>1
(매우불량)</td><td>2
(불량)</td><td>3
(보통)</td><td>4
(양호)</td><td>5
(매우양호)</td></tr>
<tr><td>지하층의 소방설비 성능유지 여부</td><td></td><td>v</td><td></td><td></td><td></td></tr>
<tr><td>지하층 피난구, 피난계단의 성능유지 여부</td><td></td><td>v</td><td></td><td></td><td></td></tr>
<tr><td>평 균</td><td colspan="5">(2)점</td></tr>
<tr><td colspan="2" rowspan="2">개선방안에 대한 의견</td><td colspan="6">〈개선사항(위법)〉
-</td></tr>
<tr><td colspan="6">〈성능개선사항〉
-소방설비 및 피난통로의 확보를 위해 평소 지속적인 유지관리에 만전을 기할 수 있도록 조치계획을 수립하는 것이 필요함.</td></tr>
<tr><td colspan="2">개선방안에 대한 사유 및 근거, 관련법령 등</td><td colspan="6">-</td></tr>
<tr><td colspan="2">현황사진</td><td colspan="6"> 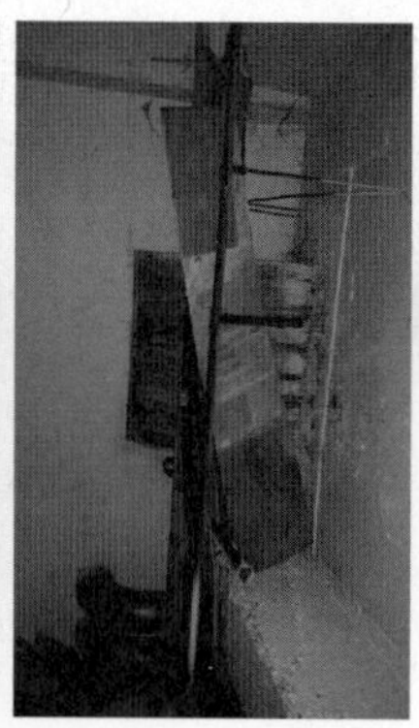 </td></tr>
<tr><td colspan="2">비 고</td><td colspan="6">- 관리주체로부터 소방점검결과를 확인하였음.</td></tr>
</table>

※관련법규	건축법 제53조, 건축물의 피난·방화구조 등의 기준에 관한 규칙 제25조

○ 급수설비

<table>
<tr><td colspan="2">구 분</td><td colspan="6">점 검 내 용</td></tr>
<tr><td>점검대항목</td><td>건축설비</td><td>점검소항목</td><td colspan="5">급수설비</td></tr>
<tr><td colspan="2" rowspan="4">점검세부항목
및
정량적 평가</td><td colspan="3">설계도서(사용승인도서)와의 적합여부</td><td colspan="3">현행 기준과의 비교 · 검토</td></tr>
<tr><td colspan="3">[ ]적합 [v]개선필요 [ ]해당없음</td><td colspan="3">[ ]개선필요 [v]해당없음</td></tr>
<tr><td>점검세부항목</td><td>1
(매우불량)</td><td>2
(불량)</td><td>3
(보통)</td><td>4
(양호)</td><td>5
(매우양호)</td></tr>
<tr><td>급수설비 성능유지 여부</td><td></td><td>v</td><td></td><td></td><td></td></tr>
<tr><td colspan="2" rowspan="2">개선방안에 대한 의견</td><td colspan="6">〈개선사항(위법)〉
-</td></tr>
<tr><td colspan="6">〈성능개선사항〉
-노후화로 인해 성능의 개선이 요구되고 있는바, 이에 대한 조치계획이 필요함.</td></tr>
<tr><td colspan="2">개선방안에 대한 사유 및 근거, 관련법령 등</td><td colspan="6">-</td></tr>
<tr><td colspan="2">현황사진</td><td colspan="6"> </td></tr>
<tr><td colspan="2">비 고</td><td colspan="6">-</td></tr>
</table>

※관련법규	건축법 제62조, 건축법 시행령 제87조제2항 건축물의 설비기준 등에 관한 규칙 제17조(배관설비)제1항, 제18조(음용수용 배관설비)

○ 배수설비

<table>
<tr><td colspan="2">구 분</td><td colspan="6">점 검 내 용</td></tr>
<tr><td>점검대항목</td><td>건축설비</td><td>점검소항목</td><td colspan="5">배수설비</td></tr>
<tr><td colspan="2" rowspan="4">점검세부항목
및
정량적 평가</td><td colspan="3">설계도서(사용승인도서)와의 적합여부</td><td colspan="3">현행 기준과의 비교 · 검토</td></tr>
<tr><td colspan="3">[ ]적합 [v]개선필요 [ ]해당없음</td><td colspan="3">[ ]개선필요 [v]해당없음</td></tr>
<tr><td>점검세부항목</td><td>1
(매우불량)</td><td>2
(불량)</td><td>3
(보통)</td><td>4
(양호)</td><td>5
(매우양호)</td></tr>
<tr><td>배수설비 성능유지 여부</td><td></td><td>v</td><td></td><td></td><td></td></tr>
<tr><td colspan="2" rowspan="2">개선방안에 대한 의견</td><td colspan="6">〈개선사항(위법)〉
-</td></tr>
<tr><td colspan="6">〈성능개선사항〉
-노후화로 인해 성능의 개선이 요구되고 있는바, 이에 대한 조치계획이 필요함.</td></tr>
<tr><td colspan="2">개선방안에 대한 사유 및
근거, 관련법령 등</td><td colspan="6">-</td></tr>
<tr><td colspan="2">현황사진</td><td colspan="6"> 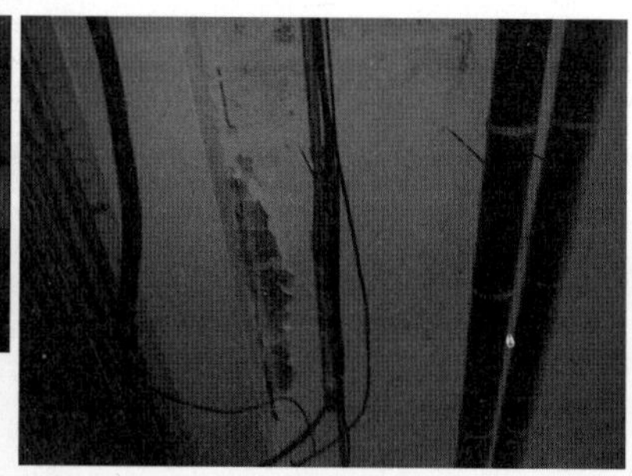</td></tr>
<tr><td colspan="2">비 고</td><td colspan="6">-</td></tr>
</table>

※관련법규	건축법 제62조, 건축법 시행령 제87조제2항 건축물의 설비기준 등에 관한 규칙 제17조(배관설비)제2항

○ 배수설비

<table>
<tr><th colspan="2">구 분</th><th colspan="6">점 검 내 용</th></tr>
<tr><td>점검대항목</td><td>건축설비</td><td>점검소항목</td><td colspan="5">냉방설비</td></tr>
<tr><td colspan="2" rowspan="4">점검세부항목
및
정량적 평가</td><td colspan="3">설계도서(사용승인도서)와의 적합여부</td><td colspan="3">현행 기준과의 비교 · 검토</td></tr>
<tr><td colspan="3">[ ]적합 [ ]개선필요 [v]해당없음</td><td colspan="3">[ ]개선필요 [v]해당없음</td></tr>
<tr><td>점검세부항목</td><td>1
(매우불량)</td><td>2
(불량)</td><td>3
(보통)</td><td>4
(양호)</td><td>5
(매우양호)</td></tr>
<tr><td>냉방설비 성능유지 여부</td><td></td><td>v</td><td></td><td></td><td></td></tr>
<tr><td colspan="2" rowspan="2">개선방안에 대한 의견</td><td colspan="6">〈개선사항(위법)〉
-</td></tr>
<tr><td colspan="6">〈성능개선사항〉
-</td></tr>
<tr><td colspan="2">개선방안에 대한 사유 및 근거, 관련법령 등</td><td colspan="6">-</td></tr>
<tr><td colspan="2">현황사진</td><td colspan="6">-</td></tr>
<tr><td colspan="2">비 고</td><td colspan="6">- 관리주체를 통해 이상이 없다고 확인함.</td></tr>
</table>

※관련법규	건축법 제62조, 건축법 시행령 제87조제2항 건축물의 설비기준 등에 관한 규칙 제23조

○ 난방설비

<table>
<tr><td colspan="2">구 분</td><td colspan="6">점 검 내 용</td></tr>
<tr><td>점검대항목</td><td>건축설비</td><td>점검소항목</td><td colspan="5">난방설비</td></tr>
<tr><td colspan="2" rowspan="4">점검세부항목
및
정량적 평가</td><td colspan="3">설계도서(사용승인도서)와의 적합여부</td><td colspan="3">현행 기준과의 비교 · 검토</td></tr>
<tr><td colspan="3">[v]적합 [ ]개선필요 [ ]해당없음</td><td colspan="3">[ ]개선필요 [v]해당없음</td></tr>
<tr><td>점검세부항목</td><td>1
(매우불량)</td><td>2
(불량)</td><td>3
(보통)</td><td>4
(양호)</td><td>5
(매우양호)</td></tr>
<tr><td>배수설비 성능유지 여부</td><td></td><td></td><td>v</td><td></td><td></td></tr>
<tr><td colspan="2" rowspan="2">개선방안에 대한 의견</td><td colspan="6">〈개선사항(위법)〉
-</td></tr>
<tr><td colspan="6">〈성능개선사항〉
-노후화로 인한 성능이 저하된 것으로 사료되는바, 지속적인 관리계획을 수립하는 것이 필요함.</td></tr>
<tr><td colspan="2">개선방안에 대한 사유 및 근거, 관련법령 등</td><td colspan="6">-</td></tr>
<tr><td colspan="2">현황사진</td><td colspan="6"> 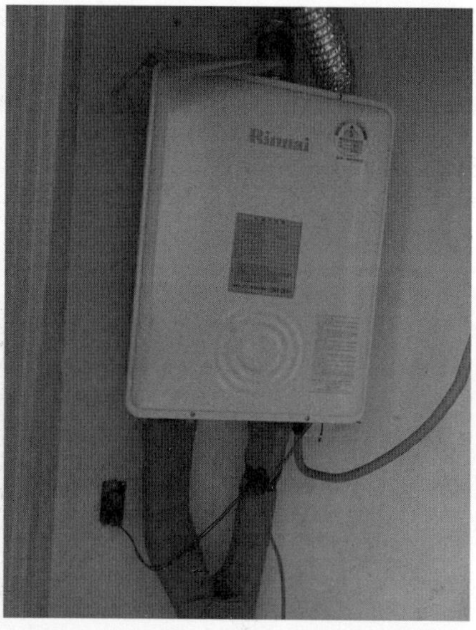</td></tr>
<tr><td colspan="2">비 고</td><td colspan="6">-관리주체로부터의 의견에 따라 일정성능을 유지하고 있는 것으로 판단하였음.</td></tr>
</table>

※관련법규	건축법 제62조, 건축법 시행령 제87조제2항 건축물의 설비기준 등에 관한 규칙 제4조(온돌의 설치기준), 제13조(개별난방설비)

○ 환기설비

<table>
<tr><td colspan="2">구 분</td><td colspan="6">점 검 내 용</td></tr>
<tr><td>점검대항목</td><td>건축설비</td><td>점검소항목</td><td colspan="5">환기설비</td></tr>
<tr><td colspan="2" rowspan="7">점검세부항목
및
정량적 평가</td><td colspan="3">설계도서(사용승인도서)와의 적합여부</td><td colspan="3">현행 기준과의 비교 · 검토</td></tr>
<tr><td colspan="3">[ ]적합 [v]개선필요 [ ]해당없음</td><td colspan="3">[v]개선필요 [ ]해당없음</td></tr>
<tr><td>점검세부항목</td><td>1
(매우불량)</td><td>2
(불량)</td><td>3
(보통)</td><td>4
(양호)</td><td>5
(매우양호)</td></tr>
<tr><td>급기구, 배기구의 설치 적합여부</td><td></td><td>v</td><td></td><td></td><td></td></tr>
<tr><td>환기설비의 설치 적합여부</td><td></td><td>v</td><td></td><td></td><td></td></tr>
<tr><td>공기조화설비의 설치 적합여부</td><td></td><td>v</td><td></td><td></td><td></td></tr>
<tr><td>평 균</td><td colspan="5">(2)점</td></tr>
<tr><td colspan="2" rowspan="2">개선방안에 대한 의견</td><td colspan="6">〈개선사항(위법)〉
-</td></tr>
<tr><td colspan="6">〈성능개선사항〉
-환기성능, 공기조화성능, 환기량, 미세먼지, 덕트내부 청소 등 실내공기질의 유지 등의 정밀점검이 요구되는바, 이에 대한 정밀 점검이 필요함.</td></tr>
<tr><td colspan="2">개선방안에 대한 사유 및 근거, 관련법령 등</td><td colspan="6">-</td></tr>
<tr><td colspan="2">현황사진</td><td colspan="6"> </td></tr>
<tr><td colspan="2">비 고</td><td colspan="6">-</td></tr>
</table>

※관련법규	건축법 제62조, 건축법 시행령 제7조제2항 건축물의 설비기준 등에 관한 규칙 제11조(공동주택 및 다중이용시설의 환기설비기준 등)

○ 난방설비

<table>
<tr><td colspan="2">구 분</td><td colspan="6">점 검 내 용</td></tr>
<tr><td>점검대항목</td><td>건축설비</td><td>점검소항목</td><td colspan="5">피뢰설비</td></tr>
<tr><td colspan="2" rowspan="4">점검세부항목
및
정량적 평가</td><td colspan="3">설계도서(사용승인도서)와의 적합여부</td><td colspan="3">현행 기준과의 비교 · 검토</td></tr>
<tr><td colspan="3">[ ]적합 [v]개선필요 [ ]해당없음</td><td colspan="3">[ ]개선필요 [v]해당없음</td></tr>
<tr><td>점검세부항목</td><td>1
(매우불량)</td><td>2
(불량)</td><td>3
(보통)</td><td>4
(양호)</td><td>5
(매우양호)</td></tr>
<tr><td>피뢰설비 성능유지 여부</td><td></td><td>v</td><td></td><td></td><td></td></tr>
<tr><td colspan="2" rowspan="2">개선방안에 대한 의견</td><td colspan="6">〈개선사항(위법)〉
-</td></tr>
<tr><td colspan="6">〈성능개선사항〉
-높이 20미터 이상의 건축물에 피뢰설비를 설치하도록 하고 있는바 낙뢰로 인한 안전에 대한 조치계획이 필요함.</td></tr>
<tr><td colspan="2">개선방안에 대한 사유 및 근거, 관련법령 등</td><td colspan="6">-</td></tr>
<tr><td colspan="2">현황사진</td><td colspan="6"> </td></tr>
<tr><td colspan="2">비 고</td><td colspan="6">-</td></tr>
</table>

※관련법규	건축법 제62조, 건축법 시행령 제87조제2항 건축물의 설비기준 등에 관한 규칙 제20조

○ 방송수신설비

<table>
<tr><td colspan="2">구 분</td><td colspan="6">점 검 내 용</td></tr>
<tr><td>점검대항목</td><td>건축설비</td><td>점검소항목</td><td colspan="5">방송수신설비</td></tr>
<tr><td colspan="2" rowspan="4">점검세부항목
및
정량적 평가</td><td colspan="3">설계도서(사용승인도서)와의 적합여부</td><td colspan="3">현행 기준과의 비교 · 검토</td></tr>
<tr><td colspan="3">[v]적합 [ ]개선필요 [ ]해당없음</td><td colspan="3">[ ]개선필요 [v]해당없음</td></tr>
<tr><td>점검세부항목</td><td>1
(매우불량)</td><td>2
(불량)</td><td>3
(보통)</td><td>4
(양호)</td><td>5
(매우양호)</td></tr>
<tr><td>피뢰설비 성능유지 여부</td><td></td><td></td><td>v</td><td></td><td></td></tr>
<tr><td colspan="2" rowspan="2">개선방안에 대한 의견</td><td colspan="6">〈개선사항(위법)〉
-</td></tr>
<tr><td colspan="6">〈성능개선사항〉
-</td></tr>
<tr><td colspan="2">개선방안에 대한 사유 및 근거, 관련법령 등</td><td colspan="6">-</td></tr>
<tr><td colspan="2">현황사진</td><td colspan="6">-</td></tr>
<tr><td colspan="2">비 고</td><td colspan="6">-관리주체로부터의 의견에 따라 일정성능을 유지하고 있는 것으로 판단하였음.</td></tr>
</table>

※관련법규	건축법 제62조, 건축법 시행령 제87조제4항, 제5항

○ 방송수신설비

<table>
<tr><td colspan="2">구 분</td><td colspan="6">점 검 내 용</td></tr>
<tr><td>점검대항목</td><td>건축설비</td><td>점검소항목</td><td colspan="5">전기설비 설치공간</td></tr>
<tr><td colspan="2" rowspan="4">점검세부항목
및
정량적 평가</td><td colspan="3">설계도서(사용승인도서)와의 적합여부</td><td colspan="3">현행 기준과의 비교 · 검토</td></tr>
<tr><td colspan="3">[ ]적합 [v]개선필요 [ ]해당없음</td><td colspan="3">[ ]개선필요 [v]해당없음</td></tr>
<tr><td>점검세부항목</td><td>1
(매우불량)</td><td>2
(불량)</td><td>3
(보통)</td><td>4
(양호)</td><td>5
(매우양호)</td></tr>
<tr><td>전기설비 설치공간 확보 여부</td><td></td><td>v</td><td></td><td></td><td></td></tr>
<tr><td colspan="2" rowspan="2">개선방안에 대한 의견</td><td colspan="6">〈개선사항(위법)〉
-</td></tr>
<tr><td colspan="6">〈성능개선사항〉
-노후화로 인한 전기설비의 기능을 유지하기 어려울 것으로 확인되는바, 전기설비 관련 정밀점검계획을 수립하는 것이 필요함.</td></tr>
<tr><td colspan="2">개선방안에 대한 사유 및 근거, 관련법령 등</td><td colspan="6">-</td></tr>
<tr><td colspan="2">현황사진</td><td colspan="6"> </td></tr>
<tr><td colspan="2">비 고</td><td colspan="6">-</td></tr>
</table>

※관련법규	건축법 제62조, 건축법 시행령 제87조제6항 건축물의 설비기준 등에 관한 규칙 제20조의2

○ 승강기

<table>
<tr><td colspan="2">구 분</td><td colspan="6">점 검 내 용</td></tr>
<tr><td>점검대항목</td><td>건축설비</td><td>점검소항목</td><td colspan="5">승강기</td></tr>
<tr><td colspan="2" rowspan="4">점검세부항목
및
정량적 평가</td><td colspan="3">설계도서(사용승인도서)와의 적합여부</td><td colspan="3">현행 기준과의 비교 · 검토</td></tr>
<tr><td colspan="3">[v]적합 [ ]개선필요 [ ]해당없음</td><td colspan="3">[ ]개선필요 [v]해당없음</td></tr>
<tr><td>점검세부항목</td><td>1
(매우불량)</td><td>2
(불량)</td><td>3
(보통)</td><td>4
(양호)</td><td>5
(매우양호)</td></tr>
<tr><td>승강기 성능유지 여부</td><td></td><td>v</td><td></td><td></td><td></td></tr>
<tr><td colspan="2" rowspan="2">개선방안에 대한 의견</td><td colspan="6">〈개선사항(위법)〉
-</td></tr>
<tr><td colspan="6">〈성능개선사항〉
-</td></tr>
<tr><td colspan="2">개선방안에 대한 사유 및
근거, 관련법령 등</td><td colspan="6">-</td></tr>
<tr><td colspan="2">현황사진</td><td colspan="6">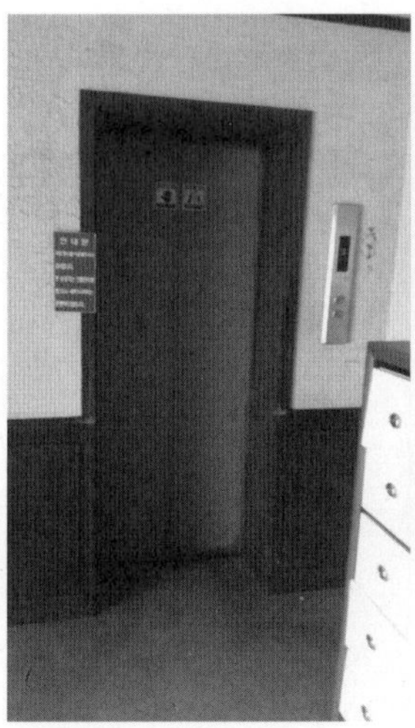 </td></tr>
<tr><td colspan="2">비 고</td><td colspan="6">- 관리주체의가 제시한 승강기점검결과를 통해 이상없음을 확인함.</td></tr>
</table>

※관련법규	건축법 제64조, 건축법 시행령 제89조, 제90조 건축물의 설비기준 등에 관한 규칙 제5조, 제6조, 제9조, 제10조

○ 열손실 방지

<table>
<tr><th colspan="2">구 분</th><th colspan="6">점 검 내 용</th></tr>
<tr><td>점검대항목</td><td>에너지 및 친환경 관리 등</td><td>점검소항목</td><td colspan="5">열손실 방지</td></tr>
<tr><td colspan="2" rowspan="7">점검세부항목
및
정량적 평가</td><td colspan="3">설계도서(사용승인도서)와의 적합여부</td><td colspan="3">현행 기준과의 비교 · 검토</td></tr>
<tr><td colspan="3">[ ]적합 [v]개선필요 [ ]해당없음</td><td colspan="3">[ ]개선필요 [v]해당없음</td></tr>
<tr><td>점검세부항목</td><td>1
(매우불량)</td><td>2
(불량)</td><td>3
(보통)</td><td>4
(양호)</td><td>5
(매우양호)</td></tr>
<tr><td>단열성능 유지 여부
(출입문, 창호 등)</td><td></td><td>v</td><td></td><td></td><td></td></tr>
<tr><td>결로 발생 여부</td><td></td><td>v</td><td></td><td></td><td></td></tr>
<tr><td>창호 기밀성 성능유지 여부</td><td></td><td>v</td><td></td><td></td><td></td></tr>
<tr><td>평 균</td><td colspan="5">(2)점</td></tr>
<tr><td colspan="2" rowspan="2">개선방안에 대한 의견</td><td colspan="6">〈개선사항(위법)〉
-</td></tr>
<tr><td colspan="6">〈성능개선사항〉
-열손실 방지를 위해 계단실의 단층유리 창호를 복층유리 또는 로이유리로 교체, 창호 실리콘 재시공 등을 권장함
-창호주변 코킹재 노후화에 따른 열손실이 우려되므로 보수 검토</td></tr>
<tr><td colspan="2">개선방안에 대한 사유 및 근거, 관련법령 등</td><td colspan="6">-</td></tr>
<tr><td colspan="2">현황사진</td><td colspan="6"></td></tr>
<tr><td colspan="2">비 고</td><td colspan="6">-</td></tr>
</table>

※관련법규	건축법 제64조의2 건축물의 설비기준 등에 관한 규칙 제21조

○ 친환경건축물 인증

<table>
<tr><th colspan="2">구 분</th><th colspan="6">점 검 내 용</th></tr>
<tr><td>점검대 항목</td><td>에너지 및 친환경 관리 등</td><td>점검소항목</td><td colspan="5">친환경건축물 인증</td></tr>
<tr><td colspan="2" rowspan="4">점검세부항목
및
정량적 평가</td><td colspan="3">설계도서(사용승인도서)와의 적합여부</td><td colspan="3">현행 기준과의 비교 · 검토</td></tr>
<tr><td colspan="3">[ ]인증 [ ]미인증 [v]해당없음</td><td colspan="3">[ ]개선필요 [v]해당없음</td></tr>
<tr><td>점검세부항목</td><td>1
(매우불량)</td><td>2
(불량)</td><td>3
(보통)</td><td>4
(양호)</td><td>5
(매우양호)</td></tr>
<tr><td>친환경건축물 인증의 유지관리 여부</td><td></td><td></td><td></td><td></td><td></td></tr>
<tr><td colspan="2"></td><td colspan="6">※ “2. 점검항목별 상세점검방법〉점검사항별 점검기준”에 따라 4점(양호) 또는 2점(불량)에 체크하고, 4점인 경우 “인증”에, 2점인 경우 “미인증”에 체크한다.</td></tr>
<tr><td colspan="2" rowspan="2">개선방안에 대한 의견</td><td colspan="6">〈개선사항(위법)〉
-</td></tr>
<tr><td colspan="6">〈성능개선사항〉
-</td></tr>
<tr><td colspan="2">개선방안에 대한 사유 및 근거, 관련법령 등</td><td colspan="6">-</td></tr>
<tr><td colspan="2">현황사진</td><td colspan="6">-</td></tr>
<tr><td colspan="2">비 고</td><td colspan="6">-</td></tr>
</table>

※관련법규	건축법 제65조 친환경건축물의 인증에 관한 규칙 전문

○ 지능형건축물 인증

<table>
<tr><td colspan="2">구 분</td><td colspan="6">점 검 내 용</td></tr>
<tr><td>점검대
항목</td><td>에너지 및
친환경
관리 등</td><td>점검소항목</td><td colspan="5">지능형건축물 인증</td></tr>
<tr><td colspan="2" rowspan="4">점검세부항목
및
정량적 평가</td><td colspan="3">설계도서(사용승인도서)와의 적합여부</td><td colspan="3">현행 기준과의 비교 · 검토</td></tr>
<tr><td colspan="3">[ ]인증 [ ]미인증 [v]해당없음</td><td colspan="3">[ ]개선필요 [v]해당없음</td></tr>
<tr><td>점검세부항목</td><td>1
(매우불량)</td><td>2
(불량)</td><td>3
(보통)</td><td>4
(양호)</td><td>5
(매우양호)</td></tr>
<tr><td>지능형건축물 인증의 유지관리 여부</td><td></td><td></td><td></td><td></td><td></td></tr>
<tr><td colspan="2"></td><td colspan="6">※ “2. 점검항목별 상세점검방법〉점검사항별 점검기준”에 따라 4점(양호) 또는 2점(불량)에 체크하고, 4점인 경우 “인증”에, 2점인 경우 “미인증”에 체크한다.</td></tr>
<tr><td colspan="2" rowspan="2">개선방안에 대한 의견</td><td colspan="6">〈개선사항(위법)〉
–</td></tr>
<tr><td colspan="6">〈성능개선사항〉
–</td></tr>
<tr><td colspan="2">개선방안에 대한 사유 및 근거, 관련법령 등</td><td colspan="6">–</td></tr>
<tr><td colspan="2">현황사진</td><td colspan="6">–</td></tr>
<tr><td colspan="2">비 고</td><td colspan="6">–</td></tr>
</table>

※관련법규	건축법 제65조의2 지능형건축물의 인증에 관한 규칙 전문

○ 에너지효율등급 인증

<table>
<tr><td colspan="2">구 분</td><td colspan="6">점 검 내 용</td></tr>
<tr><td>점검대 항목</td><td>에너지 및 친환경 관리 등</td><td>점검소항목</td><td colspan="5">에너지효율등급 인증</td></tr>
<tr><td colspan="2" rowspan="4">점검세부항목
및
정량적 평가</td><td colspan="3">설계도서(사용승인도서)와의 적합여부</td><td colspan="3">현행 기준과의 비교 · 검토</td></tr>
<tr><td colspan="3">[ ]인증 [ ]미인증 [v]해당없음</td><td colspan="3">[ ]개선필요 [v]해당없음</td></tr>
<tr><td>점검세부항목</td><td>1
(매우불량)</td><td>2
(불량)</td><td>3
(보통)</td><td>4
(양호)</td><td>5
(매우양호)</td></tr>
<tr><td>에너지효율등급 인증의 유지관리 여부</td><td></td><td></td><td></td><td></td><td></td></tr>
<tr><td colspan="2"></td><td colspan="6">※ "2. 점검항목별 상세점검방법>점검사항별 점검기준"에 따라 4점(양호) 또는 2점(불량)에 체크하고, 4점인 경우 "인증"에, 2점인 경우 "미인증"에 체크한다.</td></tr>
<tr><td colspan="2" rowspan="2">개선방안에 대한 의견</td><td colspan="6">〈개선사항(위법)〉
-</td></tr>
<tr><td colspan="6">〈성능개선사항〉
-</td></tr>
<tr><td colspan="2">개선방안에 대한 사유 및 근거, 관련법령 등</td><td colspan="6">-</td></tr>
<tr><td colspan="2">현황사진</td><td colspan="6">-</td></tr>
<tr><td colspan="2">비 고</td><td colspan="6">-</td></tr>
</table>

※관련법규	건축법 제66조의2 건축물 에너지효율등급 인증규정 건축물의 에너지절약 설계기준

○ 장애인 편의시설

<table>
<tr><td colspan="2">구 분</td><td colspan="6">점 검 내 용</td></tr>
<tr><td>점검대항목</td><td>장애인
편의시설</td><td>점검소항목</td><td colspan="5">관계법령에 따라 의무적으로 설치하는 시설</td></tr>
<tr><td colspan="2" rowspan="4">점검세부항목
및
정량적 평가</td><td colspan="3">설계도서(사용승인도서)와의 적합여부</td><td colspan="3">현행 기준과의 비교 · 검토</td></tr>
<tr><td colspan="3">[ ]인증 [ ]미인증 [v]해당없음</td><td colspan="3">[ ]개선필요 [v]해당없음</td></tr>
<tr><td>점검세부항목</td><td>1
(매우불량)</td><td>2
(불량)</td><td>3
(보통)</td><td>4
(양호)</td><td>5
(매우양호)</td></tr>
<tr><td>관계법령에 따라 의무적으로
설치하는 시설</td><td></td><td></td><td></td><td></td><td></td></tr>
<tr><td colspan="2"></td><td colspan="6">※ “2. 점검항목별 상세점검방법〉점검사항별 점검기준”에 따라 4점(양호) 또는 2점(불량)에 체크하고, 4점인 경우 “인증”에, 2점인 경우 “미인증”에 체크한다.</td></tr>
<tr><td colspan="2" rowspan="2">개선방안에 대한 의견</td><td colspan="6">〈개선사항(위법)〉
–</td></tr>
<tr><td colspan="6">〈성능개선사항〉
–</td></tr>
<tr><td colspan="2">개선방안에 대한 사유 및
근거, 관련법령 등</td><td colspan="6">–</td></tr>
<tr><td colspan="2">현황사진</td><td colspan="6"></td></tr>
<tr><td colspan="2">비 고</td><td colspan="6">–</td></tr>
</table>

□ 주요개선 방안에 대한 의견 및 종합의견

◈ 원칙

유지관리 점검자는 안전강화 방안, 에너지절감 방안, 그 밖의 개선방안, 종합의견을 앞서 작성한 상세점검내용에 기초하여 작성한다.

○ 주요개선방안에 대한 의견

구 분		작 성 내 용
안전강화 방안	위법사항 개선방안	- 동절기의 적설량이 많을 경우, 지붕 등의 인위적인 제설을 통해 하중부담을 줄일 수 있도록 관리가 필요하고 배수로 및 배수구의 주기적인 점검이 필요함 - 시설의 노후화로 인한 구조안전 및 화재에 노출되어 있는바 이에 대한 조치계획을 수립하고 수선 및 시공이 이루어지는 것이 필요함.
	성능개선 방안	-
에너지절감 방안	위법사항 개선방안	-
	성능개선 방안	- 열손실 방지를 위해 단층유리 창호를 복층유리 또는 로이유리로 교체, 창호 실리콘 재시공 등을 권장함. - 창호 기밀성 확보를 위해 창호코킹 재시공을 하거나 향후 창호 교체시 현행 기준에 적합한 규격을 사용하여 에너지절감을 도모하는 것이 바람직함.
그 밖의 개선방안 (성능개선, 수명연장)	위법사항 개선방안	-
	성능개선 방안	- 외벽의 주기적인 청소 등 관리가 필요함. - 옥상 바닥의 원활한 배수를 위해 우수드레인쪽으로 바닥마감구배의 조정이 필요함.

○ 종합의견

- 전반적으로 시설의 노후화로 인하여 더욱더 적극적인 유지관리가 되어야 할 것으로 판단됨.
- 000의 용도변경과정에서 정밀안전진단을 받은 후 임의구조변경이 이루어진 것으로 조사되는바, 15년이 지난 이 시점에 정밀안전진단을 받아서 구전안전을 확보하는데 노력하는 것이 필요함.
- 욕실설비의 환기설비가 정상적으로 작동되지 않거나, 환기설비의 저용량으로 사용되고 있는 것과, 덕트내부의 주기적인 청소가 이루어지지 않고 있어 환기설비의 기능을 제대로 발휘하지 못하고 있는 것으로 조사되고 있는바, 이에 대한 조치계획이 수립되어 시공이 이루어지는 것이 필요함.
- 옥상배수로 및 배수구의 주기적인 관리 및 적설시 옥상층 제설 등의 안전관리가 필요함.
- 에너지 절감을 위해서 노후화된 창호 보완이 필요함.
- 정기적인 청소 및 관리를 통해 건축물 미관을 향상시키는 방안을 제안함

※ 점검항목 체계 : 점검대항목(6개) 〉 점검소항목(36개) 〉 점검세부항목(50개)

※ 정량적 평가방법에 따라 '점검세부항목'별 등급(점수)을 도출하고, 이의 산술평균값을 구하여 '점검소항목'별 점수를 도출한 후, 6개 각 점검대항목별 평균점수를 도출함.

※ 위 항목에는 6개 각 점검대항목별 평균점수를 기재하고 건축물의 전체 상태에 대하여 종합적으로 기술함.

참고문헌

1. 건축물 유지관리점검 매뉴얼/ 국토교통부
2. 건축물 유지관리점검 지원 시스템/ 국토교통부
3. 공동주택 유지관리 매뉴얼/ 국토교통부,한국시설안전공단
4. 민간건설백서/ 대한건설협회
5. 건설공사 실적공사비적용 공종 및 단가/ 국토교통부,한국건설기술연구원
6. 국토교통부 민원마당/ http://eminwon.molit.go.kr
7. 세움터 건축물유지관리점검/ http://www.eais.go.kr
8. 법제처 국가법령정보센터/ http://www.law.go.kr

건축물 유지관리점검 실무 가이드

초판 1쇄 2014년 10월 10일

지 은 이 양성희 · 유철종
발 행 인 김기현
발 행 처 시공문화사
등 록 1993년 3월 12일
주 소 서울시 서대문구 독립문 공원길 13 (현저동 200) 극동프라자 5층
전 화 02) 3147-1212, 2323
전 송 02) 3147-2626

http://www.spacetime.co.kr
spacetime@korea.com

편 집 디자인·현 심현일 / 02) 322-9941
인 쇄 에코 프린팅
제 본 (주)서정바인텍
용 지 (주)대림지업사

*파본은 교환해 드립니다.

ISBN 978-89-5592-307-0

정가 15,000원